AF631019

SIEMENS-HANDBUCH

ELEKTRISCHE
INSTALLATION
FÜR
LICHT UND KRAFT

ELEKTRISCHE INSTALLATION FÜR LICHT UND KRAFT

BEARBEITET
VON
DIPL.-ING. ***P. STERN***
OBERINGENIEUR DER
SIEMENS-SCHUCKERTWERKE

HERAUSGEGEBEN VOM
LITERARISCHEN BUREAU DER
SIEMENS-SCHUCKERTWERKE

BERLIN und LEIPZIG 1922
VEREINIGUNG WISSENSCHAFTLICHER VERLEGER
WALTER DE GRUYTER & CO.

vormals G. J. Göschen'sche Verlagshandlung — J. Guttentag, Verlagsbuchhandlung — Georg Reimer — Karl J. Trübner — Veit & Comp.

Druckfehler-Berichtigungen

Seite 41

Die beiden Schaltskizzen der Abb. 34 sind zu vertauschen

Seite 49

In der Unterschrift der Abb. 54 ist statt Reifknoten Reffknoten zu setzen.

Seite 57

In der 4. Spalte rechts muß in der Tafel unter Drehstrom (Dreieckschaltung) die zweite Formel lauten:

$$q = \frac{l \cdot i \cdot 1{,}73 \cdot \cos \varphi^{1})}{\varepsilon \cdot \lambda}$$

und unter Drehstrom (Sternschaltung) ebenfalls die zweite Formel:

$$q = \frac{l \cdot i \cdot \cos \varphi^{1})}{\varepsilon \cdot \lambda}$$

Seite 58

In der Tafel müssen die Zahlen unter „zulässige Stromstärke A" bei Kupfer wie folgt lauten:

7,5 9 11 14 20 25 31 43 75 100 125 160 200 240 280 325

Seite 61

In der Unterschrift der Abb. 64 ist statt Isolierplatten Isolierglocken zu setzen.

Seite 79

In dem Kopf der Tafel ist in der dritten Spalte statt 100 m 1000 m zu setzen.

Seite 106

In Spalte 1 sind die Schaltungsschemen 4 und 5 zu vertauschen.

Copyright by
Vereinigung wissenschaftlicher Verleger Walter de Gruyter & Co.
Berlin und Leipzig 1922.

Das vorliegende Buch behandelt die Installation für Licht, Kraft und Heizung in elektrischen Niederspannungsanlagen.

Die Grundlagen der Beleuchtung und des elektromotorischen Antriebes sind erörtert.

Die einzelnen Verlegungsarten sind besprochen. Ausführliche Zahlentafeln ersparen in den meisten praktischen Fällen umständliche Rechnungen.

Während die Beleuchtung von Innenräumen behandelt ist, wurde auf das Gebiet der Straßenbeleuchtung nicht näher eingegangen, weil dieses bei vereinfachter Darstellung zu irrtümlicher Auffassung Anlaß hätte geben können. Die motorischen Antriebe in Wohnhäusern, Geschäftshäusern und im Gewerbe sind besprochen, die Anwendung des Elektromotors in der Landwirtschaft und in der Industrie ist der Bearbeitung an anderer Stelle vorbehalten. Das für den Installationspraktiker Wichtigste über Fehlerortsbestimmung und Isolationsmessungen wurde mitgeteilt. Eine Betrachtung über die Unfallsicherheit und Feuersicherheit der elektrischen Anlagen gibt einen Überblick über dieses wieder belangreich gewordene Gebiet. Die Zusammenstellung der wichtigsten für den Elektrotechniker geltenden Vorschriften zeigt den Reichtum an solchen Bestimmungen.

INHALT

INHALT

VERZEICHNIS DER ZAHLENTAFELN

Glühlicht-Beleuchtung. Seite

ALPHABETISCHES STICHWORTVERZEICHNIS

FORMELZEICHEN UND ABKÜRZUNGEN

Größe	Zeichen
Länge	l
Halbmesser	r
Winkel, Bogen	$\alpha, \beta \ldots$
Voreilwinkel, Phasenverschiebung	φ
Kraft	P
Geschwindigkeit	v
Leistung	N
Winkelgeschwindigkeit	ω
Umlaufzahl, Drehzahl (Zahl der Umdrehungen in der Zeiteinheit)	n
Widerstand, elektrischer	R
Stromstärke, elektrische	I
Elektromotorische Kraft	E
Meter	m
Zentimeter	cm
Millimeter	mm
Quadratmillimeter	mm^2
Stunde	h
Minute	min
Sekunde	s
Gramm	g
Kilogramm	kg
Celsiusgrad	^{0}
Kalorie	Kal.
Ampere	A
Volt	V
Ohm	Ω
Watt	W
Amperestunden	Ah
Kilowatt	kW
Megohm	$M\Omega$
Kilowattstunde	kWh
Durchmesser	Dmr.
Meter in der Sekunde	m/s
Million	Mill.
Pferdekraft	PS
Pferdekraftstunde	PSh
Spezifisches Leitungsvermögen	λ
Leistungsfaktor	$\cos\varphi$
Frequenz	ν
Hefner-Kerze	HK
Lumen	Lm
Lux	Lx
Prozent (vom Hundert)	vH

QUELLEN-VERZEICHNIS

1. Dr. Bloch: Lichttechnik. Verlag Oldenbourg, München.
2. Halbertsma: Fabrikbeleuchtung. Verlag Oldenbourg, München.
3. Transport und Hebearbeiten. Monteurschrift 9 der S. S.W.
4. Peschelrohr und seine Verlegung. Monteurschrift 13 der S. S.W.
5. Rohrdraht und seine Verlegung. Monteurschrift 14 der S. S.W.
6. Fleck: Die neuen elektrischen Abschmelzsicherungen. Verkehrstechnische Woche Heft 51, 1911.
7. W. Klement und C. Paulus: Haus- und Wohnungsanschlüsse. Verlag Springer, Berlin, 1919.
8. Dettmar: Kalender für Elektrotechniker.
9. Elektrizität in Bäckereien und Konditoreien. Druckschrift 552 der S.S.W.
10. C. W. Drescher: Die S.S.W. auf der betriebstechnischen Wanderausstellung. Heft 1 und 2, 1921 „Der Betrieb".
11. Elmo-Holzbearbeitungsmaschinen. Druckschrift 971 der S. S.W.
12. P. Stern: Verschönerung oder Verunzierung des Hauses durch die elektrische Installation. Druckschrift 310 der S. S.W.
13. P. Stern und Dr. K. W. Kögler: Isolationsmessung und Fehlerortsbestimmung. Verlag Jänecke, Leipzig, 1921.
14. P. Stern: Die Revision elektrischer Starkstromanlagen. Verlag Jänecke, Leipzig, 1908.
15. Wegweiser durch die Arbeiten des V.D.E. Verlag Springer, Berlin, 1919.
16. Dr. C. L. Weber: Erläuterungen zu den Vorschriften für Errichtung und Betrieb elektrischer Starkstromanlagen. Verlag Springer, Berlin, 1921.

Ferner eine Anzahl weiterer Druckschriften der Siemens-Schuckertwerke und der Siemens u. Halske A.-G.

Glühlicht-Beleuchtung.

Grundeigenschaften des Lichtes.

Alle Lichtstrahlen verlaufen geradlinig; auf ihrem Wege treffen sie Stoffe, die für die Lichtstrahlen undurchlässig sind. Diese werfen dann Schatten (Abb. 1 S. 9).

Bei hoch aufgehängten (direkten und auch halbindirekten) Lichtquellen sind die Schatten kleiner und tiefer (dunkler) als bei niedriger Aufhängung. Selbstverständlich bildet direkte Beleuchtung schärfere Schatten als indirekte, und zwar tiefere, wenn die Anzahl der Lichtquellen gering ist. Indirekte Beleuchtung hellt die Schatten auf. Je größer also bei halbindirekter Beleuchtung die reflektierende Fläche der Decke (die Größe des Deckenreflektors) und vor allem der Wände ist, desto heller (weicher) und unscharfer werden die Schatten.

Jede *nicht lichtdurchlässige* Fläche, auf die das Licht auftrifft, strahlt einen Teil des Lichtes zurück (*Reflexion*, „*Rückstrahlung*") und verschluckt den Rest (*Absorption*). Von der Bedeutung dieser Eigenschaft mögen folgende Zahlen ein Bild geben:

Es *absorbiert* nach (Sumpner):

Weißes Schreibpapier	30 v H.
Gelbe Tapete	60 „
Blaue Tapete	75 „
Braune Tapete	87 „
Holzbekleidung	50—60 „
Gelbgetünchte Wand (sauber)	60 „
Gelbgetünchte Wand (schmutzig)	80 „
Schwarzer Sammet	99,6 „

des auffallenden Lichtstroms. Die Rückstrahlung ist teils gerichtet, teils zerstreut, Tafel S. 14.

Treffen die Lichtstrahlen auf *lichtdurchlässige* Stoffe, so verschlucken (absorbieren) diese *beim Durchgang* (der „Durchlassung") einen größeren oder geringeren Teil des Lichtes. Die Durchlassung ist teils direkt („gerichtet"), teils diffus („zerstreut"). Ein anderer Teil des Lichtes wird reflektiert (zurückgestrahlt). Tafel S. 3 nach Dr. Bloch.

Haupteigenschaften der Lichtquelle.

Die Lichtsstärke. Man mißt die Stärke der Lichtquelle in HK (Hefner Kerzen), und zwar meistens entweder die mittlere horizontale Lichtstärke (HK hor. oder HK_h) oder die mittlere räumliche Lichtstärke (HK_o).

Den *Gesamtlichtstrom* einer Lichtquelle gibt man in Lumen (Lm) an. Er ist für verschiedene Lampengrößen in der Tafel S. 12 eingesetzt. Der

Gesamtlichtstrom der Beleuchtung eines Raumes ist die Summe der Gesamtlichtströme aller leuchtenden Lampen.

Die *Leuchtdichte* (*Flächenhelle*), d. h. das Verhältnis der Lichtstärke einer bestimmten kleinen Fläche der Lichtquelle zur Größe dieser Fläche (vgl. nachstehende Tafel) ist von einem bedeutenden Einfluß auf unsere Nerven, und es ermüdet auf die Dauer das Auge und Gehirn, in einem Raum zu weilen, in dem Lichtquellen angebracht sind, deren Leuchtdichte die zulässige (vgl. S. 10 unter II) erheblich übersteigt.

Leuchtdichte einiger Lichtquellen.

Lichtquelle	Leuchtdichte in HK/cm²
Petroleumlampe	0.62—1,5
Gasglühlicht, stehend	3,2—5,7
Gasglühlicht, hängend	6,4
Preßgas	5,0—8,5
Azetylen	6,0—9,0
Kohlefadenglühlampe 3,1 W/HK_h	70—80
Kohlefadenglühlampe 3,1 W/HK_h, *mattiert*	0,5—1,0
Wolframdrahtlampe, luftleer, 1,1 W/HK_h	150
Wolframdrahtlampe, luftleer, 1,1 W/HK_h, *mattiert*	0,3—0,6
Wolframdrahtlampe, luftleer, 0,85 W/HK_h	220
Wolfram-Gasfüllungslampe 0,5 W/HK_o	800
Wolfram-Gasfüllungslampe 0,5 W/HK_o, *mattiert*	1,2—1,6
Glimmlampe	0,02
Moores-Vakuum-Röhrenlicht	0,04—0,25
Blauer Himmel	0,7—1,0
Sonne am Horizont	400
Sonne im Zenith	100000—150000

Auch ganz kleine Lichtquellen können sehr hohe Leuchtdichte haben. Abhilfe wird also nicht durch Häufung vieler kleiner Lichtquellen geschaffen, sondern die Lichtquelle ist an der *direkten* (gerichteten) Ausstrahlung gegen das Auge zu hindern, mindestens durch Ganz- oder Halbmattierung (Abb. 7), noch besser aber durch lichtstreuende Schirme, Schalen oder Glocken, die dann selbst als großflächige Lichtquellen wirken. Diese gegen Blendung schützenden Mittel müssen genügend lichtstreuend sein, dürfen aber natürlich nicht einen wesentlichen Teil des Lichtes verschlucken.

Durchlassung und Rückstrahlung verschiedener Glasarten

Art des Glases	Dicke mm	Durchlassung gerichtet vH	Durchlassung zerstreut vH	Durchlassung Streuvermögen	Rückstrahlung gerichtet vH	Rückstrahlung zerstreut vH	Rückstrahlung Streuvermögen
Milchglas	2,3	0,05	13	1,0	5	68	1,0
Milchglas	1,6	0,15	35	1,0	3,5	71	0,78
Alabasterglas	1,9	0,05	62	0,87	4,5	40	0,95
Opalglas	2,0	2,5	56	0,78	3,5	37	0,73
Opalglas	2,7	19	52	0,74	2,5	25	0,8
Opalglas	2,0	63	15	0,85	1,0	10	0,7
Mattglas, glatte Seite	1,8	5,5	54	0,42	3,5	25	0,8
Mattglas, rauhe Seite					0,1	17	0,75
Mattglas, glatte Seite	1,5	22	26	0,85	4,0	33	0,78
Mattglas, rauhe Seite					0,7	37	0,78
Rauchglas	1,9	24	6	0,17	4,5	0	—
Eisglas	1,8	48	22	0,2	7,5	15,5	0,8
Ornamentglas, glatte Seite	4,0	10	40	0,48	12	33	0,8
Ornamentglas, rauhe Seite					0,1	39	1,0
Ornamentglas, glatte Seite	4,0	17	75	0,4	16	12	0,74
Ornamentglas, rauhe Seite					7	22	0,76

Um zu schirmen, muß die Schale genügend tief sein. Vollständige Abschirmung kann eine Schale bieten, deren Länge zusammen mit der des Schalenhalters mindestens gleich der Lampenlänge ist.

Die Lichtfarbe. Wenn auch unsere neuzeitliche Lichtquelle, die Metalldrahtlampe, ein fast rein weißes Licht hat, so beeinflussen doch darüber gestülpte farbige Gläser, Glocken und Seidenschirme die Farbe des austretenden Lichts, indem sie Strahlen bestimmter Wellenlänge verschlucken und nur andere durchlassen und ändern dadurch die gesamte Stimmung des Raumes.

Beleuchtung, Lampenabstand, Lichtpunkthöhe. Die auf einer Fläche erzielte mittlere Beleuchtungsstärke bestimmt man in Lux (Lx). In Innenräumen besteht zwischen dem Gesamtlichtstrom und der erzielten mittleren Beleuchtungsstärke die Beziehung

$$\frac{\text{Gesamtlichtstrom (in Lm)} \cdot \text{Ausnutzungsfaktor}}{\text{Beleuchtete Fläche (in m}^2\text{)}} = \left\{\begin{array}{l}\text{Mittlere Beleuchtungs-}\\ \text{stärke (in Lx)}\end{array}\right.$$

Der *Ausnutzungsfaktor* der Beleuchtung schwankt bei guten Armaturen für *direkte und halbindirekte Beleuchtung* (letztere nur für helle Wände und Decken anzuwenden) zwischen 0,3 und 0,5

für *indirekte Beleuchtung* (nur für helle Decken anzuwenden)

zwischen 0,2 und 0,4

je nach der Dunkel- oder Hellfarbigkeit der Wände und Decken und der Güte der Armatur.

Wenn man also die Beleuchtung etwa mit Ausnutzungsfaktor 0,4 veranschlagt und es zeigt sich nachträglich, daß der Faktor 0,3 hätte eingesetzt werden müssen, so kann man — vorausgesetzt, daß man Armaturen gewählt hat, in denen die nächststärkeren Glühlampen-Typen Platz finden — die Beleuchtung nachträglich allen Erfordernissen des Falles und etwaigen erhöhten Ansprüchen anpassen, indem man stärkere Glühlampen einsetzt. Unter dieser Voraussetzung kann man aus der im folgenden S. 5 gegebenen Tafel einen ersten Anhalt über die zur Erzielung einer bestimmten Beleuchtung erforderlichen Lampengrößen gewinnen.

Anwendungsbeispiel zur Rechentafel S. 5.

Gegeben: Eine Werkstatt für Feinmechanik soll bei einer Lichtpunkthöhe von 6 Metern über dem Fußboden mit 90 Lux mittlerer Beleuchtung genügend gleichmäßig beleuchtet werden.

Gesucht: Erforderliche Type der gasgefüllten Osram-Lampen.

Lösung: Aus der oberen Berechnungstafel entnimmt man die Entfernung von Lampe zu Lampe $7^1/_2$ Meter bis $12^1/_2$ Meter zu einer Lichtpunkthöhe von 6 Metern, je nach Maßgabe der vorliegenden Verhältnisse (Gestaltung der Decke usw.), wobei zu beachten ist, daß geringere Lampenentfernung die Gleichmäßigkeit der Beleuchtung verbessert, größere Lampenentfernung sie verringert. Im vorliegenden Beispiel soll als Entfernung 9 Meter gewählt werden.

Durch ein Lineal wird nun Punkt 90 der unteren Skala (90 Lux) mit dem Punkt 9 Meter der mittleren Skala verbunden. Da, wo das Lineal (siehe punktierte Linie) die obere Skala schneidet, liest man ab, daß gasgefüllte Osram-Lampen von etwa 1000 Watt vorgesehen werden müssen.

Eine gute *Gleichmäßigkeit der Beleuchtung* wagerechter Flächen in Innenräumen wird erreicht, wenn der Abstand von Lampe zu Lampe etwa 1,5- bis 2,5mal so groß gewählt wird wie die Lichtpunkthöhe über den Arbeitsplätzen. Meist wird 1 m über dem Fußboden gearbeitet. Der Faktor 1,5 gibt größere Gleichmäßigkeit, der Faktor 2,5 geringere. Indirekte und halbindirekte Beleuchtung ist gleichmäßiger als direkte. Als Lichtpunkthöhe über dem Fußboden eignet sich in den meisten Fällen der Praxis etwa zwei Drittel der Raumhöhe.

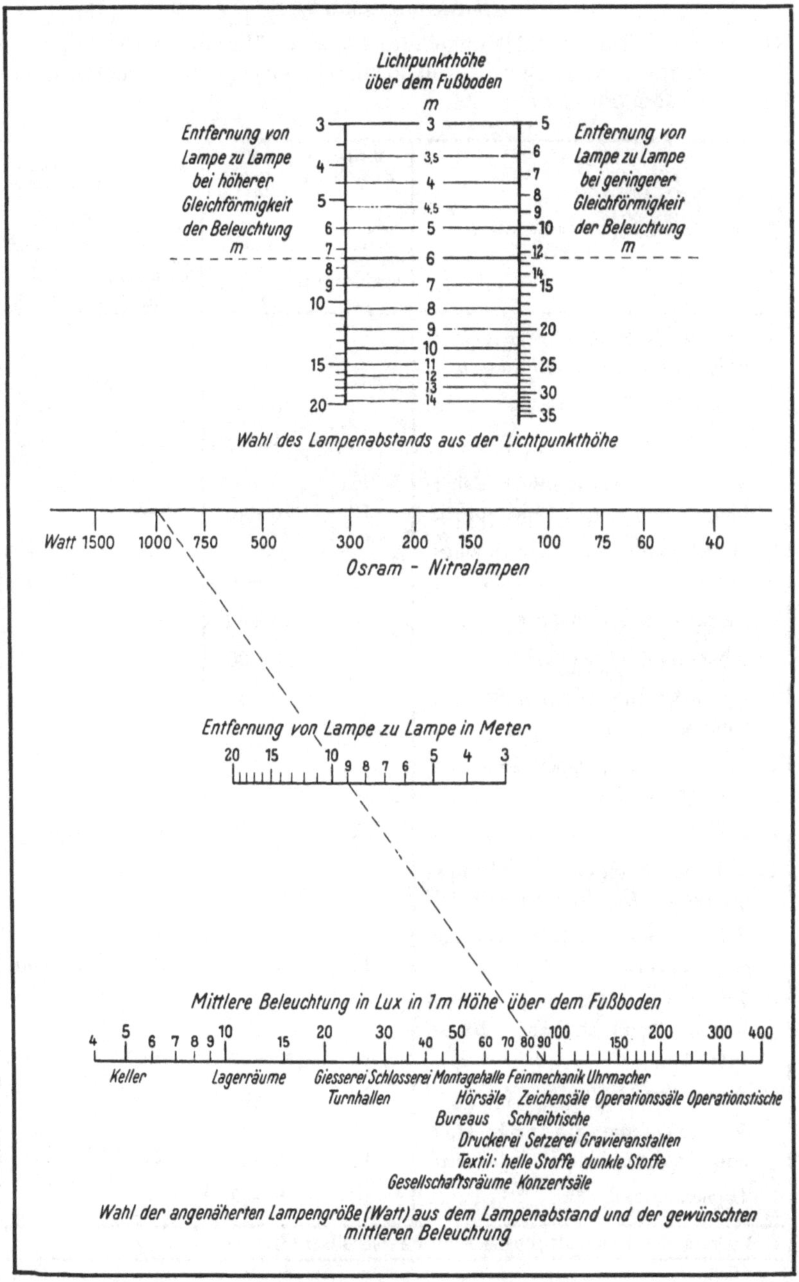

Lichtpunkthöhe über dem Fußboden m
Entfernung von Lampe zu Lampe bei höherer Gleichförmigkeit der Beleuchtung m
Entfernung von Lampe zu Lampe bei geringerer Gleichförmigkeit der Beleuchtung m
3 4 5 6 7 8 9 10 15 20
3 3,5 4 4,5 5 6 7 8 9 10 11 12 13 14
5 6 7 8 9 10 12 14 15 20 25 30 35
Wahl des Lampenabstands aus der Lichtpunkthöhe
Watt 1500 1000 750 500 300 200 150 100 75 60 40
Osram - Nitralampen
Entfernung von Lampe zu Lampe in Meter
20 15 10 9 8 7 6 5 4 3
Mittlere Beleuchtung in Lux in 1m Höhe über dem Fußboden
4 5 6 7 8 9 10 15 20 30 40 50 60 70 80 90 100 150 200 300 400
Keller
Lagerräume
Giesserei Schlosserei Montagehalle Feinmechanik Uhrmacher
Turnhallen
Hörsäle Zeichensäle Operationssäle Operationstische
Bureaus Schreibtische
Druckerei Setzerei Gravieranstalten
Textil: helle Stoffe dunkle Stoffe
Gesellschaftsräume Konzertsäle
Wahl der angenäherten Lampengröße (Watt) aus dem Lampenabstand und der gewünschten mittleren Beleuchtung

Beleuchtungsstärke.

Nachstehende Tafel enthält ungefähre Angaben über die in verschiedenen Fällen erforderliche mittlere Beleuchtungsstärke einer wagerechten Ebene 1 m über dem Fußboden:

Art der zu beleuchtenden Räume	Mittlere allgemeine Beleuchtung 1 m über dem Fußboden		Mittlere Platzbeleuchtung der Arbeitsfläche	
	nach den Leitsätzen der DBG[1]) mindestens Lx	erwünscht etwa Lx	nach den Leitsätzen der DBG[1]) mindestens Lx	erwünscht etwa Lx
1. *Räume in Wohnhäusern, Gasthöfen und Krankenhäusern*				
Vorplätze, Treppenhäuser, Flure	5	10—25	—	—
Schlafräume	10	8—25	—	—
Wohn- und Speisezimmer, Beherbergungszimmer, Prunktreppen	10	20—40	—	—
Gesellschafts- und Bewirtungsräume	10	30—60	—	—
Festsäle und Konzertsäle	10	50—80	—	—
Koch- und Waschküchen	10	10—30	—	—
Operationssäle, Allgemeinbeleuchtung	—	80—120	—	—
Operationssäle, Operationstischbeleuchtung	—	—	—	200—400
Keller	1	2—10	—	—
2. *Räume i. Schulen, Verwaltungsgebäuden, Geschäftshäusern*				
Schulzimmer, Hörsäle, Sitzungssäle	10	30—40	25	50—60
Zeichensäle u. Schreibmaschinenbüros, kaufmännische Büros, Kassen	10	40—60	50	60—100
Turnhallen	10	20—40	—	—
Verkaufsräume (je nach Hell- oder Dunkelfarbigkeit der Waren)	10	40—80	—	—
Lagerräume	10	10—25	—	—

[1]) Deutsche Beleuchtungstechnische Gesellschaft.

Art der zu beleuchtenden Räume	Mittlere allgemeine Beleuchtung 1 m über dem Fußboden		Mittlere Platzbeleuchtung der Arbeitsfläche	
	Nach den Leitsätzen der DBG mindestens Lx	erwünscht etwa Lx	nach den Leitsätzen der DBG mindestens Lx	erwünscht etwa Lx
3. *Räume in Fabriken und Werkstätten*				
Für grobe Arbeiten (z. B. Schmiede, Gießerei, Walzwerk)	10	15—25	10	15—35
Für grobe Arbeiten, bei denen auf Einzelheiten zu achten ist (z. B. Schlosserei, Stanzerei, Drahtziehen, Montage, Tischlerei, Weberei grober Stoffe, Spinnerei, Buchdruckerei [Maschinensaal], Nähstuben für helle Stoffe)	10	30—40	25	50—60
Für Feinarbeiten (z. B. Feinmechanik, Setzerei, Weben feiner Stoffe, Nähstuben für dunkle Stoffe)	10	40—50	50	60—100
Für feinste Arbeiten (Sticken, Uhrmacher- und genaueste Mechaniker-Arbeiten)	10	50—60	50	100—150
4. *Straßen, Plätze, Höfe, Gärten*				
Hauptstraßen	—	5—10	—	—
Mittlere Straßen	—	2—4	—	—
Nebenstraßen, Landwege	—	0,5—1	—	—
Fabrikhöfe	—	2—6	—	—
Höfe in Wohnhäusern und Gütern, Gärten, Parkwege	—	1—2	—	—
Gastwirtschaftsgärten	—	2—4	—	—

Die Stärke der Beleuchtung muß unter Umständen den Ansprüchen, die von den Bewohnern der Räume gestellt werden, angepaßt sein. So wird man in Hotelräumen an Stelle der sonst für Wohnzimmer vorgesehenen Lx unter Umständen erheblich höhere Beleuchtungsstärken aufwenden. Die Tafel soll daher nur ungefähre Anhaltspunkte für mittlere Verhältnisse geben.

Leitsätze der Deutschen Beleuchtungstechnischen Gesellschaft für die Innenbeleuchtung der Gebäude.

Die Anlage und die Einrichtungen der Gebäude mit natürlichem und künstlichem Lichte müssen den Forderungen der Zweckmäßigkeit, Gesundheit, Wirtschaftlichkeit und Schönheit entsprechen.

I. Zweckmäßigkeit. 1. Jeder zu beleuchtende Raum muß eine seinem Zweck angemessene Beleuchtung erhalten. Man unterscheidet: Allgemeinbeleuchtung und Platzbeleuchtung.

Die Allgemeinbeleuchtung dient entweder als Verkehrsbeleuchtung, oder als Zusatzbeleuchtung in Räumen aller Art neben Platzbeleuchtung, oder als Arbeitsbeleuchtung.

Die Platzbeleuchtung ist stets Arbeitsbeleuchtung.
Die empfangene Beleuchtung soll mindestens betragen:

A. Bei Allgemeinbeleuchtung, soweit sie als Verkehrsbeleuchtung dient, als mittlere Beleuchtung der horizontalen Fläche in 1 m Höhe:

a) in Räumen von untergeordneter Bedeutung etwa . . .	1	Lux
b) auf Vorplätzen, in Treppenhäusern una dgl.	5	„
c) in Aufenthalts- und Arbeitsräumen für zahlreiche Personen	10	„

B. Bei Arbeits- und Platzbeleuchtung als mittlere Beleuchtung der Arbeitsfläche an der Arbeitsstelle:

d) für grobe Arbeiten	10	Lux
e) für Schreiben und Lesen	25	„
f) für Zeichnen, Sticken, Uhrmacher- und Feinmechanikerarbeiten	50	„

Diese Zahlen sind als *äußerster Mindestwert* für eine Übergangszeit anzusehen. Praktisch müssen sie wesentlich überschritten werden.
Bei der Bearbeitung dunkler Stoffe wird eine wesentlich stärkere Beleuchtung gebraucht als bei hellen Stoffen.

Die Beleuchtungseinrichtungen (Fenster, Lampen und deren Zubehörteile, wie Glocken, Reflektoren usw.) dürfen durch Staubanhäufung oder durch Ausbrennen der Lampen, Glühkörper usw. keine solche Einbuße erleiden, daß die Beleuchtungsstärken unter die hier geforderten Werte herabsinken.

2. Die Allgemeinbeleuchtung darf weder vollkommen zerstreut (schattenlos) sein, noch dürfen störende Schlagschatten auf dem Fußboden, den Wänden und den im Raume befindlichen Gegenständen entstehen.

3. Es ist darauf zu achten, daß die Arbeitsfläche von Stelle zu Stelle keine störenden Beleuchtungsunterschiede aufweisen darf; ebenso dürfen zeitliche Beleuchtungsschwankungen nicht belästigen.

4. Beim Entwurfe von Beleuchtungsanlagen ist darauf Rücksicht zu nehmen, daß schroffe Unterschiede in der Beleuchtung aneinanderstoßender Räume nach Möglichkeit auszugleichen sind.

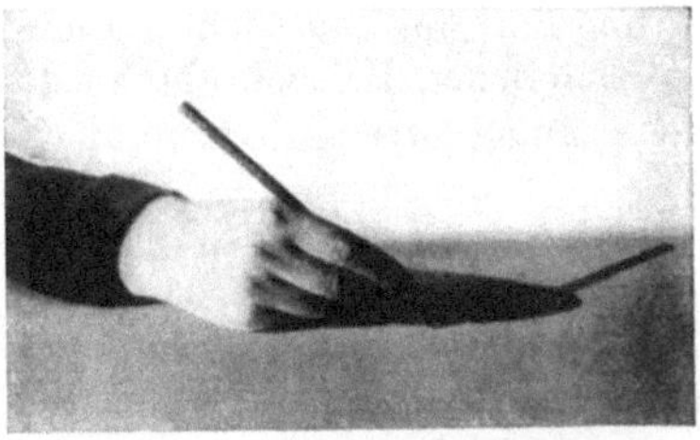

a) langer Schatten bei direkter Beleuchtung durch eine seitliche Lichtquelle.

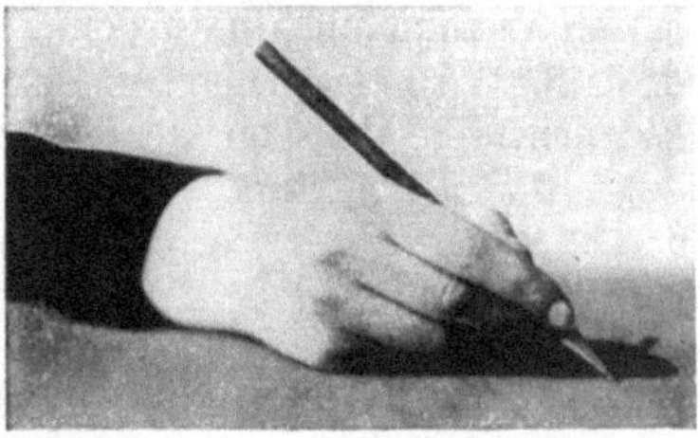

b) kurzer Schatten bei direkter Beleuchtung durch eine hochgehängte Lichtquelle.

c) einfacher Schatten bei direkter Beleuchtung durch eine Lichtquelle.

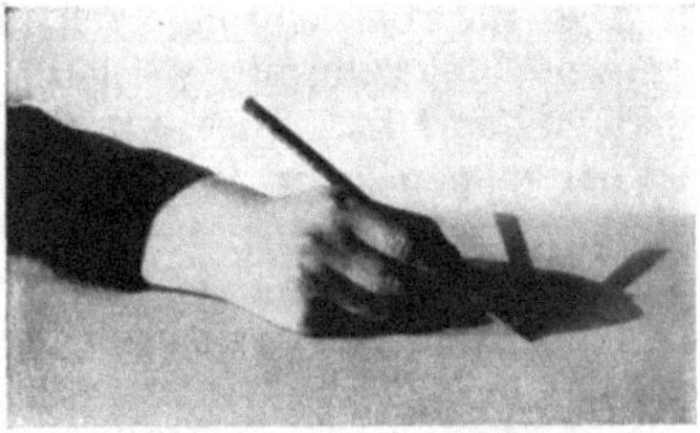

d) mehrfacher Schatten bei direkter Beleuchtung durch mehrere Lichtquellen.

e) scharfer Schatten bei direkter Beleuchtung durch eine weit entfernte Lichtquelle kleiner Leuchtfläche.

f) unscharfer Schatten bei indirekter oder halbindirekter Beleuchtung durch mehrere Lichtquellen.

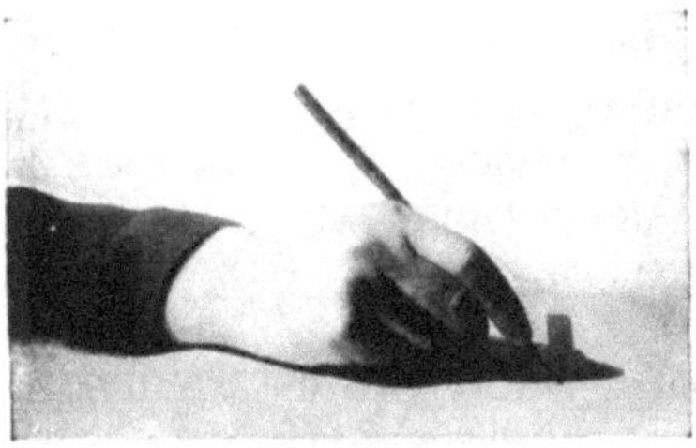

g) tiefer Schatten bei direkter Beleuchtung durch eine Lichtquelle ohne Mitwirkung zurückgestrahlten Lichts.

h) heller Schatten bei indirekter oder halbindirekter Beleuchtnng durch eine Lichtquelle.

Abb. 1 a—h. Schattenwirkung.

5. Bei ausschließlich natürlicher Beleuchtung darf der Tageslichtquotient, d. i. das Verhältnis der bei Tageslicht vorhandenen Beleuchtung zu der Beleuchtung, die von der freien Himmelskugel erzeugt würde, nicht unter 0,5 vH betragen.
6. Die Anlagen zur Verteilung des Lichtes müssen sich in den Plan des Gebäudes einfügen.
7. Bei der Errichtung wichtiger Gebäude, bei denen es auf eine gute Beleuchtung ankommt, ist die Beiziehung eines Beleuchtungstechnikers schon bei der Aufstellung des Bauplanes zu empfehlen.
II. Gesundheitsrücksichten: 1. Die Augen sind vor Blendung durch direktes und reflektiertes Licht zu schützen.
2. Die zur Beleuchtung von Arbeitsplätzen dienenden Einzellampen müssen abgeschirmt werden, wenn ihre Flächenhelle größer als 0,75 HK/cm² ist. Dies gilt für alle elektrischen Lampen.
3. Zur allgemeinen Raumbeleuchtung dürfen auch Lichtquellen von höherer Flächenhelle benutzt werden. Die Flächenhelle darf aber 5 HK/cm² nicht übersteigen, wenn die Lichtquellen so angebracht sind, daß der Winkel des Sehstrahles gegen die wagerechte Ebene weniger als 30° beträgt; andernfalls sind auch diese Lichtquellen abzuschirmen oder in lichtstreuende Hüllen einzuschließen.
4. Einer schädlichen Ansammlung von Abgasen und einer störenden Wärmeentwicklung durch Lichtquellen soll durch Ventilation der Räume vorgebeugt werden.
III. Wirtschaftlichkeit: Sofern die unter Berücksichtigung der Punkte I und II vorgeschlagenen Beleuchtungsanlagen auf verschiedene Weise verwirklicht werden können, ist nach Durchrechnung jeder einzelnen Möglichkeit die wirtschaftlichste Ausführungsart zu wählen.
IV. Schönheit: Die Einrichtungen zur Beleuchtung eines Raumes sind unter Rücksichtnahme auf dessen künstlerische Ausstattung anzubringen, doch dürfen notwendige lichttechnische Forderungen niemals zugunsten künstlerischer Ausstattung vernachlässigt werden. Bei der Einrichtung einer Beleuchtungsanlage in öffentlichen Gebäuden ist ein künstlerischer Bausachverständiger zuzuziehen.

Glühlampen.

Zurzeit werden für elektrische Beleuchtung fast nur Glühlampen, und zwar überwiegend Metalldrahtlampen verwendet, d. h. Lampen, in denen ein dünner Metalldraht (Wolframdraht) durch die Stromwärme zur Weißglut gebracht ist. (Kohlefadenlampen, deren Wattverbrauch für die gleiche Lichtstärke erheblich höher ist, finden nur noch Anwendung, wo der Stromverbrauch keine Rolle spielt, z. B. bei reichlichen Wasserkräften in Gebirgsgegenden oder auf Kohlenbergwerken mit eigener Stromerzeugung.)
Die Metalldrahtlampen sind, damit der weißglühende Leuchtdraht nicht verbrennt, entweder luftleer oder mit einem sauerstoffreien Gas gefüllt.

Die *luftleeren Lampen* haben einen über zwei Haltesterne im Zickzack gespannten Faden (Abb. 2 u. 3), der so dünn wie ein Menschenhaar ist. Die stärkste Lichtausstrahlung geht senkrecht zur Achse. Die Lampen werden deshalb nach HK hor. bezeichnet (Abb. 5). Bei den *gasgefüllten Lampen* ist der Faden zu einer Schraubenlinie, etwa von der Stärke einer Stecknadel aufgewickelt und so in *einen* Haltestern eingehängt (Abb. 4). Die Lichtausstrahlung ist ziemlich gleichmäßig und überwiegt etwas in Richtung der Achse. Die gasgefüllten Lampen werden nach dem Wattverbrauch bezeichnet (Abb. 6).

Über die gebräuchlichsten Lampentypen geben die Tafeln S. 12 Auskunft. Den Einfluß von Spannungsabweichungen erläutert nachstehende Rechentafel:

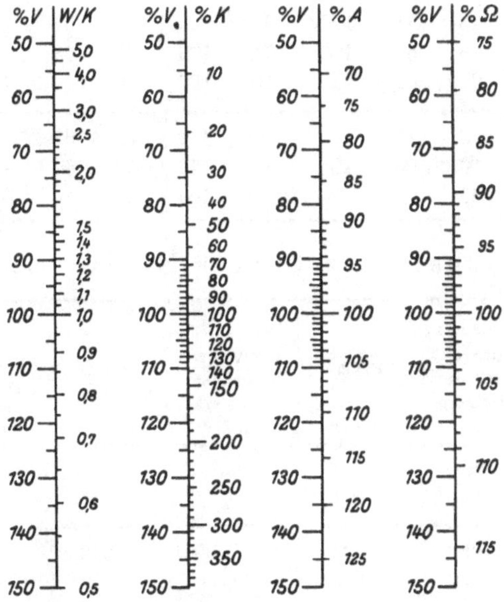

Abhängigkeit des Effektverbrauchs für 1 HK_h (= W/K)
Abhängigkeit der Lichtstärke in vH. der normalen (=% K)
Abhängigkeit der Stromstärke in vH. der normalen (=% A)
Abhängigkeit des Widerstands in vH. des normalen (=% Ω)
von der Spannung in vH. der normalen (=% V)
bei Osramdrahtlampen 1,0 W/K bei 100% Spannung.

Bei allen Metalldrahtlampen ist die lichtausstrahlende Fläche sehr klein im Verhältnis zur Lichtstärke. Sie haben deshalb eine hohe Flächenhelligkeit, die lästig für das Auge ist, wenn sie nicht durch Zwischenschalten einer lichtstreuenden Schicht, also durch Mattierung (Abb. 7), durch lichtstreuende Glasschalen oder Stoffschirme, oder durch sehr große

Lichtstärke, Effektverbrauch, Gesamtlichtstrom und Abmessung der gebräuchlichsten Lampentypen.

Luftleere Osram-Drahtlampen.

Mittl. horizontale Lichtstärke etwa Kerzen (HK_h)	Gesamt-Lichtstrom etwa Lumen	110 Volt Effekt-verbr. etwa Watt	110 Volt  Durchmesser mm	110 Volt Länge mm	110 Volt  Durchmesser mm	110 Volt Länge mm	220 Volt Effekt-verbr. etwa Watt	220 Volt  Durchmesser mm	220 Volt Länge mm	220 Volt  Durchmesser mm	220 Volt Länge mm
5	50	7	44	105	60	105	—	—	—	—	—
10	100	13	51	120	70	120	14	56	135	70	130
16	160	18	51	120	70	120	21	56	135	70	130
25	250	25	56	125	80	130	30	60	145	80	140
32	320	32	60	135	80	130	36	60	145	80	140
50	500	50	60	135	90	145	55	62	155	90	155
100	1000	100	—	—	100	160	105	—	—	100	160

Gasgefüllte Osram-Nitralampen.

Effekt verbrauch Watt	110 Volt Mittlere räumliche Lichtstärke HK_0	110 Volt Gesamt-Lichtstrom Lumen	220 Volt Mittlere räumliche Lichtstärke HK_0	220 Volt Gesamt-Lichtstrom Lumen	 Durchmesser mm	Länge mm
25	17.0	215	—	—	60	120
40	35.0	440	27.5	345	60	120
60	60.0	755	43.0	540	70	135
75	80,0	1 005	63.0	790	80	155
100	108.0	1 355	92.0	1 155	90	175
150	180.0	2 260	160.0	1 880	100	185
200	250.0	3 140	210.0	2 640	120	210
300	407.0	5 100	345.0	4 330	120	265
500	717.0	9 000	650.0	8 150	150	300
750	1 155.0	14 500	1 015.0	12 750	150	300
1 000	1 545.0	19 400	1 395.0	17 500	170	320
1 500	2 400.0	31 000	2 250.0	28 200	200	360
2 000	3 300.0	41 500	3 100.0	38 900	240	400

Aufhängehöhe gemildert wird. — Neuerdings verwendet man auch *Glimmlampen* für geringe Lichtstärken. Glimmlampen haben keinen Leuchtfaden, sondern die Gasfüllung selbst gerät zwischen den beiden Polen ins Leuchten. Die Lichtfarbe ist Rosa. Der Glanz ist gering. Zur Zeit dienen sie meistens nur für Signal- und Reklamezwecke.

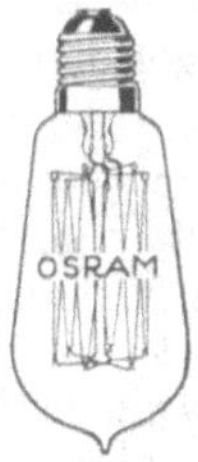

Abb. 2. Luftleere Osram-Drahtlampe, Birnenform.

Abb. 3. Luftleere Osram-Drahtlampe, Kugelform.

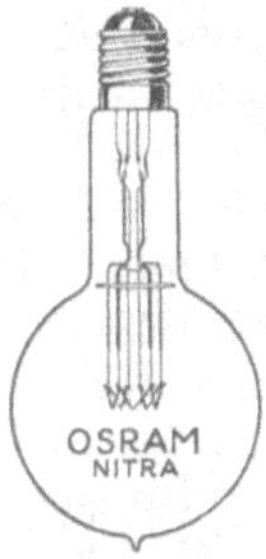

Abb. 4. Gasgefüllte Osram-Nitra Lampe.

Abb. 5.

Abb. 6.

Sockelaufschrift einer luftleeren Drahtlampe 220 V 25 HK / gasgefüllten Lampe 220 V 60 W.

Abb. 7 Glühlampe halbmattiert.

Anordnung der Beleuchtung in Innenräumen.

Sache des Beleuchtungstechnikers ist es, sich klar darüber zu sein, welche *Aufgabe* er dem einzelnen Lichtpunkt zuweist. Vielfach ist es zweckmäßig, daß er sich einen Vorentwurf der Beleuchtung in den Grund- und Aufriß des Zimmers einzeichnet.

Die Wirkung der Lampe als *leuchtender Fleck* im Raum ist rein schmückend. Wenn auch die Metalldrahtlampen rein weißes Licht und geringe Ausdehnung des leuchtenden Fadens haben, so kann doch der Beleuchtungstechniker durch Mattierung und durch darüber gestülpte Gläser, Glocken und Seidenschirme die *Farbe* und *Ausdehnung* des hellen Fleckes beliebig ändern. Vielfach dient die Lampe zur Abgabe von Lichtsignalen oder als Richtungslampe (Vgl. Druckschrift der S. u. H. A.-G. Nr. 184 „Elektrische Schwachstromanlagen für Architekten und Bauherren").

Die Beleuchtung eines Ausschnittes aus dem Raum hat großen Einfluß auf die Entwicklung der Beleuchtungskörper ausgeübt. Aus dem Zeitraum der dürftigen und unzureichenden Lichtquellen stammt die Kunst, das Licht, das die Lampe spendet, auf eine Fläche, z. B. den Schreibtisch oder Arbeitstisch zusammenzulenken. Außer für derartige Zwecke ist die Zusammenfassung des Lichtes durch richtig geformte Reflektoren wichtig für die Beleuchtung im Freien, weil dort die Decke des Raumes fehlt. Die Reflektoren strahlen einen größeren oder kleineren Teil des Lichtstromes zurück, den sie aufgefangen haben. (Vgl. untenstehende Tafel nach Dr. Bloch.)

Die Reflektoren liefern im wesentlichen eine zerstreute (diffuse) Rückstrahlung (Milchglas, emaillierte und lackierte Metallbleche, Webstoffe usw.,) und nur in Sonderfällen, z. B. bei Scheinwerfern und Wiskottreflektoren, eine spiegelnde (überwiegend gerichtete) Rückstrahlung (Glas- oder Metallspiegel). Die Form des Reflektors (z. B. parabolischer Querschnitt) ist bei lichtstreuender Rückstrahlung von nicht so ausgesprochenem Einfluß wie bei spiegelnder Rückstrahlung. Wichtig für die Verteilung der Lichtausstrahlung ist die Tiefe des Reflektors und die Stellung der Lampe im Reflektor (Abb. 8). Größere Armaturen erhalten deshalb häufig eine Einrichtung zur Verstellung der Lichtpunkthöhe (Abb. 15). Als weiteres Hilfsmittel zur Beeinflussung der Richtung des Lichtstromes benutzt man Prismengläser (Abb. 19).

Rückstrahlung von emaillierten Blechen und Metallfolien

Art der Probe	Rückstrahlung gerichtet vH	Rückstrahlung zerstreut vH	Streuvermögen
Emailprobe Nr. 1	1,0	52	0,86
Emailprobe Nr. 2	0,4	64	0,78
Emailprobe Nr. 3	0,1	69	0,80
Emailprobe Nr. 4	1,9	67	0,84
Versilberte Kupferfolie	67	9	0,23
Aluminiumfolie	73	12	0,28

Für die *Beleuchtung eines ganzen Raumes* muß die Verteilung des Lichtes auf die sechs Flächen des Zimmers, Decke, Fußboden und vier Wände, von Fall zu Fall erwogen werden. Man überlege bei der Wahl des Beleuchtungskörpers, in welcher Weise er seine Strahlen aussenden wird, ob er nicht die Ecken des Zimmers im Dunkeln läßt, und ob er nicht nur die Decke beleuchtet, deren Farbe vielleicht selbst zu dunkel ist, um genügend Licht zurückzuwerfen, oder ob er umgekehrt nur nach unten das Licht abgibt und die

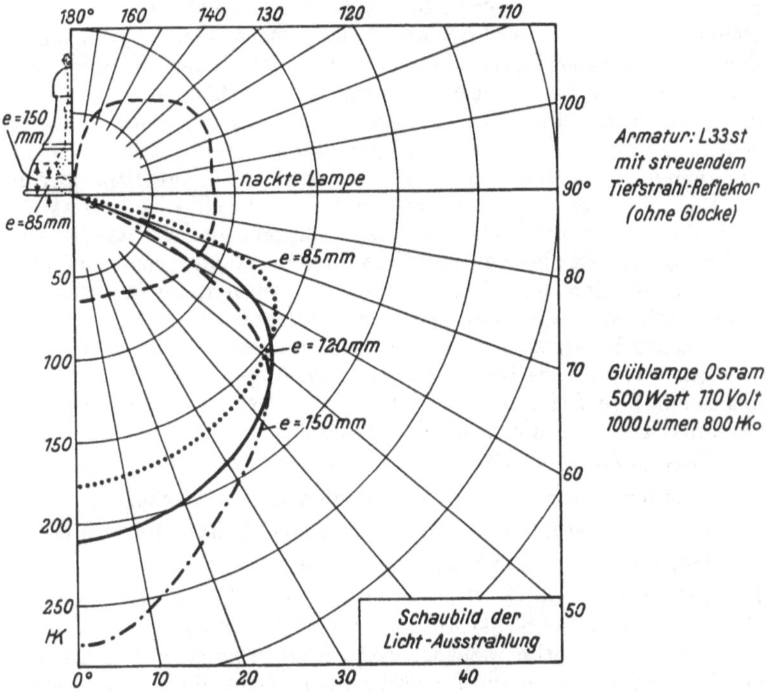

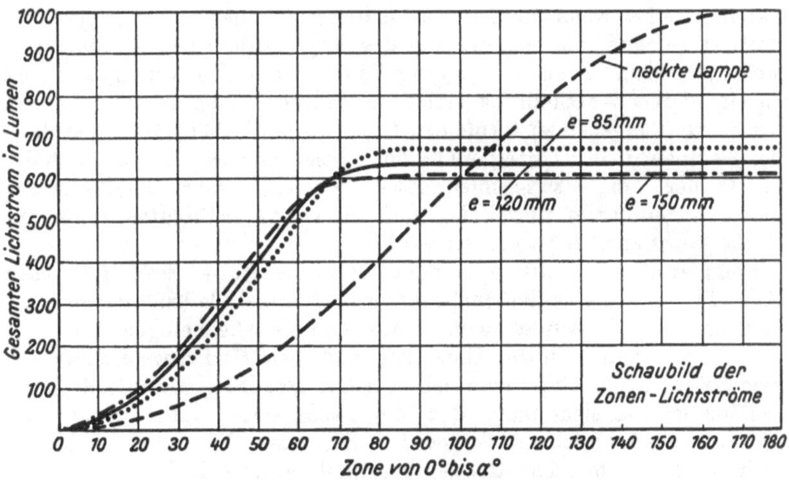

Abb. 8. Lichtverteilung einer Lampe bei verschiedener Stellung im Reflektor.

ganze Decke im Dunkeln läßt (Abb. 9 und Abb. 10). In manchen Räumen, wie Wohnzimmern und Musikzimmern, mag man die Bildung dunkler lauschiger Ecken wünschen, und viele lieben es, wenn abends der obere Teil des Zimmers dunkler bleibt als der Fußboden und die Tischplatte. Die Lichtstrahlen müssen aber mindestens so hoch gehen, daß an den Wänden die Bilder, die man ja heutzutage sehr niedrig hängt, noch voll beleuchtet sind, und daß nicht etwa quer durch ein Bild die Grenze zwischen hell und dunkel geht. In Festsälen soll auch die Decke hell beleuchtet sein. Im allgemeinen ist die Hauptforderung der Saalbeleuchtung, daß in dem Raum, nicht nur auf der Bodenfläche, eine möglichst gleichmäßige Beleuchtung herrsche. Denn das menschliche Auge muß sich beim Übergang von hellen auf weniger helle Stellen immer aufs neue anpassen, und diese Tätigkeit der Augenmuskeln wirkt auf die Dauer ermüdend auf Auge und Gehirn. Starke aber ungleichmäßige Beleuchtung ermüdet also mehr als mittelstarke aber gleichmäßige. Die üblichen Lösungen sind:

Beleuchtung durch Oberlicht oder Seitenfenster,

Kassettenbeleuchtung oder Halbschalen an der Decke,

Frei ausstrahlende Lichtquellen im oberen Drittel der Raumhöhe,

Indirekte und *halbindirekte* Beleuchtung.

Die Beleuchtung durch *Oberlicht* oder Seitenfenster ist eine Nachahmung des Tageslichts. Sie gibt dem Raum leicht etwas Halbgeschlossenes, wirkt also nicht intim Sie ist deshalb als Übergang zwischen Straße und Haus in Vorhallen und Lichtschächten beliebt, findet jedoch auch für große Säle z. B. Operationssäle Anwendung.

Die *Kassettenbeleuchtung* ist ein weitverbreiteter Notbehelf. Aber es besteht, selbst wenn die Lampen mattiert — oder noch besser halbmattiert — sind, die Gefahr, daß das Auge beim Blick an die Decke geblendet wird. Diese Ausführung findet sich daher vorzugsweise da, wo ein gleißender Eindruck erzielt werden soll, oder in Räumen, die nur zu vorübergehendem Aufenthalt dienen. (Abb. 11). Wenn gar dabei die Lampen in die Mittelpunkte der Kassetten statt auf die Schnittpunkte der Umgrenzungslinien gesetzt werden, erfährt die Decke eine völlige Auflösung in Einzelteile, und es ist zu befürchten, daß ihre Fläche gewissermaßen zerrissen wird.

Vornehmer schon ist die sogenannte *Deckenbeleuchtung durch Halbschalen* (Abb. 14). In die Decke sind ein oder mehrere große leuchtende Flecke eingefügt, deren Ausdehnung, Form und Flächenhelligkeit der Beleuchtungstechniker in der Hand hat und der Deckenarchitektur eingliedern kann. Zeichnet man sich aber hier geradlinig verlaufende Lichtstrahlen ein, so sieht man, daß die *Decke* selbst dabei *wenig* Licht erhält, wenn sie nicht stark gewölbt ist, oder die Schalen ziemlich hoch sind. Es müssen also gegebenenfalls weitere Lichtquellen hinzutreten, um auch der Decke ihr Recht zu geben.

Abb. 9. Lichtverteilung einer Krone ohne Metall-Reflektoren. Gleichmäßige Beleuchtung der Decken und Wände.

Abb. 10. Lichtverteilung derselben Krone mit Metall-Reflektoren über den Lampen. Decke und obere Hälfte der Wand dunkel. Verstärkte Beleuchtung auf den Tischen.

Sehr beliebt sowohl für Säle als für Wohnräume sind *frei ausstrahlende Lichtquellen*, also Lampen ohne Reflektor, denn der natürliche und gegebene Reflektor im Raum ist die Decke selbst. — Gut eingeordnet und verteilt, geben frei ausstrahlende Glühlampen die gegen Blendung des Auges geschützt sein müssen, eine ziemlich gleichmäßige Innenbeleuchtung. Es war begreiflich, wenn die Architekten hier zunächst auf gute Überlieferungen zurückgriffen und die *Kerzenbeleuchtung* der Rokoko-, Barock- und Biedermeierzeit mit Hilfe mattierter elektrischer Kerzen nachahmten. (Abb. 12.) Die Kerzenkrone ist aber nicht als die zweckmäßigste Ausführungsform dieser Beleuchtungsart zu betrachten. Da die normale birnen- oder kugelförmige Glühlampe billiger, haltbarer und lichtstärker ist als die in Form der Kerze, so hat man auch für sie künstlerisch schöne Beleuchtungskörper geschaffen, deren Licht frei ausstrahlt (Abb. 9 u. 13).

Bei der *indirekten* Beleuchtung ist die Betätigung der Decke als Reflektor am stärksten betont. Völlig schattenlos und deshalb nur ausnahmsweise (z. B. in Kirchen) zu empfehlen ist die Anordnung versteckter, meist röhrenförmiger Glühlampen. Sie setzt natürlich eine entsprechend gewölbte Decke voraus.

Dem Wesen des Innenraumes völlig angepaßt ist die ruhige und gleichmäßige *halbindirekte* Beleuchtung mittels aufgehängter Lampen. Die dabei auftretenden Verluste werden häufig überschätzt. Der Ausnutzungsfaktor der Beleuchtung ist bei guten Ausführungen, z. B. den Luzetten (Abb. 20) und bei hellen Decken und Wänden keineswegs geringer als bei direkter Beleuchtung.

In manchen Räumen wird es erforderlich, Lichtpunkte verschiedener Wirkungsweise zu *mischen*, also als Zusatz zur indirekten Beleuchtung freistrahlende Wandarme und ausschnittbeleuchtende Tischlampen hinzuzufügen, und ähnliches mehr.

Beleuchtungskörper.

Hinsichtlich der *äußeren Form* des Beleuchtungskörpers hat der Elektrotechniker den Architekten nicht zu beeinflußen, insoweit sich diese Form nicht aus der beabsichtigten Art der Ausstrahlung von selbst ergibt. Allerdings soll auch der Architekt bei dem *Beleuchtungskörper* nicht nur an den *Körper*, sondern zuerst an die *Beleuchtung* denken. Erwähnt muß also werden, daß der Beleuchtungskörper für die Nacht bestimmt ist und daß man sein Aussehen nicht nur bei Tage, sondern auch bei Nacht berücksichtigen muß. Das Aussehen des Beleuchtungskörpers im dunklen Raume, wenn er leuchtet, ist anders als bei Tage; es erscheint dann nur soviel von den Formen des Beleuchtungskörpers, als er durch sein eigenes Licht zeigt, und man ist bei vornehmen Stücken deshalb häufig genötigt, besondere Lampen anzubringen, die ihre Strahlen gegen die schön geschwungenen Arme des Kronleuchters werfen, oder die dessen

Abb. 11. Kassettenbeleuchtung im Foyer des Schauspielhauses in Düsseldorf. Die Lampen wurden mattiert, um die Blendung zu mildern.

Abb. 12. Kronleuchter und Wandarme mit mattierten Kerzenlampen.

farbige Schalen von innen beleuchten, damit sie am Abend nicht matt und stumpf aussehen.

Besonders zu beachten ist auch, daß der *Eigenschatten* des Kronleuchters an der Decke oder den Wänden nicht störend wirkt.

Die Gesamtform hat sich der Größe und Form des Raumes anzupassen. Die alte Öllampe hatte, wenn mehrflammig, in der Mitte einen Ölbehälter, von dem sternförmig die Rohre zu den einzelnen Brennstellen führten und diese speisten. Auch die Gaskrone bedurfte eines kräftigen mittleren Zuführungsrohres, das sich in Einzelarme verzweigte.

Anders die elektrische Krone. Hier können die Aufhängeorgane, seien es Seile oder Ketten, gleichzeitig als Stromzuführung ausgebildet werden und die Verzweigung des Stromes schon von der Decke ab in seine Zweigströme bietet gefällige Lösungen (Abb. 13).

In einem großen Saal sind entweder mehrere kleine Kronen und Wandarme anzubringen (Abb. 12) oder mehrere hochkerzige Lichtquellen für halbindirekte Beleuchtung oder, wenn der Raum auch eine entsprechende Höhe hat, eine vielflammige Krone großen Durchmessers. Für Wohnräume sind daher die Formen, bei denen die einzelnen Arme durch einen Ring, sei dieser kreisförmig, oval oder vieleckig, zusammengehalten sind, beliebt neben den in der Art eines Schaftes mit Zweigen ausgebildeten, die aus dem antiken Kreuzholz sich entwickelt haben.

Endzweck der Formgebung ist nicht die Schmückung, sondern die Gesamtform des Körpers, welcher der Schmuck nicht angegliedert, sondern eingegliedert werden muß.

Wenn wir die grundlegenden Forderungen, die an die Formgebung zu stellen sind, aussprechen wollen, so dürften es die folgenden beiden sein:

1. Einheitlichkeit der Formensprache.

An ein und demselben Stück oder an einer Gruppe von Stücken sollen nicht Linienmotive verschiedenen Charakters durcheinanderklingen. Wo Schmucklinien verwendet werden, müssen sie in ihrer Bewegung und ihrer Anordnung einerseits mit der Gesamtform des Bildes und andererseits auch mit dem konstruktiven Inhalt zusammenstimmen.

2. Materialgerechtigkeit der Form.

Die Form muß aus der Art des Materials und seiner Bearbeitung herauswachsen. Gedrücktes Metall muß in seiner Form den Verarbeitungsprozeß, aus dem es hervorgegangen ist, leise andeuten. Es ist z. B. verwerflich, ein Muster von gegossener Bronze in gedrücktem Messing nachzuahmen.

Abb. 13. Zum Raum entworfener Beleuchtungskörper mit freier Lichtausstrahlung. (Professor Muthesius).

Abb. 14. Deckenbeleuchtung durch Halbschalen im Hoftheater Kassel.

Glühlicht-Armaturen.

Der Kronleuchter ist eine Ausbildungsform aus der Zeit, in der man in allen Fällen viele Lichtquellen geringer Lichtstärke anordnen mußte, um eine große Lichtmenge zu erhalten. Die Entwicklung von Glühlampen bis zu 3300 HK ermöglicht Lösungen dieser Aufgabe mit *einer* Lampe. In solchen Fällen ist also nur eine Lampe mit den nötigen Anordnungen für die Reflexion und Streuung des Lichtes und mit der etwa erforderlichen Umhüllung der Fassung zum Schutz gegen atmosphärische oder mechanische Einflüsse zu versehen. Solche Anordnungen nennt man *Glühlicht-Armaturen.* Sollen Glühlicht-Armaturen für Lampen

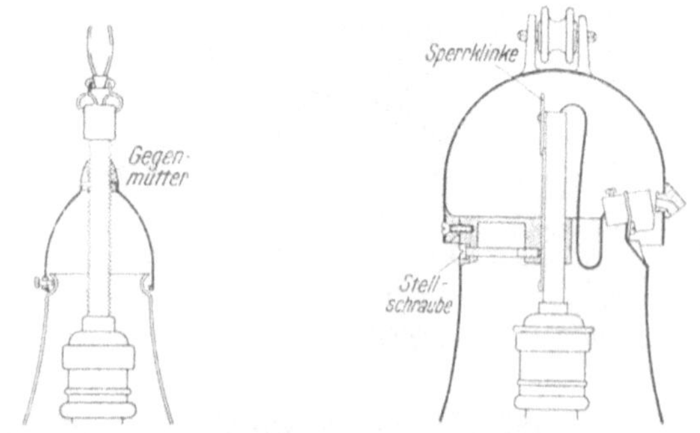

Abb. 15. Vorrichtungen zur Verstellung der Lichtpunkthöhe
a) ohne Öffnen der Armatur in der Innenraumluzette
b) in großen Glühlicht-Armaturen, von außen bedienbar.

sehr verschiedener Größe dienen, so ist eine Einrichtung zur Verstellung der Lichtpunkthöhe erwünscht (Abb. 15) damit das Leuchtsystem in die zweckmäßige Stellung zum Reflektor kommt. Bei hochkerzigen Lampen ist entweder eine große Abkühlungsfläche oder eine geeignete Einrichtung zur Lüftung nötig. Im Freien müssen die Armaturen trotzdem regensicher sein, d. h. auffallender Regen darf nicht Teile der Lampe oder Armatur treffen, die dadurch beschädigt werden. Man unterscheidet

Nach dem Baustoff der Umhüllung:

Porzellan-Armaturen (für feuchte Räume), Messing- und Eisenblech-Armaturen (für Innenräume und fürs Freie) und Gußeisen-Armaturen für rauhe Betriebe und Orte mit säurehaltigen oder ätzenden Gasen und Dämpfen oder dauernd feuchter Luft. Gußeisenarmaturen eignen sich also für Gießereien, chemische Fabriken, Stahl- und Walzwerke, Hüttenwerke, Bahnhofshallen, Lokomotivschuppen, Hafenanlagen, Küstengegenden. Ebenso sind sie wegen ihres größeren Gewichtes überall dort angebracht, wo Leitungskupplungen und Seilentlastungen auszulösen sind oder starkes Pendeln der Armaturen bei Windstößen vermieden werden soll.

Nach der Ausstattung: Armaturen mit und ohne Schutzglas, mit lichtstreuender Glocke und ohne solche, mit und ohne Reflektor, mit und ohne Schutzkorb und mit und ohne Prismenglas.

Nach der Lichtausstrahlung: Freistrahler (ohne Reflektor), Steilstrahler (mit tiefem Reflektor), Schrägstrahler (mit flachem Reflektor), Flachstrahler (mit flachem Reflektor und Prismenglas), Armaturen für halbindirektes Licht und (selten) solche für indirektes Licht.

Abb. 16. Freistrahler.

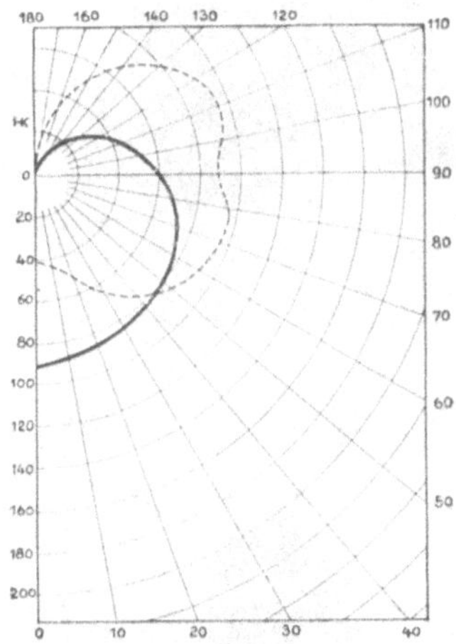

Lichtausstrahlungskurve des Freistrahlers.

Den Armaturabbildungen Seite 23 bis 26 sind die Schaubilder ihrer Lichtausstrahlung beigefügt. Die gestrichelten Schaulinien gelten für die nackten Lampen, die ausgezogenen Schaulinien für die Lampen mit Armatur. Sie zeigen, in welcher Weise die Lichtverteilung der nackten Lampe durch die Armatur verändert wird.

Die *Freistrahler* (Abb. 16) verteilen den Lichtstrom zu einer gleichmäßigen Beleuchtung unterhalb und seitlich der Lampe und geben außerdem eine hinreichende Lichtwirkung oberhalb der Lampe. Sie eignen sich zur Beleuchtung von Werkstätten, Sälen und Hallen mit weißen Decken und Wänden, ferner von Fassaden, Toreinfahrten, Schaufenstern, und für Reklamezwecke.

Abb. 17. Steilstrahler.

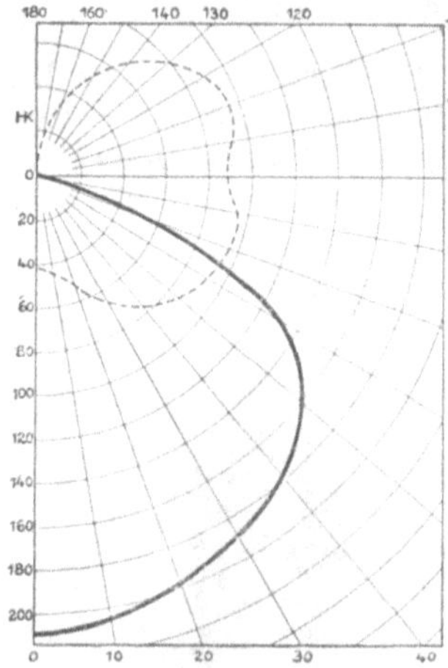

Lichtausstrahlungskurve des Steilstrahlers.

Abb. 18. Schrägstrahler.

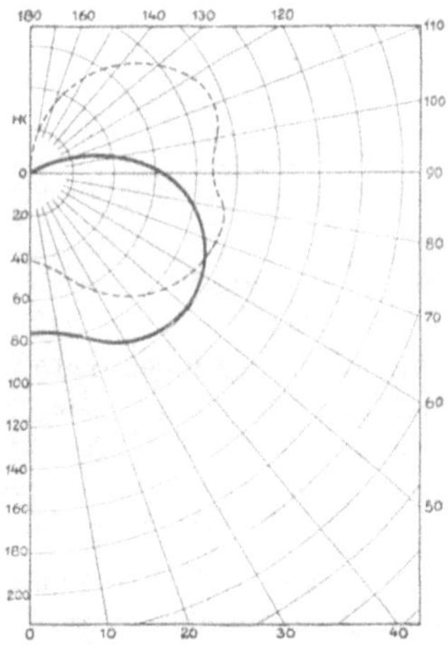

Lichtausstrahlungskurve des Schrägstrahlers.

Die *Steilstrahler* (Abb. 17) werfen den gesamten Lichtstrom steil nach unten und fassen ihn zu einer kräftigen Beleuchtung unterhalb der Lampe zusammen. Durch Höher- oder Tieferstellen der Lampenfassung kann das Streufeld des Lichtkegels verschieden groß eingestellt werden (Abb. 8). Sie eignen sich besonders für große Aufhängehöhen und für Räume mit dunklen oder lichtdurchlässigen Decken und Wänden. Hauptverwendungsgebiete sind hohe Hallen, Werkstätten mit Oberlicht, Gießereien, Werften, Entladeplätze, Krane, Brücken, Fabrikhöfe, Lagerplätze, Schlacken und Abraumhalden.

Die Schrägstrahler (Abb. 18) eignen sich für alle Fälle der Innen- und Außenbeleuchtung, wo alles Licht schräg nach unten und seitwärts gerichtet sein soll, der Raum oberhalb der Lampe aber nicht mitbeleuchtet zu werden braucht.

Abb. 19. Flachstrahler mit Prismenglas.

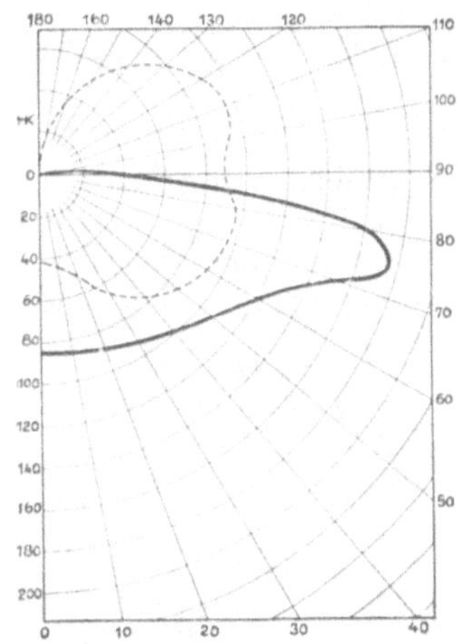

Lichtausstrahlungskurve des Flachstrahlers.

Die *Flachstrahler* (Abb. 19) fassen den Lichtstrom mit Hilfe des Prismenglases zu einer stärksten seitlichen Lichtausstrahlung unter etwa 75°, also etwa 15° unterhalb der Wagerechten, zusammen. Sie breiten den Lichtstrom flach aus und bewirken eine gleichmäßige Bodenbeleuchtung auch auf weite Entfernungen von der Lampe. Sie sind besonders für die Beleuchtung langer Strecken und großer Flächen zu verwenden, wo die Lampenabstände das Vielfache der Aufhängehöhe betragen und auf große Gleichmäßigkeit der Bodenbeleuchtung Wert gelegt wird, also für Straßen (Abb. 21), große Plätze, Gleisanlagen, Wasserstraßen, Werkgelände.

Eine *halbindirekte Beleuchtung* mit weitreichender gleichmäßiger Beleuchtung der Raumdecke ergibt die *Innenraum-Luzette* (Abb.20) wie der Verlauf

Abb. 20 Innenraum-Luzette für halb indirekte Beleuchtung.
Oberglas: Klarglas, seidenmatt.
Unterglas: opalüberfangen.

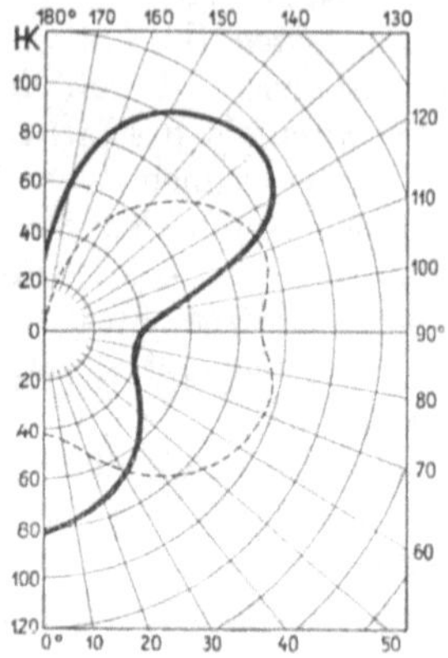

Lichtausstrahlungskurve der Innenraumluzette.

der Schaulinie der Lichtausstrahlung erkennen läßt. Der größte Teil des in der Lampe erzeugten Lichtstromes wird nach oben geworfen und von der Decke zerstreut zurückgestrahlt. Nach unten ist das direkte Licht soweit abgedämpft, daß eine vollkommen blendungsfreie Beleuchtung

Abb. 21. Straßenbeleuchtung durch Flachstrahler in der Hardenbergstraße in Charlottenburg.

erreicht wird. Bei den in Innenräumen üblichen Lampenabständen von 2,5 bis 4, höchstens 5 m ist die Raumdecke ganz gleichmäßig beleuchtet und frei von dunklen Stellen zwischen den Lampen. Auch die Raumwände sind gleichmäßig beleuchtet. Das von der weißen Decke und den weißen Wänden zerstreut zurückgestrahlte Licht erzeugt eine gleichmäßige Bodenbeleuchtung und gibt weiche Schatten. Auch wird bei dieser Beleuchtungsart jegliche Blendung durch an den Arbeitsplätzen befindliche glänzende Gegenstände vermieden.

Die Innenraum-Luzette eignet sich zur Beleuchtung von Innenräumen aller Art *mit hellen Decken und Wänden.* Sie erfordert keinen höheren Lichtaufwand als Beleuchtungskörper für direkte Beleuchtung.

Die Innenraum-Luzette (Abb. 20) ist besonders zu empfehlen für Büros, Zeichensäle, Schulen, Geschäfts- und Verkaufsräume, Säle, Wartesäle in Bahnhöfen, Ausstellungen, Gemäldegalerien, Arbeitssäle für feinere Arbeiten und für das graphische Gewerbe.

Elektromotoren.

Jeder Elektromotor besteht aus einem feststehenden und einem umlaufenden Teil. Bei *Drehstrommotoren* nennt man den feststehenden Teil Ständer (Stator), den umlaufenden Läufer (Rotor) (Abb. 22). Beim Drehstrommotor wird nur dem Ständer Strom zugeführt, der Strom im Läufer entsteht durch Induktion; man nennt die gewöhnlichen Drehstrommotoren daher auch Induktionsmotoren. Der Läufer ist entweder ein Kurzschlußläufer (Abb. 23) oder ein Läufer mit Schleifringen (Abb. 22). Die Schleifringe dienen zur Veränderung des Widerstands im Läuferstromkreis durch Einschalten von Anlaßwiderständen. (Abb. 41). Auf den Schleifringen schleifen kleine prismatische Bronze-Kohlebürsten, die leicht erneuert werden können.

Abb. 22. Schleifringläufer, Ständer und Lagerschild eines Drehstrommotors.

Die Drehstrommotoren mit Schleifringläufer können noch mit einer Vorrichtung versehen werden, durch die, nachdem der Motor die normale Geschwindigkeit

Abb. 23. Kurzschlußläufer eines Drehstrommotors.

erreicht hat, die Läuferwicklung kurz geschlossen wird und hierauf die Bürsten von den Schleifringen abgehoben werden. Dieses Abheben der Bürsten nach erfolgtem Anlauf beschränkt den Verschleiß an Bürsten und Schleifringen und vermeidet die hierbei entstehenden mechanischen und elektrischen Verluste.

Bei *Gleichstrommotoren* nennt man den feststehenden Teil das Gehäuse (oder das Magnetgestell) und den umlaufenden den Anker. (Abb. 26). Bei Gleichstrommotoren wird einerseits dem Magnetgestell Strom zugeführt zur Erregung der Magnete und außerdem über die Bürsten und den Kommutator dem Anker zur Magnetisierung des Ankereisens. Die Ankerwicklung hat geringen Widerstand, und es muß daher während des Anlaufs ein Anlaßwiderstand vorgeschaltet werden. (Abb. 24 u. 25).

Je nach der Schaltung zwischen Magnetwicklung und Anker unterscheidet man Nebenschlußmotoren (Abb. 24) und Reihenschlußmotoren (Hauptstrommotoren) (Abb. 25), durch Vereinigung beider Schaltungen erhält man Doppelschluß- oder Compound-Motoren.

Die wichtigsten Ausführungsformen der Elektromotoren sind die folgenden:

1. Offene Motoren eignen sich für alle normalen Betriebe, in denen keine besondere Feuchtigkeits- oder Staubentwicklung vorkommt.

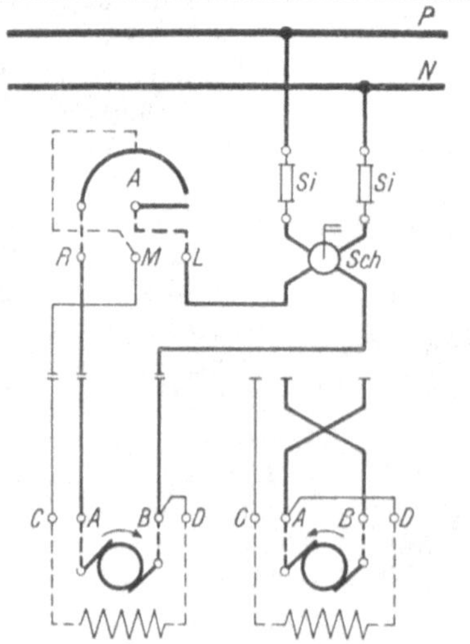

Abb. 24. Schaltung eines Nebenschluß-motors für Rechts- oder Linkslauf.

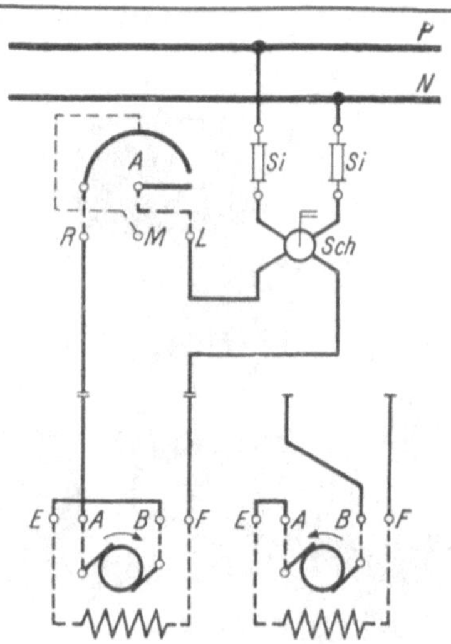

Abb. 25. Schaltung eines Hauptstrom-motors für Rechts- oder Linkslauf.

2. *Ventiliert gekapselte Motoren* haben ein Gehäuse, das die Wicklungen gegen mechanische Verletzungen sowie gegen Tropf- und Spritzwasser schützt; die beiden Luftzu- und Abführungsöffnungen sind an den Lagerschilden angebracht. Kommutator und Bürsten sind durch Öffnungen im Lagerschild zugänglich, die mittels Klappe geschlossen werden. Ein auf der Welle angebrachter Ventilator (Abb. 26) saugt Luft durch den Motor. Sie sind in Verbindung mit einer in Frischluft führenden Saugleitung auch zu verwenden an Aufstellungsorten, wo die Luft leitende oder leicht entzündliche Staubteilchen (Kohlenbetriebe, Mühlenbetriebe) führt oder saure oder alkalische Dämpfe (schweflige Säure, Ammoniak) enthält oder salzhaltige Lösungen (Sodafabriken, Salinenwerke, Kalibergbau).

Abb. 26. Anker mit Ventilator, Magnetgestell und Lagerschilde eines Gleichstrommotors.

3. *Geschlossene Motoren* haben ein abgeschlossenes Gehäuse, das die Wicklungen gegen Staub sowie gegen Tropf- und Spritzwasser schützt. Sie müssen verwendet werden, wenn die Frischluftsaugleitung der ventiliert gekapselten Motoren nicht anwendbar ist und ferner im Freien oder in sehr feuchten Räumen.

4. *Geschlossene Motoren mit Mantelkühlung* haben ein abgeschlossenes Gehäuse, das die Wicklungen gegen Staub sowie gegen Tropf- und Spritzwasser schützt. Auch sie sind zu verwenden an Aufstellungsorten. wo die Luft mit Staubteilchen (Kohlenbetriebe, Mühlenbetriebe) angefüllt ist, saure oder alkalische Dämpfe (schweflige Säure, Ammoniak) oder salzhaltige Lösungen (Sodafabriken, Salinenwerke, Kalibergbau) enthält.

5. *Isolation.* Alle Motoren sind mit einer Isolation versehen, die genügend Schutz gegen normale Luftfeuchtigkeit gewährt. Bedingen äußere Verhältnisse erhöhte Isolation der Wicklungen, so können diese ohne Verminderung der Motorleistung mit einer verstärkten Isolation (Sonderisolation genannt) versehen werden. Diese ist anzuwenden für Motoren in Betriebsräumen, deren Luftfeuchtigkeit sich immer oder zeitweise als Kondensat ausscheiden kann, sowie in Räumen, in denen die Luft staubige leitende Bestandteile oder chemisch ätzende Gase enthält. Hier kommen in Frage Brauereien, Färbereien, Waschanstalten, Plättereien, Brunnenschächte, Kohlenwäschen, ferner Berg- und Hüttenwerke, Gasanstalten, in denen fein verteilter Kohlen- oder Metallstaub, Pulverdampf, Sauggase oder schwefelhaltige, säure- oder salzhaltige Bestandteile in der Luft enthalten sind, weiter in Viehställen oder landwirtschaftlichen Räumen, Kalibergwerken usw. Die Sonderisolation ist unter den genannten Betriebsverhältnissen auch für geschlossene Motoren erforderlich.

Drehzahl.

Die Drehzahl n eines leerlaufenden *Drehstrommotors* ist gegeben durch die Frequenz ν des Drehstroms (in Deutschland ist meistens $\nu = 50$) und durch die Polpaarzahl p des Ständers. Es ist

$$n = \frac{\nu}{p} \text{ in der s, oder } n = \frac{\nu}{p} \cdot 60 \text{ in der min.}$$

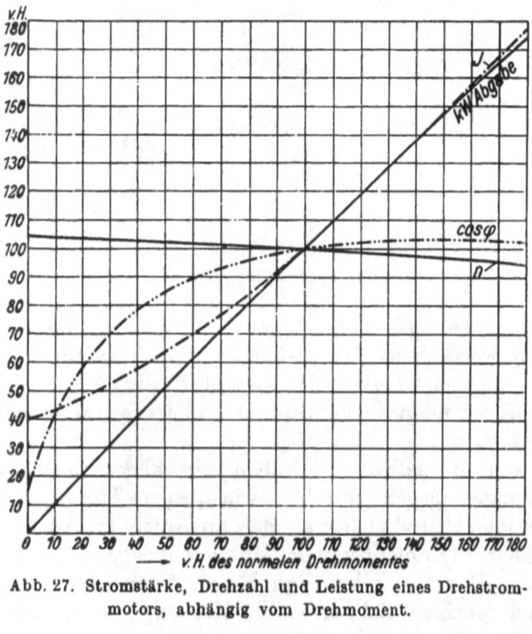

Abb. 27. Stromstärke, Drehzahl und Leistung eines Drehstrommotors, abhängig vom Drehmoment.

Mit steigender Belastung fällt die Drehzahl um ein Geringes ab (Abb. 27). Eine Verminderung der Drehzahl ist bei Drehstrommotoren durch Einschalten von Widerstand in den Läuferstromkreis möglich. — Dabei geht aber auch die Leistung des Drehstrommotors zurück.

Die Drehzahl n eines *Gleichstrommotors* ist gegeben durch die Spannung E an seinen Ankerbürsten und durch den Magnetismus $\mathfrak{J}$ im Magnetfeld, also durch die Erregerstromstärke. Es ist $n = \frac{E}{\mathfrak{J}} \cdot \text{const.}$ Die Constante hängt von der Konstruktion ab. Die Erregung eines *Nebenschlußmotors* ist praktisch constant und deshalb ist auch seine Drehzahl praktisch fast unabhängig von der Belastung (Abbildung 28).

Man kann beim Nebenschlußmotor die Drehzahl herabsetzen, indem man die Ankerspannung vermindert, z. B. durch Spannungsabfall in einem dem Anker vorgeschalteten Anlaßwiderstand. Man kann die Drehzahl des Nebenschlußmotors in gewissen Grenzen erhöhen, indem man den Magnetismus verringert, z. B. durch Vorschalten von Widerstand in den Erregerstromkreis. (Im ersten Fall wird die Leistung des Motors geringer entsprechend der Verringerung der Drehzahl; im zweiten Fall bleibt die Leistung trotz Vergrößerung der Drehzahl konstant, weil das Drehmoment entsprechend kleiner wird.) *Beim*

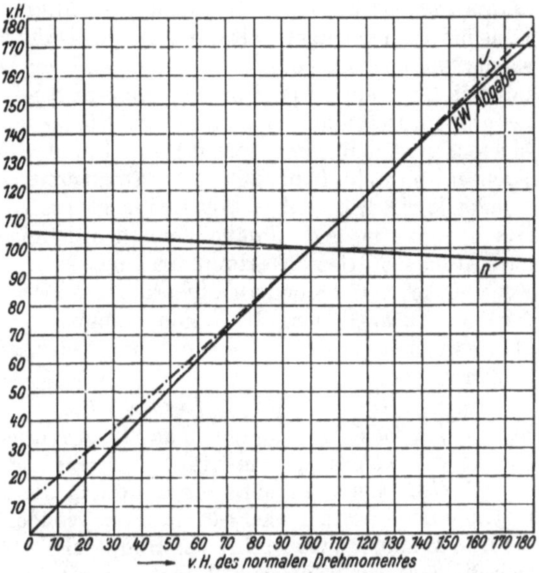

Abb. 28. Stromstärke, Drehzahl und Leistung eines Nebenschlußmotors, abhängig vom Drehmoment.

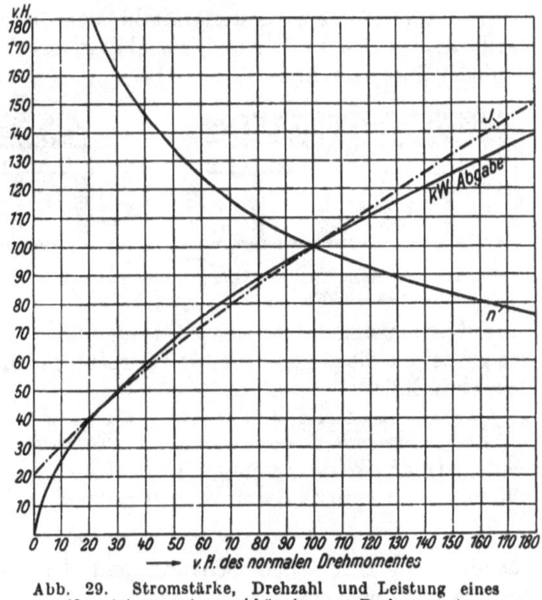

Abb. 29. Stromstärke, Drehzahl und Leistung eines Hauptstrommotors, abhängig vom Drehmoment.

Hauptstrommotor (Reihenschlußmotor) ist Ankerstromkreis und Feldstromkreis hintereinandergeschaltet, steigendes Drehmoment und deshalb wachsender Ankerstrom bedeutet also auch steigenden Feldstrom und deshalb fallende Drehzahl. Der Hauptstrommotor regelt sich selbst so, daß er sich bei großem Drehmoment auf große Feldstärke und kleine Drehzahl und bei kleinem Drehmoment (Leerlauf) auf kleine Feldstärke und sehr große Drehzahl einstellt (Abb. 29). *Ein Hauptstrommotor darf deshalb nie vollständig leerlaufen,* weil er sonst eine so große Drehzahl annimmt, daß Beschädigungen und Unfälle entstehen können. Man vermeidet deshalb Riemenantrieb bei Hauptstrommotoren. Will man ihn doch verwenden, so sind besondere Sicherungsmaßnahmen nötig.

Compoundmotoren verhalten sich annähernd wie Nebenschluß- oder Hauptstrommotoren, je nachdem die Nebenschluß- oder Hauptstromwicklung überwiegt.

Drehrichtung.

Bei *Drehstrommotoren* ändert man die Drehrichtung, indem man *zwei* Drähte der Zuleitung zum Ständer gegenseitig vertauscht

Bei *Gleichstrommotoren* muß zur Änderung der Drehrichtung die Stromrichtung *entweder* im Anker *oder* im Feld geändert werden (Abb. 24 u. 25). (Würde man hier zwei Drähte der Hauptzuleitung vertauschen, so änderte sich die Stromrichtung sowohl im Anker als auch im Feld, und der Motor liefe wieder in der alten Drehrichtung.)

Aufgenommene Leistung, Wirkungsgrad.

Jeder Motor trägt ein Leistungsschild, das die Spannung E, die Stromstärke J, die Drehzahl n und die abgegebene Leistung in kW bzw. PS angibt. (Beispiele Abb. 30 u. 31).

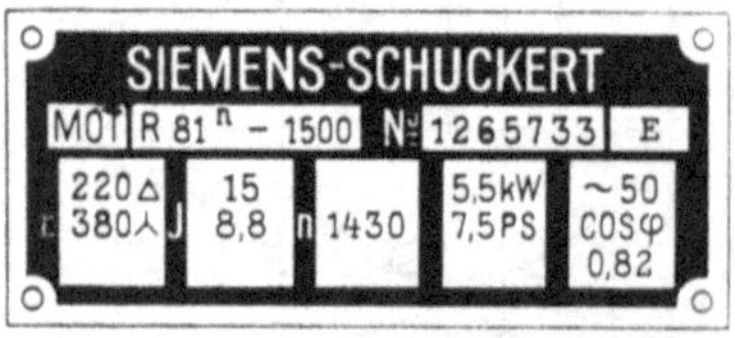

Abb. 30. Leistungsschild eines Drehstrommotors.

Abb. 31. Leistungsschild eines Gleichstrommotors.

Die aufgenommene elektrische Leistung mißt man stets in kW. Sie ist etwas größer als die abgegebene, weil der Motor nicht ganz verlustlos arbeitet. Das Verhältnis

$$\frac{\text{abgegebene Leistung in kW}}{\text{aufgenommene Leistung in kW}} = \frac{\text{abgegebene Leistung in PS} \cdot 0{,}736}{\text{aufgenommene Leistung in kW}}$$

nennt man den Wirkungsgrad. Er liegt im allgemeinen zwischen 0,8 und 0,9, und man spricht dann von 80 oder 90 vH Wirkungsgrad.

Normalstrom.

Aus der aufgenommenen Leistung und der Klemmenspannung ergibt sich die Stromstärke.

Die Normalstromstärke ist

bei Drehstrommotoren	bei Gleichstrommotoren
$J = \frac{kW \cdot 1000}{E \cdot 1{,}73 \cos \varphi}$	$J = \frac{kW \cdot 1000}{E}$

Dabei bedeutet

J = Betriebsstrom in der Zuleitung des Motors in A,
E = Klemmenspannung, mit welcher der Motor betrieben wird, in V,
kW = Aufnahme des Motors in kW (vgl. Angaben in den Preislisten),
$\cos \varphi$ = Leistungsfaktor (vgl. Angaben in den Preislisten).

(Tafel der Normalstromstärke für Drehstrom- und Gleichstrommotoren siehe Seite 37, 38.)

Abgegebene Leistung, Drehmoment.

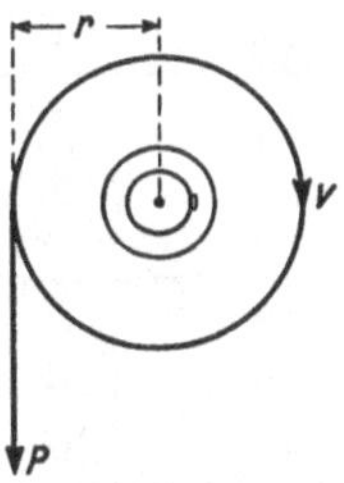

Abb. 32.
Umfangskraft P und Umlaufsgeschwindigkeit v an einer Riemenscheibe vom Halbmesser r.

Die *Leistung*, die ein Elektromotor abgibt, ist, wie die mechanische Leistung jedes umlaufenden Motors, gegeben durch das Produkt aus Kraft an irgend einem umlaufenden Punkt × Umlaufsgeschwindigkeit dieses Punktes. Mißt man also an irgendeinem Punkte, z. B. am Umfang der Riemenscheibe, die Umfangskraft P in kg und die Umlaufsgeschwindigkeit v in m/s (Abb. 32), so erhält man die Leistung $P \cdot v$ in kgm/s. Diese Zahl geteilt durch 75 ergibt die Leistung $N = \frac{P \cdot v}{75}$ in PS

Die abgegebene Leistung in kW. erhält man aus

$$N = P \cdot v \cdot \frac{9{,}81}{1000} = \frac{P \cdot v}{102} \text{ in kW}$$

Es ist also 1 PS = 736 W (Umrechnungstafel siehe Seite 34).

Die *Umlaufsgeschwindigkeit* v ist

$$\frac{\text{Umfang in Meter} \times \text{Drehzahl n in der Minute}}{60}$$

Der Halbmesser sei r in Metern; also

$$v = \frac{2\, r\, \pi\, n}{60};$$

dann ist die Leistung

$$N = \frac{P \cdot r \cdot n \cdot 2 \cdot \pi}{60 . 75} = \frac{P \cdot r \cdot n}{716} \text{ in PS}$$

Das Produkt $P \cdot r$ aus Umfangskraft × Halbmesser (Abb. 32) ist das *Drehmoment* M des Motors bei der beobachteten Leistung und Drehzahl. Es ist selbstverständlich an jeder Stelle des umlaufenden Körpers gleich groß. Die Leistung ist also $= \frac{M \cdot n}{716}$ in PS (bzw. $M \cdot n \cdot 1{,}027$ in W). Die

Vergleich der Leistungen von Motoren, Menschen und Tieren bei einer Arbeitszeit von täglich 8 Stunden	mkg/s etwa	kW etwa
Eine motorische Pferdestärke (PS)	75	0,736
Ein Pferd leistet ohne Maschine	70	0,700
„ „ „ am Göpel	40	0,400
„ Ochse „ ohne Maschine	44	0,440
„ „ „ am Göpel	36	0,360
„ Mensch „ ohne Maschine	11	0,110
„ „ „ am Göpel	7,4	0,074
„ „ „ an der Kurbel	6	0,060

kW umgerechnet in PS

1	2	3	4	5	6	7	8
1—2,35 kW		2,4—4,5 kW		4,6—7,2 kW		7,3—9,9 kW	
kW	PS	kW	PS	kW	PS	kW	PS
1,00	1,36	2,40	3,26	4,6	6,26	7,3	9,93
1,05	1,43	2,45	3,33	4,7	6,39	7,4	10,06
1,10	1,50	2,50	3,40	4,8	6,53	7,5	10,20
1,15	1,56	2,55	3,47	4,9	6,66	7,6	10,34
1,20	1,63	2,60	3,54	5,0	6,80	7,7	10,47
1,25	1,70	2,65	3,60	5,1	6,94	7,8	10,61
1,30	1,77	2,70	3,67	5,2	7,07	7,9	10,74
1,35	1,84	2,75	3,74	5,3	7,21	8,0	10,88
1,40	1,90	2,80	3,81	5,4	7,34	8,1	11,02
1,45	1,97	2,85	3,88	5,5	7,48	8,2	11,15
1,50	2,04	2,90	3,94	5,6	7,62	8,3	11,29
1,55	2,11	2,95	4,01	5,7	7,75	8,4	11,42
1,60	2,18	3,0	4,08	5,8	7,89	8,5	11,56
1,65	2,24	3,1	4,22	5,9	8,02	8,6	11,70
1,70	2,31	3,2	4,35	6,0	8,16	8,7	11,83
1,75	2,38	3,3	4,49	6,1	8,30	8,8	11,97
1,80	2,45	3,4	4,62	6,2	8,43	8,9	12,10
1,85	2,52	3,5	4,76	6,3	8,57	9,0	12,24
1,90	2,58	3,6	4,90	6,4	8,70	9,1	12,38
1,95	2,65	3,7	5,03	6,5	8,84	9,2	12,51
2,00	2,72	3,8	5,17	6,6	8,98	9,3	12,65
2,05	2,79	3,9	5,30	6,7	9,11	9,4	12,78
2,10	2,86	4,0	5,44	6,8	9,25	9,5	12,92
2,15	2,92	4,1	5,58	6,9	9,38	9,6	13,06
2,20	2,99	4,2	5,71	7,0	9,52	9,7	13,19
2,25	3,06	4,3	5,85	7,1	9,66	9,8	13,33
2,30	3,13	4,4	5,98	7,2	9,79	9,9	13,46
2,35	3,20	4,5	6,12				

Für kleinere Leistungen als 1 kW sind die zugehörigen PS-Werte ebenfalls dieser Tafel zu entnehmen, indem das Komma entsprechend nach links gerückt wird; z. B.: die zu 200 W gehörige PS-Leistung ist der 2-kW-Zeile zu entnehmen und beträgt 0,27 PS. Für Leistungen über 9,9 kW ist das Komma entsprechend nach rechts zu rücken.

Leistung eines Motors kann größer werden, entweder wenn das Drehmoment wächst (wenn er „schwerer zu ziehen hat“) oder wenn die Drehzahl wächst (wenn er „schneller läuft“). Bei gegebener Leistung und Drehzahl ist auch das Drehmoment festgelegt.

Drehmomente von Motoren in mkg bei bestimmten Leistungen und Drehzahlen.							
Abgegebene Leistung		Drehzahl in der Minute					
kW	PS	500	600	750	1000	1500	3000
0,736	1	1,4	1,2	0,9	0,7	0,4	0,2
1,472	2	2,8	2,4	1,9	1,4	0,9	0,4
2,108	3	4,2	3,5	2,8	2,1	1,4	0,7
2,944	4	5,6	4,7	3,8	2,8	1,9	0,9
3,680	5	7,1	5,9	4,7	3,5	2,3	1,1
4,416	6	8,5	7,1	5,7	4,2	2,8	1,4
5,152	7	10	8,3	6.6	5	3,3	1,6
5,888	8	11,4	9,5	7,6	5,7	3,8	1,9
6,624	9	12,8	10,7	8,5	6,4	4,2	2,1
7,36	10	14,3	11,9	9,5	7,1	4,7	2,3

Anlaufstrom.

Das Drehmoment eines Elektromotors entsteht durch elektromagnetische Wirkungen zwischen dem feststehenden und umlaufenden Teil. Es ist also um so größer, je stärker die Ströme in den Wicklungen dieser Teile sind. Steigendem Drehmoment entspricht also steigende Stromstärke. Beim Anlauf muß das Drehmoment stärker sein als beim Lauf, denn die Massen müssen erst beschleunigt werden. Deshalb ist der Anlaufstrom stärker als der normale, auch bei Gebrauch von Anlassern (siehe Seite 42).

Verhältnis des Anlaufstromes zum Normalstrom.				
Anlaufverhältnisse	Leeranlauf	Mit halbem Drehmoment	Mit vollem Drehmoment	Mit doppelt. Drehmoment
Drehstrom-Kurzschlußmotoren				
ohne Anlasser bis 0,5 kW	—	4,5—6,5 : 1	—	—
mit Stern-Dreieckschalter — 3 kW . . .	—	2 : 1	—	—
mit Stern-Dreieckschutzschalter — 10 kW	—	2 : 1	—	—
Drehstrom-Schleifringmotoren				
mit Anlasser	—	1 : 1	1,5 : 1	2,5 : 1
Gleichstrom-Nebenschlußmotoren				
ohne Anlasser	10 : 1	—	—	—
mit „	—	1 : 1	1,5 : 1	2,5 : 1
Gleichstrom-Hauptstrom-Motoren				
ohne Anlasser	—	2 : 1	2,5 : 1	3 : 1
mit „	—	1 : 1	1,4 : 1	2 : 1

Zuleitungen zu Motoren.

Wahl der Sicherung nach dem Anlaufstrom.

Bei Errechnung der Querschnitte der Zuleitung zu Motoren ist zunächst die Stärke der *Sicherung* zu wählen, und zwar so, daß die Sicherung die Anlaufstromstärke aushält, ohne abzuschmelzen. Je nach den Anlaufverhältnissen kann der Anlaufstrom zum zwei bis siebenfachen

Normalstrom oder noch höher ansteigen (Tafel Seite 35). Hat man den Anlaufstrom ermittelt, so muß man die Abschmelzwerte und Abschmelzzeiten der Sicherungen kennen. Für die Patronensicherungen und Streifensicherungen der S.S.W. sind diese bekannt. Man wählt dann eine Sicherung, die unter dem erwarteten Anlaufstrom während der Anlaufzeit nicht abschmelzen wird.

Wahl des Querschnitts nach der Sicherung.

Dann muß man den Leitungsquerschnitt, der zu dieser Sicherung gehört, als Mindestquerschnitt aus der Tafel Seite 58) entnehmen, da jeder schwächere Querschnitt übersichert wäre.

Berechnung des Querschnitts nach Spannungsabfall.

Meistens genügt dieser Querschnitt ohne weiteres auch der Forderung, daß ein gewisser Spannungsabfall in der Zuleitung nicht überschritten werden soll. Bei *außergewöhnlich* langen Zuleitungen ist aber noch der Querschnitt nach dem zugelassenen *Ohm'schen Spannungsabfall* nachzuprüfen. Für diese Prüfung gelten die Formeln

bei Drehstrommotoren

$$q = \frac{l \cdot kW \cdot 100\,000}{E \cdot E \cdot p \cdot \lambda}$$

bei Gleichstrommotoren

$$q = \frac{l \cdot kW \cdot 200\,000}{E \cdot E \cdot p \cdot \lambda}$$

Dabei bedeutet

q = Mindestquerschnitt der Zuleitung in mm²,
l = Einfache Leitungslänge der Zuleitung in m,
p = Zugelassener Abfall der Klemmenspannung in vH (meistens 3 vH),
λ = Leitfähigkeit (für Kupfer etwa 56,2, für Aluminium etwa 32,7),
kW = Aufnahme des Motors in kW (Angabe in der Preisliste),
E = Klemmenspannung, mit der der Motor betrieben wird, in V.

Ist der so ermittelte Querschnitt ein anderer als der mit Rücksicht auf die Sicherung bestimmte, so ist stets der *größere* von beiden zu wählen. Der *induktive Spannungsabfall* kommt nur bei Einphasen- und Drehstromleitungen und nur bei Freileitungen in Betracht. Er kann auch hier vernachlässigt werden, wenn die Freileitungsstrecke kürzer als 100 m und wenn gleichzeitig die Stromstärke kleiner als 100 A ist, also in den meisten praktischen Fällen. In anderen Fällen wählt man besser Kabel.

Berechnung des Querschnitts nach Wattverlust.

Für Gleichstrommotoren ist der prozentuale Wattverlust identisch mit dem prozentualen Spannungsverlust. Dagegen gilt für Drehstrommotoren bei Berechnung des Querschnitts der Zuleitung nach dem prozentualen Wattverlust die Gleichung

$$q = \frac{l \cdot kW \cdot 100\,000}{E \cdot E \cdot \cos\varphi \cdot \cos\varphi \cdot p \cdot \lambda}$$

Dabei ist p = zugelassener Wattverlust (vH), $\cos\varphi$ = Leistungsfaktor, sonst wie oben.

Tafeln für Normalstromstärke, Sicherung, Zuleitungsquerschnitt.

Die folgenden Tafeln geben unter der Annahme üblicher Anlaufverhältnisse für normale Leistungsabstufungen und Spannungen den Normalstrom der Motoren, die Nennstromstärke der Sicherung und die Zuleitungsquerschnitte an (bis 120 mm² für isolierte Leitungen, über 120 mm² für Kabel). Der Spannungsabfall überschreitet dabei nicht 3 vH, wenn die einfache Länge der Zuleitung beträgt:

bei Drehstrom 125 und 220 V bis 30 m,
„ „ 380 „ 500 V „ 80 m,
„ Gleichstrom 110 V „ 40 m,
„ „ 220 V „ 60 m,
„ „ 440 V „ 120 m,

Längere Zuleitungen kommen in der Praxis sehr selten vor.

Ungefähre Normalstromstärke, Kupfer-Querschnitt und Sicherung in der Zuleitung von Gleichstrommotoren.

Leistungsabgabe in kW	Leistungsabgabe in PS	Normalstromstärke A	Kupferquerschnitt der Zuleitung mm²	Nennstromstärke der Sicherung A	Normalstromstärke A	Kupferquerschnitt der Zuleitung mm²	Nennstromstärke der Sicherung A	Normalstromstärke A	Kupferquerschnitt der Zuleitung mm²	Nennstromstärke der Sicherung A	Die Nennstromstärke der Sicherung ist bemessen für Motoren mit
		Bei 110 V Klemmenspannung			Bei 220 V Klemmenspannung			Bei 440 V Klemmenspannung			
0,125	0,17	1,65	1,5	10	0,8	1	6	—	—	—	unmittelbarer Einschaltung und Leeranlauf
0,2	0,27	2,7	2,5	15	1,4	1,5	10	—	—	—	
0,33	0,45	4,0	2,5	15	2,0	1,5	10	—	—	—	
0,5	0,68	6,0	2,5	15	3	1,5	10	1,5	1	6	Anlasser und Anlauf unter Vollast
0,8	1,09	10,0	4	20	5	1,5	10	2,4	1,5	10	
1.1	1,5	13,4	6	25	6,7	2,5	15	3,35	1,5	10	
1,5	2,04	17,2	10	35	8,6	4	20	4,3	1,5	10	
2,2	2,99	25,5	10	35	12,7	4	20	6,35	2,5	15	
3	4,08	33	16	60	16,5	6	25	8,3	4	20	
4	5,44	45	25	80	22,5	10	35	11	4	20	
5,5	7,48	65	25	80	32,5	16	60	15,7	6	25	
7,5	10,20	86	35	100	43	16	60	21	10	35	
11	15	120	70	160	60	25	80	30	16	60	
15	20,4	162	95	200	81	35	100	40	16	60	
22	29,9	238	150	260	119	70	160	60	25	80	
30	40,8	318	240	360	158	95	200	80	35	100	
40	54,4	—	—	—	205	120	225	108	50	125	
50	68	—	—	—	—	—	—	135	70	160	
63	85,7	—	—	—	—	—	—	170	95	200	
80	108,8	—	—	—	—	—	—	216	120	225	
100	136	—	—	—	—	—	—	270	185	300	

Ungefähre Normalstromstärke, Kupfer-Querschnitt und Sicherung in der Zuleitung von Drehstrommotoren

Leistungsabgabe in kW	Leistungsabgabe in PS	Normal-Stromstärke A	Kupfer-Querschnitt der Zuleitung mm²	Nennstromstärke der Sicherung A	Normal-Stromstärke A	Kupfer-Querschnitt der Zuleitung mm²	Nennstromstärke der Sicherung A	Die Nennstromstärke der Sicherung ist bemessen für Motoren mit
		Bei 125 V Klemmenspannung			Bei 220 V Klemmenspannung			
0,125	0,17	1,2	1	6	1	0,7	4	Kurzschlußläufer mit unmittelbarer Einschaltung und Anlauf unter halber Last
0,2	0,27	1,7	1	6	1	1	4	
0,33	0,45	2,7	1,5	10	1,6	1	4	
0,5	0,68	4	1,5	6	2,3	1	6	Kurzschlußläufer mit Stern-Dreieck-Anlaßschaltung und Anlauf unter halber Last oder: Schleifringläufer mit Anlasser und Anlauf unter Vollast
0,8	1,09	6	1,5	10	3,5	1	6	
1,1	1,5	9	2,5	10	5	1	6	
1,5	2,04	12	2,5	15	7	1,5	10	
2,2	2,99	16	4	20	9,5	1,5	10	
3	4,08	23	6	25	13	2,5	15	
4	5,44	30	10	35	17	4	20	
5,5	7,48	43	16	50	23	6	25	
7,5	10,20	58	16	60	31	10	35	
11	15	83	35	100	48	16	50	Schleifringläufer mit Anlasser und Anlauf unter Vollast
15	20,4	100	50	125	58	16	60	
22	29,9	143	70	100	83	25	100	
30	40,8	192	120	225	100	50	125	
40	54,4	255	150	260	135	70	160	
50	68	315	240	360	170	95	200	
63	85,7	400	310	430	212	120	225	
80	108,8	—	—	—	273	185	300	
100	136	—	—	—	325	240	360	
		Bei 380 V Klemmenspannung			Bei 500 V Klemmenspannung			
0,125	0,17	—	—	—	—	—	—	Kurzschlußläufer mit unmittelbarer Einschaltung und Anlauf unter halber Last
0,2	0,27	0,6	1	4	—	—	—	
0,33	0,45	0,9	1	4	—	—	—	
0,5	0,68	1,3	1	4	1	1	4	Kurzschlußläufer mit Stern-Dreieck-Anlaßschaltung und Anlauf unter halber Last oder: Schleifringläufer mit Anlasser und Anlauf unter Vollast
0,8	1,09	2	1	4	1,5	1	4	
1,1	1,5	3	1	6	2,2	1	4	
1,5	2,04	4	1	6	3	1	6	
2,2	2,99	5,3	1	6	4	1	6	
3	4,08	7,5	1,5	10	5,8	1	6	
4	5,44	10	1,5	10	7,5	1,5	10	
5,5	7,48	14	2,5	15	11	2,5	15	
7,5	10,20	19	4	20	15	2,5	15	
11	15	26	10	35	20	4	20	Schleifringläufer mit Anlasser und Anlauf unter Vollast
15	20,4	31	10	35	24	6	25	
22	29,9	46	16	50	35	10	35	
30	40,8	62	25	80	47	16	50	
40	54,4	80	35	100	60	16	60	
50	68	100	50	125	75	25	80	
63	85,7	125	70	160	94	35	100	
80	108,8	160	70	160	120	50	125	
100	136	190	95	200	145	70	160	

Bestellung von Elektromotoren.

Zur Bestellung von Motoren werden folgende Angaben gebraucht:

1. Stromarten und Spannung an der *Verwendungsstelle*; Frequenz (wenn nicht 50).
2. Leistung (dauernd oder in welchen Zwischenräumen; Angaben der Hersteller von Arbeitsmaschinen oft zu gering).
3. Drehzahl.
4. Anlaufdrehmoment (wenn anormal hoch).
5. Schaltung: Kurzschlußläufer oder Schleifringläufer, Ständer mit 3 oder 6 Klemmen; Nebenschluß- oder Hauptstrommotor.
6. Riemenscheibe (wenn anormal) oder Kupplung oder Zahnradvorgelege.
7. Zubehör: Anlaßvorrichtungen, Gleitschienen, Bürstenabhebevorrichtung.
8. Offen, ventiliert gekapselt oder geschlossen.
9. Sonderisolation, wenn erforderlich.
10. Außergewöhnliche Befestigung:

an der Wand 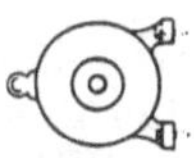 oder an der 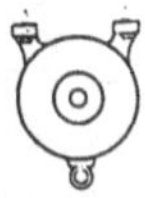 Decke.

11. Genaue Versandadresse und Versendungsart.

Prüfung von Elektromotoren bei Abnahme.

1. Leistung (Dauerleistung).
2. Anlaufdrehmoment, Anlaufstrom.
3. Mechanische Ausführung: Lager, Schmierung, Lagererwärmung, Welle, Riemenscheibe (Durchmesser und Breite, Verkeilung).
4. Zubehörteile: Bürsten und Bürstenhalter, Bürstenabheber, Klemmenbrett (mechanische Festigkeit, Feuerfestigkeit, Abdeckung).
5. Gehäuse (offen oder gekapselt).
6. Spaltbreite.

Anlaß-Vorrichtungen.

Ausschalter.

Kleine Motoren bis zu einer Leistung von etwa 0,33 kW = 0,45 PS können auch ohne Anlasser und Anlaßapparate unmittelbar mittels Ausschalter ein- und ausgeschaltet werden. Bei Drehschaltern, zulässig bis 500 V, ist wegen der Wahl des Schalters folgende Tafel zu beachten:

Nennstrom des Drehschalters bei 250 V	Zulässige Leistungsabgabe			
	des Drehstrom-Kurzschlußmotors		des Gleichstrommotors oder Einphasenmotors	
A	kW	PS	kW	PS
10	0,75	1,02	0,5	0,68
25	1,50	2,04	1,0	1,36
35	3,00	4,08	2,0	2,72
60	4,00	5,50	3,0	4,08

Legt man einen Drehstrommotor unmittelbar an die Netzspannung, so tritt im Augenblick des Anlaufs der volle Kurzschlußstrom des Motors auf, der erst allmählich auf den normalen Strom heruntergeht. Die Höhe des Anlaufstromes ist von der Belastung beim Anlauf völlig unabhängig und wird nur von der Konstruktion des Motors bestimmt. Die Belastung hat nur auf die Anlaßzeit einen Einfluß.

Der Kurzschlußstrom ist etwa gleich dem 4,5- bis 6,5-fachen des Normalstromes. Das hierbei auftretende Anlaufmoment ist ungefähr das 2,5- bis 1,5-fache des normalen Drehmomentes.

Die Anlasser und Anlaßapparate haben den Zweck, den beim Anlauf des Motors auftretenden Strom zu begrenzen.

Sterndreieck-Schalter und Sterndreieck-Schutzschalter für Drehstrommotoren.

Zur Verminderung des hohen Anlaufstroms dient bei Drehstrom-Kurzschlußmotoren der Sterndreieck-Anlaßschalter (Abb. 35). Die Schaltung ist in Abb. 33 und 40 angegeben. Während des Anlassens wird die Wicklung des Motors in der Anlaßstellung in Stern, in der Betriebsstellung in Dreieck geschaltet. Durch die Sternschaltung werden der Anlaufstrom (Kurzschlußstrom) und das Anlaufmoment auf ungefähr den dritten Teil der oben angegebenen Werte herabgedrückt. Es ist daher noch ein Anlauf mit halber Last möglich.

Der erste Stromstoß wird durch die Sternschaltung genügend herabgedrückt, dagegen tritt beim üblichen Umschalten mit Unterbrechung von Stern auf Dreieck noch ein erheblich höherer Stromstoß auf. Wo dieser Stromstoß unzulässig ist, muß der Sterndreieck-Schutzschalter (Abb. 38) verwendet werden. Bei diesem wird von Stern auf Dreieck nicht *mit* Unterbrechung, sondern *ohne* Unterbrechung über 3 Schutzwiderstände umgeschaltet. Der Schaltvorgang ist in Abb. 36 dargestellt. Die erste Stellung ist die Anlaßstellung in Sternschaltung, in der zweiten Stellung werden zu den drei Phasen drei Widerstände parallel geschaltet, und zwar so, daß nach Aufhebung des Knotenpunktes als dritte Stellung eine Dreieckschaltung entsteht, in der die Widerstände mit den Phasenwicklungen des Motors in Reihe liegen. In der vierten Stellung wird durch Kurzschließen der Widerstände die normale Dreieckschaltung und damit die Betriebsschaltung erreicht.

Die befriedigenden Ergebnisse, die mit dieser Schaltung erzielt werden, sind in Abb. 37 dargestellt.

Die Sterndreieck-Schalter werden für Motorleistungen bis 11 kW = 15 PS und die Sterndreieck-Schutzschalter für Leistungen bis 30 kW = 40 PS gebaut. Bei ihrer Verwendung müssen die Motoren 6 Klemmen

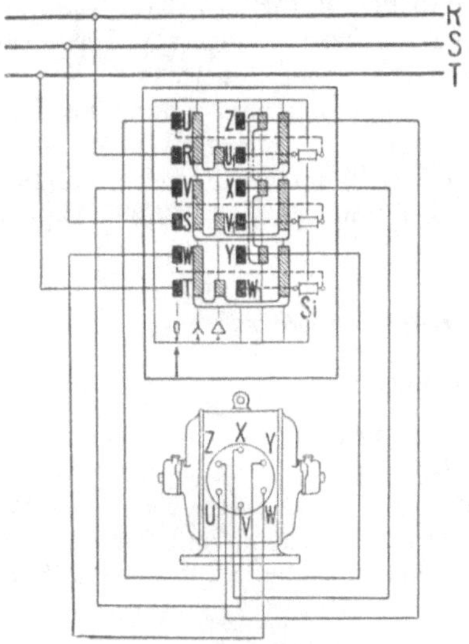

Abb. 33. Drehstrommotor mit Kurzschlußläufer und Anlaßschaltung mittels Stern-Dreieck-Anlaßschalters.

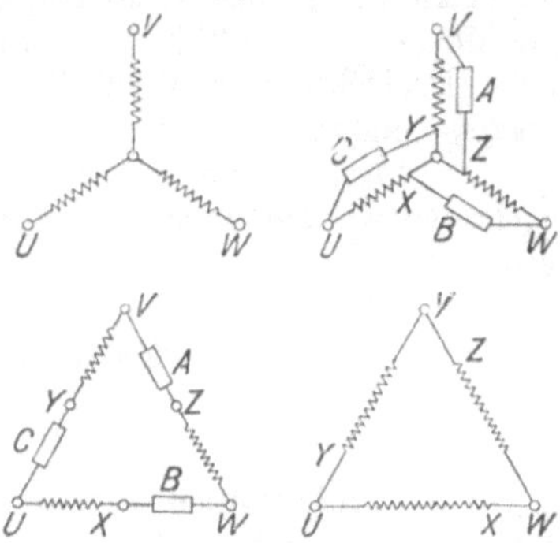

Abb. 36. Vier Schaltstellungen der Stern-Dreieck-Schutzschaltung.

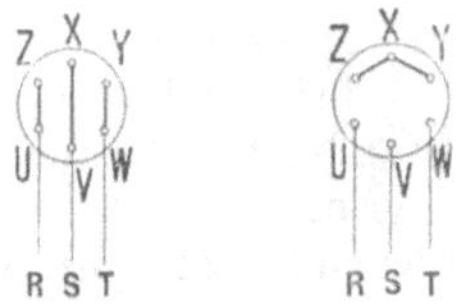

Sternschaltung. Dreieckschaltung.
Abb. 34. Verbindungen am Klemmenbrett.

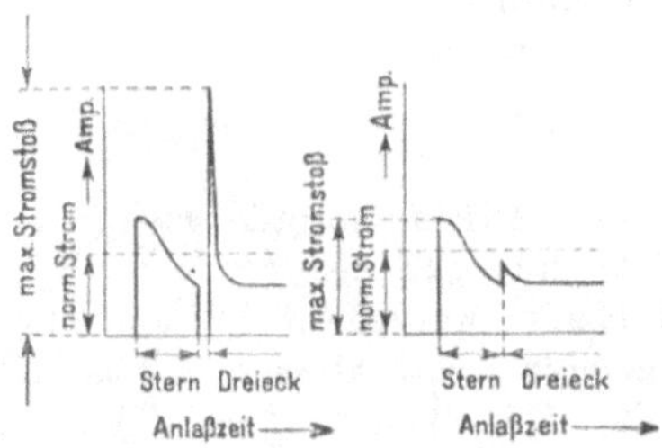

Abb. 37. Anlaufstrom bei

Stern-Dreieck-Anlaß-Schalter mit Unterbrechung,

Stern-Dreieck-Schutzschalter ohne Unterbrechung.

Abb. 35. Stern-Dreieck-Anlaßschalter in gußeisernem Schaltkasten.

Abb. 38. Stern-Dreieck-Schutzschalter offen.

haben. Es ist ferner zu beachten, daß der Motor so gebaut sein muß, daß er in der Dreieckschaltung die Betriebsspannung vertragen kann. Ein Motor für 380/220 V verträgt z. B. in der Sternschaltung 380 V, in der Dreieckschaltung 220 V, kann daher bei Verwendung des Sterndreieckschalters nur für 220 V Betriebsspannung verwendet werden. Soll der Motor bei einem Betrieb mit 380 V mittels Sterndreieckschalter angelassen werden, so muß er für eine Spannung von 660/380 V gebaut werden.

Anlasser für Drehstrommotoren.

a) Ständer-Anlasser.

Die Kurzschlußmotoren können, wenn Sterndreieck- oder Sterndreieck-Schutzschalter nicht zugelassen werden, mittels Ständeranlassers angelassen werden. Diese Anlasser haben den Zweck, den bei Kurzschlußmotoren auftretenden Anlaufstrom derart zu regeln, daß der dem Netz entnommene Strom nur allmählich bis auf den vollen Anlaufstrom gesteigert wird.

b) Läufer-Anlasser.

Bei Schleifringmotoren wird der Anlasser nicht in die Zuleitung vom Netz zum Ständer, sondern in den Läuferstromkreis geschaltet. Die Anlasser werden nicht ausschaltbar ausgeführt, daher ist ein besonderer Ausschalter zum Abschalten des Ständerstromkreises erforderlich. Die Schaltung ist dem Schaltbild (Abb. 41) zu entnehmen. Die Höhe des dabei entstehenden Anlaufstroms ist aus der Tafel S. 35 ersichtlich.

Die Ausführung „a“ ist die normale, bei der die Kurbel stets, also auch beim Ausschalten, mit Hand betätigt wird. Die Ausführung „p“ für ruckweise Einschaltung hat den Zweck, die Anlaßzeit zu regeln und zu schnelles Anlassen zu verhindern. Durch Hin- und Herbewegen des Anlaßhebels wird der Anlasser ruckweise in seine Betriebsstellung gebracht. Bei der Ausführung „an“ bzw. „pn“ mit selbsttätiger Ausschaltung wird in die Zuleitung vom Netz zum Motor der selbsttätige Ständerschalter geschaltet, der bei Ausbleiben der Spannung den Motor selbsttätig abschaltet. Der selbsttätige Ständerschalter wird durch zwei am Anlasser angebaute Hilfsschalter elektrisch so verriegelt, daß er auch beim Zurückgehen des Anlassers in die Nullstellung selbsttätig den Ständerstromkreis abschaltet. Als Ständerschalter dient hierbei für Anlasser bis 5,5 kW ein Schütz (Abb. 42), für größere Leistungen ein Spannungs-Rückgangs-Ausschalter mit Freiauslösung (Abb. 43). Das Schütz fällt beim Anlassen des Motors selbsttätig beim Übergang von der Nullstellung auf den ersten Kontakt ein, während der Spannungs-Rückgangs-Ausschalter in der Nullspannung von Hand eingelegt werden muß.

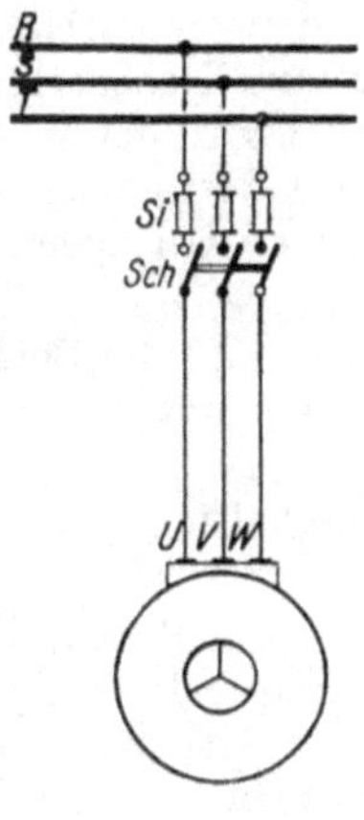

Abb. 39. Drehstrommotor mit Kurzschlußläufer u. unmittelbarer Einschaltung ohne Anlasser.

R, S, T Anschlußleitung
Si .... Sicherung
Sch ... Schalter
U,V,W Klemmen der Ständerwicklung

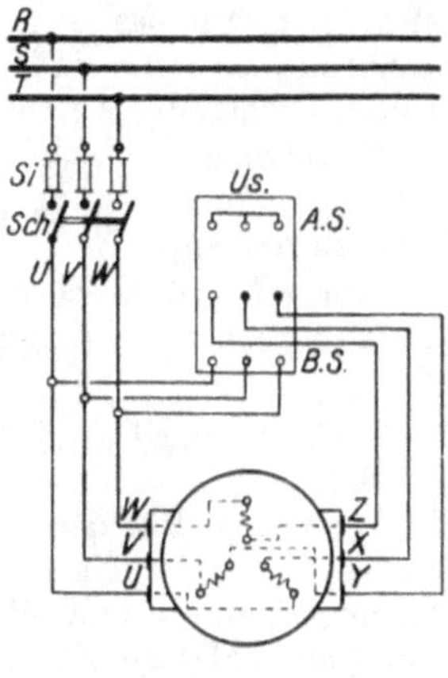

Abb. 40. Drehstrommotor mit Kurzschlußläufer u. Stern-Dreieck-Anlaßschaltung mittels dreipoligen Hebelumschalters.

Us..... Umschalter
A.S..... Anlaßstellung
B.S..... Betriebsstellung
X, Y, Z Klemmen der Ständerwicklung b. aufgelöstem Nullpunkt

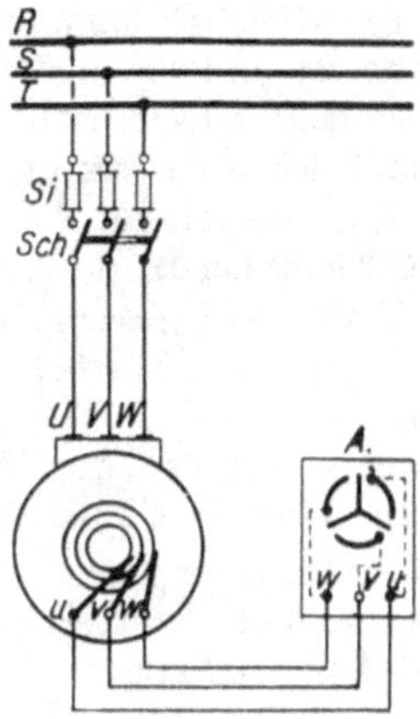

Abb. 41. Drehstrommotor mit Schleifringläufer mit Läufer-Anlasser.

R, S, T Anschlußleitung
Si .... Sicherung
Sch ... Schalter
A .... Anlasser
u, v, w Klemmen der Läuferwicklung

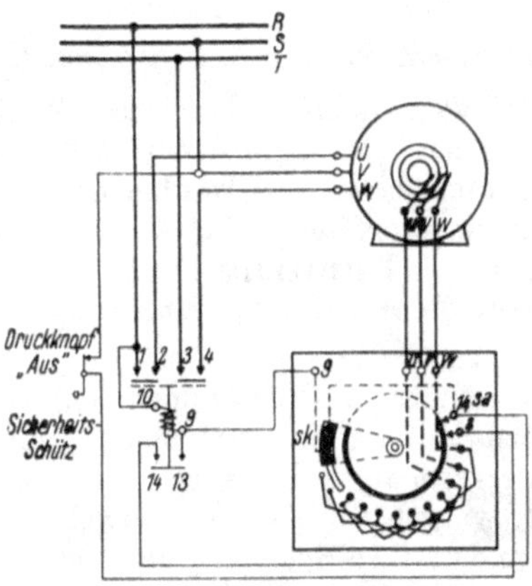

Abb. 42

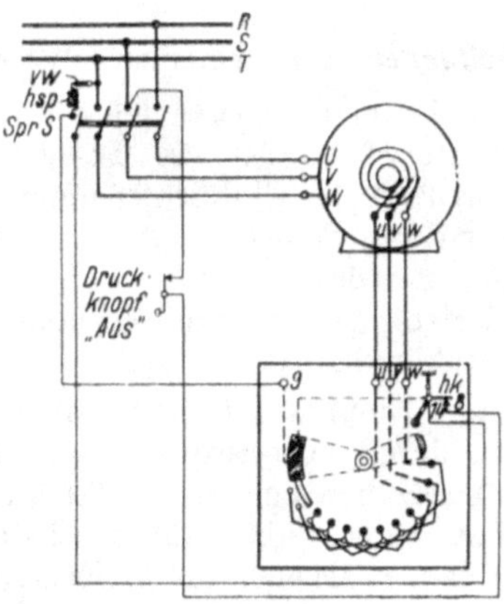

Abb. 43

Drehstrommotor mit Schleifringläufer, Anlasser und getrenntem selbsttätigen Ständerschalter.

sa ...... Schützausschalter
sk ...... Sicherheitskontakt

vw ...... Vorschaltwiderstand
hsp...... Haltespule
SprS .... Spannungsrückgangsschalter
hk ...... Haltekontakt

Anlasser für Gleichstrommotoren.

Beim Gleichstrommotor liegt der Anlasser gemäß den Schaltbildern (Abb. 24 und 25) in der Zuführungsleitung vom Netz zum Nebenschluß- bzw. Hauptstrommotor. Durch Drehen der Anlaßkurbel wird der Widerstand des Anlassers allmählich verringert, bis er in der Betriebsstellung gleich Null ist. Auf richtigen Anschluß der angegebenen Leitungen an die Klemmen L, R und M ist zu achten.

Der Anlasser in normaler Ausführung „a“ ist so gebaut, daß die Betätigung der Anlaßkurbel stets, also auch beim Ausschalten, mit Hand erfolgt.

Hinsichtlich der Ausführung „p“ für ruckweise Einschaltung gilt das unter Drehstromanlasser Gesagte.

Die Ausführung „h“ „mit Spannungs-Rückgangs-Auslösung“ hat den Zweck, den Anlasser beim Ausbleiben der Netzspannung selbsttätig in die Anlaßstellung zurückzubringen, um bei Wiederkehr der Spannung ein Verbrennen des Motors und des Anlassers zu verhindern. Die Anlaßkurbel wird hierbei in der Betriebsstellung von einem Haltemagneten festgehalten. Bleibt die Spannung aus irgend einem Grunde aus, so wird die Kurbel von dem Haltemagneten freigelassen und durch Federkraft in die Anlaßstellung zurückgebracht.

Bei Ausführung „i“ „mit selbsttätiger Spannungs-Rückgangs- und Überstrom-Auslösung“ ist außerdem ein Überstromauslöser vorhanden, der normal beim Doppelten des Normalstromes den Anlasser zum Ausschalten bringt.

Schaltungen von Einphasen-Wechselstrommotoren in Drehstromnetzen.

Kleine Motoren bis etwa 400 Watt, insbesondere kleine Tisch- und Wandventilatoren werden in Drehstromnetzen als Einphasen-Induktionsmotoren an die Glühlichtspannung angeschlossen und werden unmittelbar mittels doppelpoligen Schalters eingeschaltet. Sie können aber auch entweder eingebauten Regelanlasser (Tischventilatoren) oder gesonderten Regelanlasser (Wandventilatoren) zur Verminderung der Drehzahl erhalten.

Größere Einphasen-Induktionsmotoren finden in Drehstromnetzen keine Anwendung. Gewisse tragbare kleine Motoren bis 400 Watt (Handbohrmaschinen und andere Elektrowerkzeuge) werden auch, als Hauptstrommotoren (Abb. 25) geschaltet, so gebaut, daß sie sowohl mit Gleichstrom als auch mit Wechselstrom derselben Spannung ohne weiteres verwendet werden können. Sie können also ebenfalls an die Glühlichtleitung unmittelbar mit Schnur und Stecker angeschlossen werden.

Kühlung der Anlasser.

Die Anlasser werden für Luftkühlung, Ölkühlung und Sandkühlung gebaut (Abb. 44 und 45).

Abb. 44. Anlasser mit Luftkühlung.

Abb. 45. Anlasser mit Öl- oder Sandkühlung.

Anlasser mit *Luftkühlung* kommen hauptsächlich in trockenen und staubfreien Räumen zur Verwendung. Hierbei ist zu beachten, daß die zur Abkühlung erforderliche Luft an den Widerständen gut vorbeistreifen kann. Mit den Luftanlassern kann in der Stunde etwa sechsmal angelassen werden. Beim Anlasser mit *Ölkühlung* befinden sich die Widerstände unter Öl. Zur Füllung darf nur reines, den Richtlinien des V.D.E. entsprechendes Schalteröl verwendet werden. Da das Öl eine längere Zeit zum Abkühlen benötigt, so sind die Anlasser mit Ölkühlung nur für selteneres Anlassen bestimmt. Die Anlaßhäufigkeit ist hierbei von der Anlaßzeit abhängig. Bei einer Anlaßzeit von 5 s ist in der Stunde etwa viermaliges, bei 10 s zweimaliges, bei 15 s einmaliges Anlassen zulässig. In Betrieben, in denen ein sehr häufiges Anlassen der Motoren notwendig ist, kommen Anlaßwalzen oder Walzenschalter mit den dazugehörigen Widerständen in Frage.

Sollen die Ölanlasser in feuergefährlichen, feuchten oder mit Gas gefüllten Räumen verwendet werden, so ist die staub- und gasdichte Ausführung erforderlich, wobei die Widerstände unter Öl, die Kontakte über Öl liegen. Soll der Anlasser schlagwettergeschützt sein, so werden auch die Kontakte unter Öl gesetzt.

Die Anlasser mit *Sandkühlung* sind nur für selteneres Anlassen bestimmt. Es ist nur reiner, trockener Quarzsand zu verwenden, der das Widerstandsmaterial gleichmäßig bedecken muß. Der gewöhnliche gelbe oder weiße Bausand, Flußsand und dgl. ist nicht verwendbar, da er sehr wasseraufnahmefähig ist und zur Klumpenbildung neigt.

Die *Flüssigkeitsanlasser* dürfen nur in frostfreien Räumen aufgestellt werden. Sie sind für stündlich zwei- bis dreimaliges Anlassen geeignet und kommen hauptsächlich als Aushilfsanlasser in Frage, da sie bei entsprechender Änderung der Schaltung und des Sättigungsgrades der Sodalösung für Gleich- und Drehstrom und verschiedene Leistungen verwendbar sind.

Bestellung von Anlassern.

Bei der Auswahl aller Anlasser sind in gewissen Fällen neben der Leistung der Motoren die Anlaufsverhältnisse der Arbeitsmaschinen zu berücksichtigen, da hohe Anlaufdrehmomente und lange Anlaßzeiten sowie große Anlaßhäufigkeit besondere Anlasserkonstruktionen bedingen.
Zur Bestellung der normalen Anlasser werden folgende Angaben gebraucht:

a) bei Drehstrom-Läuferanlassern.

1. Leistung des Motors.
2. Angabe, ob der Anlauf bei voller oder halber Last erfolgen soll.
3. Für SSW-Motoren die genaue Bezeichnung der Type des Motors; für Motoren fremder Herkunft die Läuferdaten (Läuferspannung und Läuferstrom).
   Unter Läuferspannung versteht man diejenige Spannung, die bei offenem und stillstehendem Läufer zwischen 2 Schleifringen gemessen wird.
4. *Art der Ausführung:* a, p, an und pn, mit Luft-, Öl- oder Sandkühlung.
   Bei Ausführung „an" und „pn" ist auch die Betriebsspannung anzugeben.

b) bei Drehstrom-Ständeranlassern:

1. Leistung des Motors.
2. Betriebsspannung.
3. Angabe, ob der Anlauf bei voller oder halber Last erfolgen soll.
4. Art der Ausführung.

c) bei Gleichstrom-Anlassern:

1. Leistung des Motors.
2. Betriebsspannung.
3. Nebenschluß- oder Hauptstrommotor.
4. Angabe, ob der Anlauf mit voller oder halber Last erfolgen soll.
5. Art der Ausführung: „a, h, i, p", mit Luft-, Öl- oder Sandkühlung.

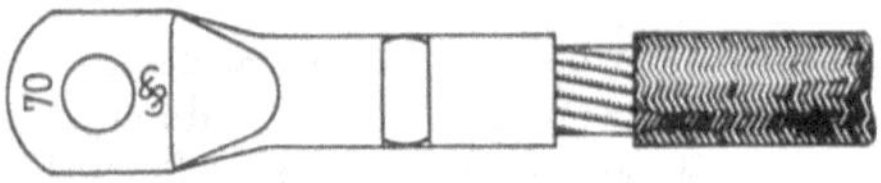

Abb. 46. Kerbkabelschuh.

Abb. 47. Schlagen der Kerbe zur Befestigung des Kerbkabelschuhs am Leiter.

Zum *Anschluß von Leitungen an Motoren* und Anlaßvorrichtungen finden für Leiter von 6 bis 120 mm² aus Kupfer oder Aluminium *Kerbkabelschuhe* (Abb. 46) Verwendung.

Der Kerbkabelschuh wird mit eingeschobenem Leiter in das entsprechende Kerbgesenk gelegt, und dann werden mit dem Kerbmeißel drei Kerbe geschlagen. (Abb. 47)

Eingehende Versuche haben bestätigt, daß der so geschaffene Kontakt sowohl elektrisch, als auch mechanisch einwandfrei ist.

Aufstellung von Motoren
und anderen schweren Stücken.

Fortbewegung zu ebener Erde.

Zur Fortbewegung auf ebener Erde sind auf den Boden Bohlen und bei sehr schweren Stücken darauf Schienen-, Flach-, T- oder U-Eisen zu legen. Bei weichem Boden verlegt man eine Art Bahngeleise aus Schienen, Balken oder Brettern, deren Stöße versetzt angebracht sind (Abb. 48); lockere Stellen oder Löcher im Boden sind sicher auszufüllen oder zu umgehen. Die Bewegung wird im allgemeinen vermittels untergelegter Walzen (Rundhölzer, starkwandiger Rohre) bewerkstelligt. Der Durchmesser dieser Rollen ist nicht zu groß zu wählen (Abb. 49). Zum Fortbewegen dienen Brechstangen oder Winden, Flaschenzüge oder Krane mit zwischengeschalteten Leitrollen. Diese Hilfsmittel müssen immer an massiven Teilen der zu bewegenden Gegenstände angesetzt werden, um Bruch zu vermeiden.

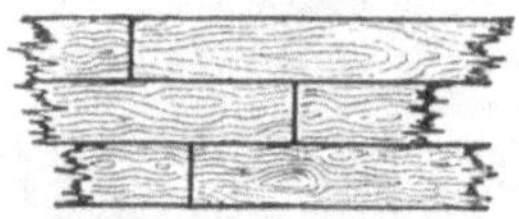

Abb. 48. Bohlenbelag zur Fortbewegung schwerer Stücke auf ebener Erde.

Über die Tragfähigkeit von Brücken, Gebäudeteilen, Decken, Dachbindern in Maschinenhäusern, Unterkellerungen, Rohrkanälen u. a. muß man sich rechtzeitig unterrichten (Tafel nachstehend).

Verkehrslasten von Straßenbrücken.

Für *Landstraßenbrücken* nimmt man Wagen mit 3,0 bis 3,5 m Radstand und je nach Bedeutung der Straße 3000 bis 6000 kg Achsbelastung, also 6000 bis 12000 kg Gesamtgewicht an. *Stadtstraßenbrücken* werden unter Annahme der Belastung durch einen Wagen mit 10000 bis 12000 kg Achsdruck und 4,5 m Radstand berechnet, also für etwa 20 000 bis 24 000 kg Gesamtgewicht des Wagens mit Last.

Belastung von Zwischendecken und Treppen.

Art der Bauteile	Nutzlast kg/m²
Balkenlage in Wohngebäuden	250
„ „ Fabrik- und Lagergebäuden	500
„ „ Getreidespeichern	850
Gewölbte Decken aus porigen Steinen in Wohngebäuden	250
„ „ in Fabrikgebäuden	750
„ „ unter Durchfahrten und befahrenen Höfen	750
Wellblechdecken	300—750
Gewölbte Treppen	500
Andere Treppen	400

Abb. 49. Bewegung auf Walzen mittels Brechstange.

Beim Benutzen von schiefen Ebenen (Abb. 50), abschüssigen Wegen, Rampen u. a. müssen gründliche Sicherheitsvorkehrungen gegen Abrutschen der Last bei Seilbruch bzw. Abgleiten des Transportliegemittels getroffen werden (Keile, Balken oder dgl. vorlegen). Transportwagen sind beim Abladen abzustützen.

Abb. 50. Bewegung auf schiefer Ebene nach oben. Der Wagen ist abgestützt, um Kippen zu verhüten.

Schwebende Bewegung.

Krankatzen und Flaschenzüge dürfen nur mit der zulässigen Belastung, die aufgeschrieben sein muß, beansprucht werden.
Überschreitet das Lastgewicht das Tragvermögen eines Hebezeuges, so kann man sich auch durch einseitiges, abwechselndes Anheben und Unterbauen helfen.

Schlinge legen. Seilende b durch die Schlinge stecken. Seilende b nochmals durch die Schlinge stecken.

Abb. 51. Pfahlsteck zur Herstellung einer sich nicht zuziehenden Schlinge.

Abb. 52. Hakenschlag.

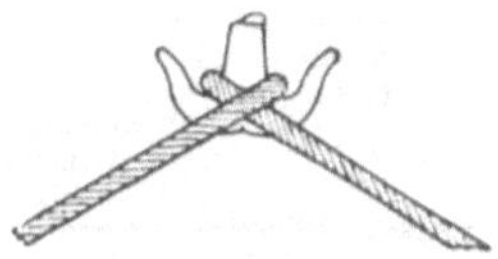

Abb. 53. Überkreuzen des Seils bei Doppelhaken.

Abb. 54. Reifknoten zum Verbinden zweier Seile.

Kranhaken dürfen nicht an den Spitzen beansprucht werden. Bei Doppelhaken sind die Seile stets zu überkreuzen (Abb. 53). Über das Binden von Seilknoten an Haken vgl. die Abb. 51 bis 54. Sind schwere Teile nur wenige Zentimeter zu heben, so verwendet man vorteilhaft Brechstangen.

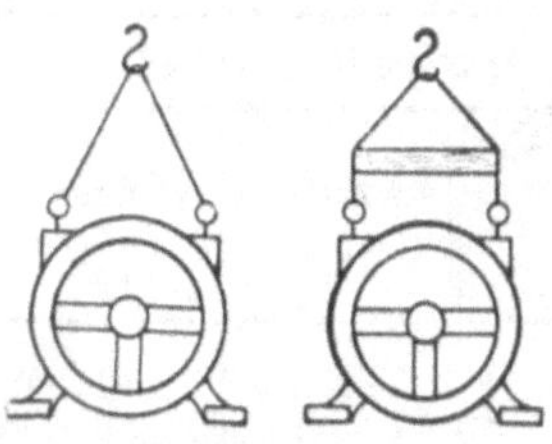

Abb. 55. Falsche und (mit Spreizholz) richtige Aufhängung an zwei Ösen.

Der Seilzug muß möglichst in der Richtung des Ösenbolzens wirken; um dies zu erreichen, sind zwischen die Seilenden Spreizhölzer zu legen (Abb. 55). Über die Tragfähigkeit der Ösen vgl. Tafel Seite 50.
Zum Anhängen der Last verwendet man zweckmäßig S-Haken, deren zulässige Beanspruchung in der Tafel Seite 50 angegeben ist. Vor dem Anheben sind die Seilschlingen möglichst zuzuziehen. Zwecks leichteren Lösens ist ein zugespitzter Holzkeil in die Schlinge zu stecken. Die in der Tafel auf Seite 51 angegebene Belastung von Hanfseilen gilt nur, wenn die Seile ungeteert und aus reinem Schleißhanf hergestellt sind.

Geteerte Seile haben ungefähr 10 v. H. geringere Tragkraft. Die höchstzulässige Belastung darf nur bei guter Beschaffenheit und sicherer Kenntnis des Materials angewendet werden.

Ketten sind unzuverlässig und darum möglichst wenig zu verwenden. Vor ihrer Benutzung ist zu untersuchen, ob sie richtig aufliegen und nicht in sich verdreht sind.

Am sichersten sind Drahtseile, doch müssen deren einzelne Adern vor dem Gebrauch genau auf Drahtbruch geprüft werden.

Tragfähigkeit von Ösen.

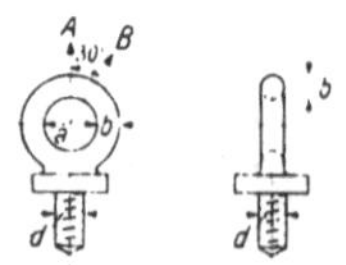

a	b	d	Zulässige Belastung	
			senkrechte Richtung	30° schräge Richtung
mm	mm	Zoll	kg	kg
30	10	1/2	150	90
35	12	5/8	300	180
40	15	3/4	600	360
45	18	7/8	900	540
50	21	1	1 300	800
60	25	1 1/4	2 400	1 400
70	30	1 1/2	3 800	2 300
80	36	1 3/4	5 300	3 200
90	42	2	7 300	4 400
110	50	2 1/2	12 500	7 500
130	60	3	18 900	11 300
150	70	3 1/2	27 200	16 300
170	80	4	36 800	22 000

Tragfähigkeit von S-Haken.

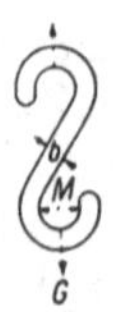

Durchmesser des Hakeneisens b mm	Maulweite mm	Zulässige Belastung kg
20	60	300
25	65	550
30	70	850
35	80	1200
40	90	1500
45	100	2000
50	110	2500
60	120	4000
65	130	4500
70	130	5500

Zulässige Belastung von Hanfseilen, Drahtseilen und Ketten bei geradem Zug.

Hanfseile rund, ungeteert, bei 8facher Sicherheit. Drahtseile unbeschädigt, ans biegsamem Tiegelgußstahldraht von 50 kg/mm² *Bruch*festigkeit bei 10facher Sicherheit,

Durchmesser des Seiles oder Stärke der Kettenglieder	Seil einfach Zug gerade 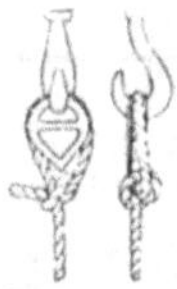 Zulässige Belastung bei Verwendung von		Seil zweifach Zug gerade 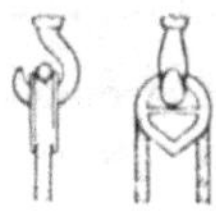 Zulässige Belastung bei Verwendung von		Seil vierfach Zug gerade 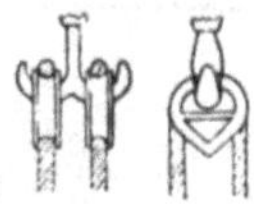 Zulässige Belastung bei Verwendung von	
	Hanfseil	*Drahtseil oder Kette*	*Hanfseil*	*Drahtseil oder Kette*	*Hanfseil*	*Drahtseil oder Kette*
mm	kg	kg	kg	kg	kg	kg
13	100	—	200	—	400	—
16	150	—	300	—	600	—
20	225	—	450	—	900	—
23	325	—	650	—	1 300	—
26	400	—	800	—	1 600	—
33	650	—	1 300	—	2 600	—
39	900	—	1 800	—	3 600	—
52	1 600	—	3 200	—	6 400	—
65	2 500	—	5 000	—	10 000	—
75	3 300	—	6 600	—	13 200	—
85	4 250	—	8 500	—	17 000	—
95	5 250	—	10 500	—	21 000	—
110	7 000	—	14 000	—	28 000	—
130	9 500	—	19 000	—	38 000	—
150	12 500	—	25 000	—	50 000	—
10	—	450	—	900	—	1 800
15	—	1000	—	2 000	—	4 000
20	—	1600	—	3 200	—	6 400
25	—	2300	—	4 600	—	9 200
30	—	3400	—	6 800	—	13 600
35	—	4500	—	9 000	—	18 000
40	—	5750	—	11 500	—	23 000
45	—	7000	—	14 000	—	28 000
50	—	8500	—	17 000	—	34 000

Zulässige Stützbelastung (Knickbelastung) von Holzbalken

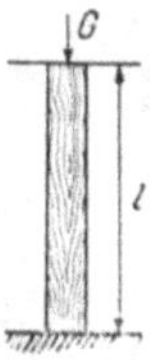

Holzbalken (Kiefernholz)	Länge *l* der Stützbalken in m: 2 m	3 m	4 m	5 m
10 cm □	G = 2 100 kg	G = 920 kg	G = 520 kg	G = 330 kg
15 cm □	„ = 10 500 „	„ = 4 700 „	„ = 2 650 „	„ = 1 700 „
20 cm □	„ = 24 000 „	„ = 15 000 „	„ = 8 300 „	„ = 5 300 „
25 cm □	„ = 37 500 „	„ = 36 000 „	„ = 20 000 „	„ = 13 000 „
10 cm ⦶	G = 1 200 kg	G = 540 kg	G = 310 kg	G = 195 kg
15 cm ⦶	„ = 6 200 „	„ = 2 750 „	„ = 1 550 „	„ = 1 000 „
20 cm ⦶	„ = 19 000 „	„ = 8 700 „	„ = 4 900 „	„ = 3 150 „
25 cm ⦶	„ = 29 000 „	„ = 21 000 „	„ = 12 000 „	„ = 7 600 „

Zulässige Biegungsbelastung von Holzbalken und Eisenträgern

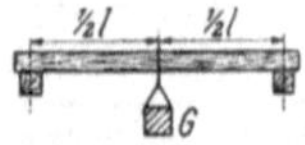

Profil	Entfernung *l* der Auflager in m			
	2 m	3 m	4 m	5 m
		Kiefernholzbalken		
10 cm □	G = 330 kg	G = 220 kg	G = 170 kg	G = 130 kg
15 cm □	„ = 1120 „	„ = 750 „	„ = 560 „	„ = 450 „
20 cm □	„ = 2670 „	„ = 1750 „	„ = 1300 „	„ = 1050 „
25 cm □	„ = 5200 „	„ = 3500 „	„ = 2600 „	„ = 2100 „
		I-Eisen (hochkant)		
NP 10 cm	G = 520 kg	G = 330 kg	G = 260 kg	G = 200 kg
15 „	„ = 1500 „	„ = 1000 „	„ = 740 „	„ = 600 „
20 „	„ = 3250 „	„ = 2200 „	„ = 1650 „	„ = 1300 „
26 „	„ = 6700 „	„ = 4450 „	„ = 3350 „	„ = 2650 „
30 „	„ = 10000 „	„ = 6600 „	„ = 4900 „	„ = 4000 „

I-Träger (d. h. Doppel-T) sind gegen Umkanten zu schützen, da sie die angegebene Last nur hochkant tragen. Man benutze zwei Träger mit zwischen die Träger eingepaßten Hölzern. 

Durchmesser von Transmissionswellen in mm bei einer Drehzahl

Zu übertragende Leistung PS	60	80	100	125	150	175	200	250	300	350	400
1	45	45	40	40	35	35	35	35	30	30	30
2	50	50	45	45	40	40	40	40	35	35	35
3	55	55	50	50	45	45	45	40	40	40	40
4	60	60	55	50	50	50	45	45	45	40	40
5	65	60	60	55	50	50	50	45	45	45	45
6	70	65	60	60	55	55	50	50	50	45	45
7	70	70	65	60	60	55	55	50	50	50	45
8	75	70	65	60	60	60	55	55	50	50	50
10	80	75	70	65	65	60	60	55	55	50	50
15	85	80	75	70	70	70	65	60	60	55	55
20	95	85	85	80	75	75	70	65	65	60	60
25	100	90	85	80	80	75	75	70	65	65	60
30	105	95	90	85	85	80	75	75	70	65	65
40	110	105	95	95	90	85	85	80	75	70	70
50	115	110	105	95	95	90	85	85	80	75	75
60	120	115	110	100	100	100	95	85	85	80	75
80	130	120	115	110	105	100	100	95	90	85	85
100	140	130	125	115	110	110	105	100	95	90	85

Um die Leistung in kW zu erhalten, ist die Leistung in PS mit 0,736 zu multiplizieren.

Riemenantrieb.

Es sei:

d_1 = Durchmesser der antreibenden Riemenscheibe in m
d_2 = „ „ angetriebenen „ „ „
n_1 = Drehzahl „ antreibenden „ in der Minute
n_2 = „ „ angetriebenen „ „ „ „

Das Übersetzungsverhältnis (bei etwa 3 v. H. Riemenrutsch) $\frac{n_2}{n_1} = \frac{d_1}{d_2 . 1{,}03}$

Übersetzungen kleiner als 1:5 sind für offene Riemen zu vermeiden.

Dann ist die Riemengeschwindigkeit v in m/s $= \frac{n_1 \cdot d_1 \cdot \pi}{60} = \frac{n_1 \cdot d_1}{19{,}1}$

$$\text{Die Umfangskraft } P = \frac{75 \cdot N_1}{v} = 102{,}7 \frac{N_2}{v} \text{ in kg.}$$

$$\text{Die übertragene Leistung in PS } N_1 = \frac{P \cdot v}{75}, \text{ in kW } N_2 = \frac{9{,}81}{1000} Pv$$

Riemengeschwindigkeit $v = \frac{n \cdot d}{19{,}1}$ in m/s

Scheibendurchm. in mm	Drehzahlen in der Minute							
	500	600	750	1000	1500	2000	2500	3000
100	2,5	3	4	5,2	8	10	13	16
200	5	6,5	8	10	16	20	26	32
300	8	9,5	12	16	23,5	31,5	40	47
400	10	12,5	16	21	31	42	53	63
500	13	16	20	26	40	53	66	79

Die Tafel ermöglicht die Ermittlung der Riemengeschwindigkeit aus der Drehzahl und dem Scheibendurchmesser.

Riemengeschwindigkeiten über 50 m sind im allgemeinen zu vermeiden.

Anzahl der von je 1 cm Riemenbreite zu übertragenden PS.

Durchmesser der kleineren Riemenscheibe in mm	Riemengeschwindigkeit v in m/s								
	3	5	10	15	20	25	30	40	50
100	0,08	0,17	0,40	0,60	0,93	1,17	1,40	1,87	2
200	0,12	0,26	0,66	1,10	1,60	2,17	2,60	3,47	4,35
300	0,15	0,35	0,80	1,27	2	2,67	3,40	4,80	6
400	0,18	0,41	0,93	1,60	2,40	3,17	4	5,60	7,35
500	0,20	0,46	1,03	1,80	2,67	3,50	4,40	5,95	8
600	0,21	0,49	1,20	2	2,93	4	5	6,95	9
750	0,22	0,53	1,33	2,20	3,20	4,17	5,20	5,20	9,35
1000	0,24	0,56	1,47	2,40	3,47	4,50	5,60	7,75	10

Leitungen und ihre Verlegung.

Man unterscheidet im wesentlichen folgende *Leitungsarten* für Niederspannungsanlagen:

A) Blanke Leitungen.

1. Blanke Kupfer-, Aluminium- und Eisenleitungen.
2. Leitungen, die nur gegen chemische Einflüsse geschützt sind (sie gelten nicht als isolierte Leitungen).

B) Isolierte Leitungen

1. Leitungen für feste Verlegung.

a) Gummiaderleitungen für Spannungen bis 750 V. Bezeichnung: NGA.

b) Spezialgummiaderleitungen für alle Spannungen. Bezeichnung: NSGA.

c) Rohrdrähte für Niederspannungsanlagen, zur erkennbaren Verlegung, die es ermöglicht, den Leitungsverlauf ohne Aufreißen der Wände zu verfolgen. Bezeichnung: NRA.

2. Leitungen für Beleuchtungskörper.

a) Fassungsadern zur Installation nur in und an Beleuchtungskörpern in Niederspannungsanlagen. Bezeichnung: NFA.

b) Pendelschnüre zur Installation von Schnurzugpendeln in Niederspannungsanlagen. Bezeichnung: NPL.

3. Leitungen zum Anschluß ortsveränderlicher Stromverbraucher.

a) Gummiaderschnüre (Zimmerschnüre) für geringe mechanische Beanspruchung in trockenen Wohnräumen in Niederspannungsanlagen. Bezeichnung: NSA.

b) Leichte Anschlußleitungen für geringe mechanische Beanspruchung in Werkstätten in Niederspannungsanlagen (Handlampen, kleinere Geräte u. dergl.)
Bezeichnung: NHH (mit Baumwollbeflechtung)
„ NHK (mit Kordelbeflechtung.)

c) Werkstattschnüre für mittlere mechanische Beanspruchung in Werkstätten und Wirtschaftsräumen in Niederspannungsanlagen. Bezeichnung: NWK.

d) Gummischlauchleitungen.

1. Leichte Ausführung zum Anschluß von Zimmergeräten bis 1000 W in Niederspannungsanlagen. (Wasserkocher, Kaffeemaschinen, Bügeleisen, Heizkissen, Heißluftapparate usw.) Bezeichnung: LHZ.

2) Verstärkte Ausführung zum Anschluß von Küchengeräten usw. bis 2000 W in Niederspannungsanlagen. Bezeichnung: VHZ.

3) Starke Ausführung für Zwecke, in denen besonders hohe mechanische Anforderungen gestellt werden für Spannungen bis 750 V. (Elektrisch betriebene Werkzeuge, fahrbare Motoren, landwirtschaftliche Geräte u. dgl.). Bezeichnung: SHZ.

e) Spezialschnüre für rauhe Betriebe in Gewerbe, Industrie und Landwirtschaft in Niederspannungsanlagen. Bezeichnung: NSGK.

Wetterfeste Freileitung RW.

Gummiaderschnur NSA.

Normale Gummiaderleitung NGA.

Leichte Anschlußleitung mit Baumwollbeflechtung NHH.

Spezialgummiaderleitung NSGA.

Leichte Anschlußleitung mit Kordelbeflechtung NHK.

Rohrdraht NRA.

Werkstattschnur mit Kordelbeflechtung NWK.

Fassungsader NFA.

Gummischlauchleitung LHZ.

Pendelschnur mit Traglitze NPL.

Spezialschnur für rauhe Betriebe NSGK.

C) Bleikabel.

Gummi-Bleikabel

Papier- oder Faserstoff-Bleikabel

Einleiter-Gleichstrom-Bleikabel mit und ohne Prüfdraht bis 750 V.

Konzentrische und verseilte Mehrleiter-Bleikabel mit und ohne Prüfdraht

Bemessung des Leitungsquerschnitts nach Festigkeit.

Mit Rücksicht auf die mechanische *Festigkeit* sind folgende Mindestquerschnitte festgelegt:

Verwendung	Mindestquerschnitt Kupfer mm²	Aluminium mm²
Für Leitungen an und in Beleuchtungskörpern . .	0,5	1
In Bergwerken unter Tage beträgt der geringste zulässige Querschnitt für Kupferleitungen an und in Beleuchtungskörpern	1	1
Für Pendelschnüre Gummiaderschnüre in runder Ausführung (NSAR) und Gummischlauchleitungen (LHZ)	0,75	1
Für alle übrigen ortsveränderlichen Leitungen . . .	1	1
Für isolierte Leitungen bei Verlegung in Rohr oder auf Isolierkörpern, deren Abstand nicht mehr als 1 m beträgt,	1	1
Für isolierte Leitungen bei Verlegung auf Isolierkörpern	2,5	4
Für blanke Leitungen in Gebäuden und im Freien an Gebäuden, in Höfen, Gärten und dergleichen, bei denen die Entfernung der Stützpunkte 20 m nicht überschreitet	4	6
Für isolierte Leitungen in Gebäuden und im Freien, bei denen der Abstand der Befestigungspunkte mehr als 1 m beträgt	4	6
Für Freileitungen außerhalb von Gebäuden	10	25
Für Ortsnetze und Hausanschlüsse, bei Niederspannung und Mastabständen bis 35 m	6	16
Für Erdungsleitungen in elektrischen Betriebsräumen	16	—
Für Erdungsleitungen in anderen Räumen	4	—

Von manchen Elektrizitätswerken wird für den *Nulleiter* ein Draht zugelassen, der nicht isoliert, aber z. B. mit etwas Baumwolle umsponnen und umklöppelt ist. Trotzdem ist es vielfach üblich, bei Verlegung in Rohren oder auf Isolierkörpern, deren Längenabstand nicht mehr als 1 m beträgt, solche „Nulleiterdrähte" mit Querschnitten unter 4 mm² zu verwenden.

Für Rohrdraht ist, obwohl ein Einziehen der Drähte nicht in Frage kommt, der Mindestquerschnitt 1 mm². Außerhalb Deutschlands wird auch 0,75 mm² oder 0,5 mm² Rohrdraht verwendet.

Berechnung des Leitungs-Querschnitts aus der Leistung oder Stromstärke nach dem Spannungsabfall.

Verteilungs-system	Schema	Abfall der in Rechnung gesetzten Spannung	
		p (v. H.)	ε (V)
Gleichstrom-Zweileiter		$q = \frac{l \cdot N \cdot 200}{E \cdot E \cdot p \cdot \lambda}$ $q = \frac{l \cdot i \cdot 200}{E \cdot p \cdot \lambda}$	$q = \frac{l \cdot N \cdot 2}{E \cdot \varepsilon \cdot \lambda}$ $q = \frac{l \cdot i \cdot 2}{\varepsilon \cdot \lambda}$
Einphasen-Wechsel-strom		$q = \frac{l \cdot N \cdot 200}{E \cdot E \cdot p \cdot \lambda}$ $q = \frac{l \cdot i \cdot 200 \cdot \cos\varphi}{E \cdot p \cdot \lambda}$ [1])	$q = \frac{l \cdot N \cdot 2}{E \cdot \varepsilon \cdot \lambda}$ $q = \frac{l \cdot i \cdot 2 \cdot \cos\varphi}{\varepsilon \cdot \lambda}$ [1])
Gleichstrom-Dreileiter		$q = \frac{l \cdot N \cdot 50}{E \cdot E \cdot p \cdot \lambda}$ $q = \frac{l \cdot i \cdot 50}{E \cdot p \cdot \lambda}$	$q = \frac{l \cdot N}{2 \cdot E \cdot \varepsilon \cdot \lambda}$ $q = \frac{l \cdot i}{2 \cdot \varepsilon \cdot \lambda}$
Drehstrom (Dreieck-schaltung) [2])		$q = \frac{l \cdot N \cdot 100}{E \cdot E \cdot p \cdot \lambda}$ $q = \frac{l \cdot i \cdot 173 \cdot \cos\varphi}{E \cdot p \cdot \lambda}$ [1])	$q = \frac{l \cdot N}{E \cdot \varepsilon \cdot \lambda}$ $q = \frac{l \cdot N \cdot 1{,}73 \cdot \cos\varphi}{\varepsilon \cdot \lambda}$ [1])
Drehstrom (Sternschaltung mit Nulleiter) [3])		$q = \frac{l \cdot N \cdot 100}{3 \cdot \mathfrak{E} \cdot \mathfrak{E} \cdot p \cdot \lambda}$ $q = \frac{l \cdot i \cdot 100 \cdot \cos\varphi}{\mathfrak{E} \cdot p \cdot \lambda}$ [1])	$q = \frac{l \cdot N}{3 \cdot \mathfrak{E} \cdot \varepsilon \cdot \lambda}$ $q = \frac{l \cdot i \cdot \cos\varphi}{3 \cdot \varepsilon \cdot \lambda}$ [1])

[1]) Bei induktionsfreier Belastung z. B. Glühlicht oder Heizapparaten ist $\cos\varphi = 1$.

[2]) Haupt- und Steigeleitungen für Glühlicht, auch Zuleitungen zu Motoren, Transformatoren usw., die im Innern in ⅄ oder △ geschaltet sind, wenn die verkettete Spannung E in Rechnung gesetzt wird.

[3]) Haupt- und Steigeleitungen, wenn die Sternspannung $\mathfrak{E}$ in Rechnung gesetzt wird.

Dabei bedeutet:

E und $\mathfrak{E}$ = In Rechnung gesetzte Spannung in V
q = erforderlicher Mindestquerschnitt der Leitung in mm²
N = Leistungsaufnahme der Stromverbraucher in W
ε = zugelassener Abfall der in Rechnung gesetzten Spannung in V
p = " " " " " " " vH
l = einfache Leitungslänge bis zum Belastungsschwerpunkt in m

λ = Leitfähigkeit, für Kupfer etwa 56,2
„ Aluminium „ 32,7
„ Zink „ 16
„ Eisen „ 7
i = Stromstärke in den Leitungen in A
$\cos \varphi$ = Leistungsfaktor

Es verhält sich bei gleicher Spannung der Querschnitt bei
Gleichstr.-Zweil. : Wechselstr.-Zweil. : Drehstr-△ : Gleichstr.-Dreil. : Drehstr-⅄ =
6 : 6 : 3 : 1,5 : 1

ferner $q_{\text{Kupfer}} : q_{\text{Aluminium}} : q_{\text{Zink}} : q_{\text{Eisen}} = 1 : 1,7 : 3,5 : 8$

Bemessung des Leitungsquerschnittes nach Erwärmung.

Mit Rücksicht auf die zulässige *Erwärmung* durch den Strom sind isolierte Leitungen und blanke Leitungen bis 50 mm² höchstens mit den nachstehend angegebenen Stromstärken zu belasten und zu sichern.

Bemessung des Querschnitts isolierter Leitungen
mit Rücksicht auf die zulässige Erwärmung

Querschnitt mm²		0,5	0.75	1	1,5	2,5	4	6	10	16	25	35	50	70	95	120	150
Kupfer	zulässige Stromstärke A	7,5	9	11	14	20	20	25	31	43	75	100	125	160	200	280	325
	Stärke der Sicherung A	*6*	*6*	*6*	*10*	*15*	*20*	*25*	*35*	*60*	*80*	*100*	*125*	*160*	*200*	*225*	*260*
	Widerstand von 1000 m bei 15° C Ω	34,9	23,21	17,45	11,63	6,98	4,36	2,91	1,745	1,090	0,698	0,499	0,349	0,250	0,184	0,145	0,116
Aluminium	zulässige Stromstärke A	—	—	8	11	16	20	24	34	60	80	100	125	155	190	220	255
	Stärke der Sicherung A	—	—	*6*	*6*	*10*	*15*	*20*	*25*	*35*	*60*	*80*	*100*	*125*	*160*	*200*	*225*

Bemessung des Leitungsquerschnitts nach dem Wattverlust.

Bei *Gleichstrom* ist der prozentuale Wattverlust ebenso groß wie der prozentuale Spannungsabfall. Es gelten daher die gleichen Formeln.

Bei *Einphasen-Wechselstrom* ist $q = \dfrac{l \cdot N \cdot 200}{E \cdot E \cdot \cos \varphi \cdot \cos \varphi \cdot p \cdot \lambda}$

Bei *Drehstrom* (Dreieckschaltung) $q = \dfrac{l \cdot N \cdot 100}{E \cdot E \cdot \cos \varphi \cdot \cos \varphi \cdot p \cdot \lambda}$

Dabei ist p der zugelassene *Watt*verlust in vH. Sonst gelten die auf Seite 57 und 58 angegebenen Bedeutungen für die Formelzeichen. Ergeben die verschiedenen Berechnungsarten verschiedene Querschnitte, so ist der größte errechnete Querschnitt unter Abrundung auf eine normale Größe zu wählen.

Für die meisten Fälle der Installationspraxis ist die Querschnittsberechnung durch die Tafeln S. 37, 38 und 94 bereits ausgeführt.

Verlegung von Leitungen.

Die Verlegung in *Holzleisten* (Abb. 56) ist seit Jahren in Deutschland verboten, weil sie auf feuchten Wänden zu Bränden Anlaß gab, sie findet nur noch gelegentlich für Eisenbahnwagen und Passagierschiffe Anwendung. Auch die früher gebräuchliche Verlegung von *Leitungsschnüren* auf Isolierrollen oder Klemmrollen (Abb. 57) ist nach den Vorschriften des V. D. E. nicht zugelassen, nachdem sie durch die Rohrdrahtverlegung einen sicheren und gefälligeren Ersatz gefunden hat. Im Auslande findet sie aber noch vielfach Anwendung.

Abb. 56. Holzleisten zur Leitungsverlegung. Im allgemeinen verboten.

Abb. 57. Verlegung von Leitungsschnüren auf Isolierrollen. auf Klemmrollen. In Deutschland verboten.

Es sind zurzeit im wesentlichen folgende Verlegungsarten in Gebrauch:

1. Verlegung blanker oder isolierter Leitungen auf Isolierglocken.
2. Verlegung isolierter Leitungen auf Isolierrollen und Isolierklemmen.
3. Verlegung isolierter Leitungen in Rohren oder Rohrdraht auf der Wand.
4. Verlegung isolierter Leitungen in Rohren in der Wand.
5. Offene Kabelverlegung.
6. Kabelverlegung im Erdboden.

Verlegung auf Isolierglocken.

Die Verlegung blanker oder isolierter Leitungen auf Isolierglocken (Abb. 59) kommt bei Installationen für kurze Freileitungsstrecken in Frage, z. B. beim Kreuzen von Höfen, bei der Beleuchtung von Parkwegen und dgl. (Mindestquerschnitte s. Seite 56; Abstände s. Tafel Seite 62) ferner für Installation in feuchten Räumen.

Die Isolatoren werden auf den Stützen entweder aufgehanft oder mit Papierhülsen (Abb. 64) befestigt. Will man sie aufkitten, so wählt man einen besonderen Isolatoren-Kitt.

Abb. 58. Drahtbund für Isolierglocken. Vorderseite

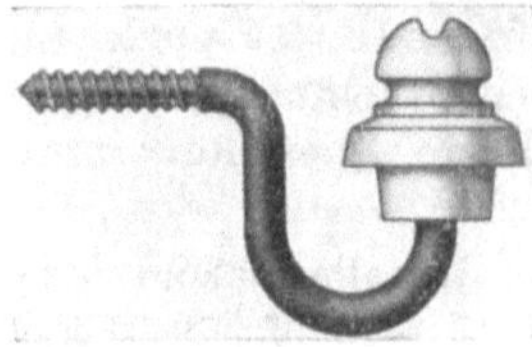

Abb. 59. Isolierglocke auf gebogener Stütze mit Holzschraube.

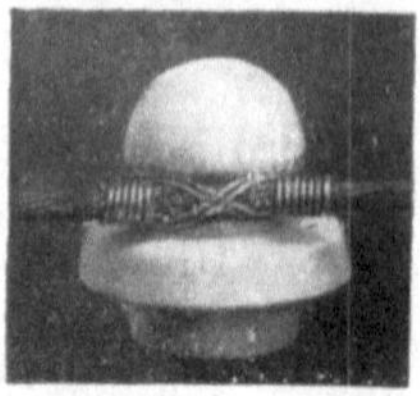

Abb. 60. Drahtbund für Isolierglocken. Rückseite.

Der gebräuchliche *Drahtbund* ist aus Abb. 58 und 60 ersichtlich. Als Bindedraht dient verzinnter Kupferdraht von 1,5 mm² Querschnitt. Für die oben erwähnten kurzen Freileitungsstrecken und Installationen im Freien (Spannweite unter 20 m) können folgende *Durchhänge* als üblich gelten, wobei die kleineren Werte für die kleineren Querschnitte (10—25 mm²), die großen für 35—95 mm² gelten. Der Durchhang richtet sich stets nach dem stärksten Querschnitt bei parallel geführten Leitungen verschiedenen Querschnitts.

Drahtmaterial	Durchhang bei Spannweite	
	20—40m	41—60 m
Kupfer	0,5—1 m	1—2 m
Eisen	0,5—1 m	1—2 m
Aluminium	1—1,5 m	1,5—3 m

Soweit dies möglich ist, vermeidet man aber das Überkreuzen von Höfen, um die Durchfahrt frei zu halten, und führt die Leitungen, ebenfalls auf Isolierglocken, längs der Gebäudewand mit Spannweiten unter 10 m. Derartige „Leitungen im Freien" können ganz geringe Durchhänge haben. Dagegen sind die *Abstände* von Wänden, Gebäudeteilen und Erde (siehe Tafel S. 62) einzuhalten. Verlegt man Leitungen in Innenräumen auf Isolierglocken (z. B. in Brauereien, chemischen Betrieben, Ställen usw.), so ist auch auf Schutz gegen Berührung und Beschädigung zu achten.

Verlegung auf Isolierrollen.

Abb. 61. Porzellanrollen auf Eisendübel.

Abb. 62. Keller-Isolatoren auf verstellbarer Eisenschelle.

Die einfachste Befestigung der isolierten Leitungen geschieht durch Isolierrollen aus Porzellan (Abb. 63) oder Kellerisolatoren (Abb. 65). Die Isolierrollen werden mittels Schrauben auf Holz- oder Eisendübel (Abb. 61),

Abb. 63. Isolierrolle mit Fuß.

Abb. 64. Papierhülse zur Befestigung der Isolierplatten auf d. Stütze.

Abb. 65. Keller-Isolator zur Befestigung m. Holz- oder Eisenschrauben.

die in die Wand eingegipst oder einzementiert werden, aufgeschraubt. Die Befestigung der Isolierrollen durch Nägel ist verboten.

Abb. 66. Bindestelle an einer Isolierrolle.

An Trägern werden Schellen (Abb. 62) angeklammert.

Der Abstand der Isolierrollen längs der Leitungen darf nicht mehr als 1 m betragen, bei Führung an der Decke können den örtlichen Verhältnissen entsprechend ausnahmsweise größere Abstände gewählt werden. Zum Festbinden des Drahtes an die Isolierrollen verwendet man am besten verzinkten Eisenbindedraht oder verzinnten blanken oder umsponnenen Kupferdraht von 1, 1,5 oder 2 mm Durchmesser. Die Leitungen sind an Bindestellen womöglich durch eine Umwicklung von Isolierband zu schützen. Die Befestigung der Leitung an den Rollen geschieht auf folgende Weise durch den sogenannten Kreuzbund: Man legt ein Stück Bindedraht von entsprechender Länge mit der Mitte an die Rolle (Abb. 66 und 67), führt die beiden Enden unter der Leitung durch, kreuzt sie über dem Draht, führt sie auf der anderen Seite der Rolle zusammen und zieht sie durch Verdrillen der Drahtenden mit der Zange fest an. Die überstehenden Drahtenden werden sodann abgezwickt.

Bei Verlegung von zwei sich kreuzenden Leitungen werden sogenannte Kreuzrollen (Abb. 69)

Abb. 67. Rückseite der Bindestelle.

Mindestabstände von Leitungen.

		Offen verlegte isolierte Leitungen			Ungeerdete blanke Leitungen			
					Bei Spannweite von			
	Abstand	im Freien	in Gebäuden	in feuchten Räumen	bis 1 m Zellen-schalter-leitung u. dgl.	1—4 m	4—6 m	üb. 6 m
Bei Nieder-spannung	von einander	Gegeben durch die Befestigungsmittel		5 cm	5 cm	10 cm	15 cm	20 cm
	vom Erdboden im Freien	2,5 m	Außer Hand-bereich	2,5 m	2,5 m	2,5 m	2,5 m	2,5 m
	von Wänden u. Gebäudeteilen	2 cm	1 cm	5 cm	5 cm	5 cm	5 cm	5 cm
Bei Hochspannung	von einander, von Wänden u. Gebäudeteilen und Schutz-verkleidungen	unt. 1000 V. 2 cm bis 1500 V. 5 „ „ 3000 V. 7,5 „ „ 6000 V. 10,0 „ „ 12000 V. 12,5 „ „ 24000 V. 18 „ „ 35000 V. 24 „		— — — — — — —	nur bis 1000 V 5 cm	bis 1500 V. 5 cm „ 3000 V. 7,5 „ „ 6000 V. 10 „ „ 14000 V. 12,5 „ „ 24000 V. 18 „ „ 35000 V. 24 „		
	von der äußeren Gebäudewand	1 cm je 1000 V aber mindestens 10 cm	—	--	1 cm je 1000 V, aber mindestens 10 cm			
	vom Erdboden im Freien (ungeschützt)	6 m, über befahrenen Wegübergängen 7 m	—	—	6 m, über befahrenen Wegübergängen 7 m			

Ungeschützte Spannung gegen Erde führende Teile zugänglicher Schalttafelrückseiten von der gegenüberliegenden Wand bei Niederspannung 1 m, bei Hochspannung 1,5 m.

verwendet. Diese haben zwei Vertiefungen, eine an der Seite und eine oben. Man befestigt den Leitungsdraht in der unteren seitlichen Vertiefung durch einen normalen Kreuzbund, und zwar in derselben Weise wie bei den Isolierrollen; den anderen Draht dagegen verlegt man in der auf der Kreuzrolle befindlichen oberen Nute.

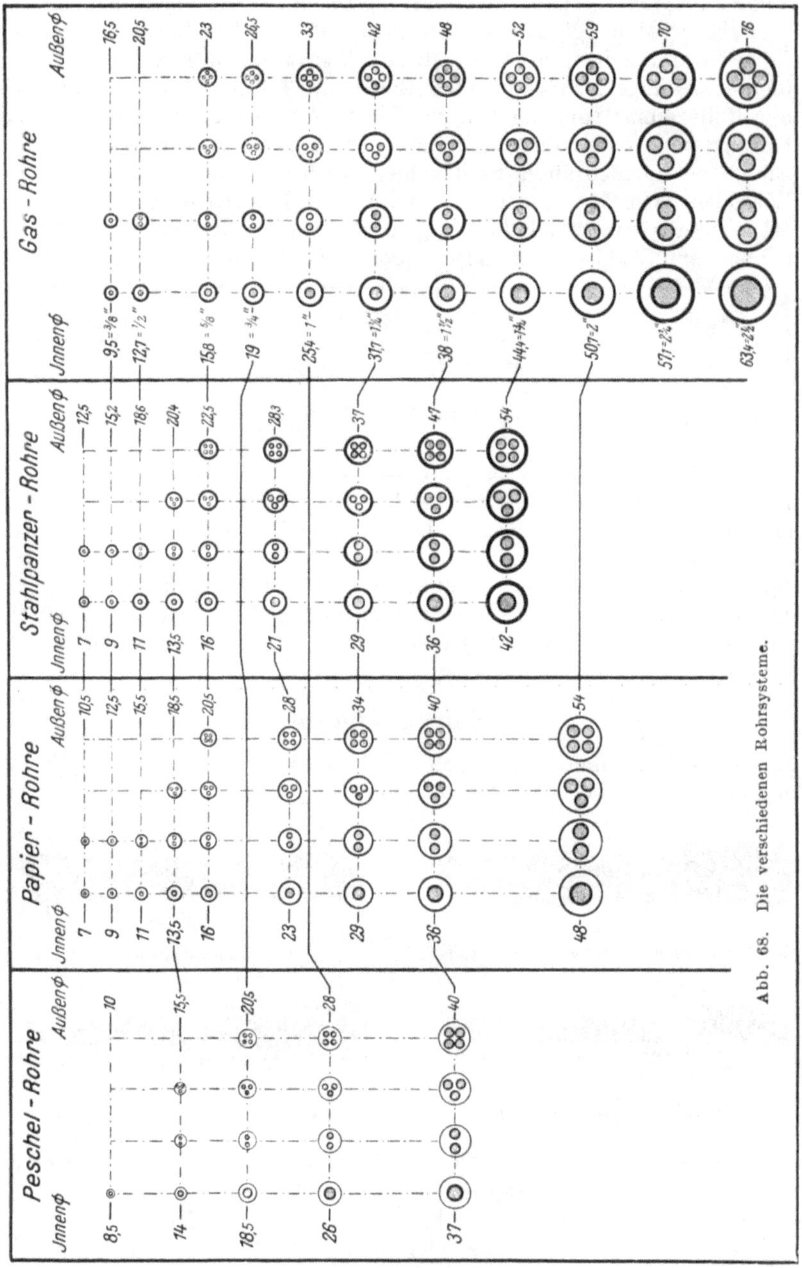

Abb. 68. Die verschiedenen Rohrsysteme.

Die Befestigung dieses Drahtes geschieht, wie nachstehend beschrieben: Man legt den Bindedraht um den halben Umfang der Rolle, führt ihn unter der Leitung durch und kreuzt ihn oben auf deren Mitte, hierauf schlingt man die beiden Enden des Bindedrahtes seitwärts von der Rolle einmal um die Leitung, führt sie in der oberen seitlichen Einkerbung zusammen und verdreht sie miteinander. Die überstehenden Enden des Bindedrahtes werden hierauf abgezwickt.

Eckrollen (Abb. 70) finden Verwendung bei Leitungen, die um Mauerecken oder vorspringende Balken geführt werden; die Eckrollen (Abb. 71) können am Draht festgebunden werden, damit sie nicht abfallen.

Abb. 69. Kreuzrolle.

Abb. 70. Eckrolle.

Abb. 71. Eckrolle zum Festbinden an der Leitung.

Abb. 72. Porzellan-Doppelklemme.

Die Leitungsquerschnitte, für welche die verschiedenen Rollenmodelle passen, und die zugehörigen Schraubenmodelle sind aus der Preisliste zu entnehmen.

Im Auslande werden auch Schnurleitungen auf Klemmrollen (Abb. 57) oder Einfachleitungen auf Doppelklemmen (Abb. 72) verlegt. In Deutschland ist die erstere Verlegungsweise nicht zugelassen und die zweite wird nur selten angewendet.

Rohrverlegung.

Man verlegt Gummiaderleitungen auf oder in der Wand („unter Putz") in Rohren. Als solche sind gebräuchlich:

Abb. 73. Überlapptes Peschelrohr mit Muffe.

Abb. 74. Stahlpanzerrohr mit Muffe

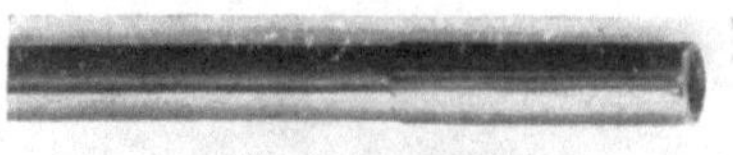

Abb. 75. Isolierrohr mit Muffe.

Abb. 76. Gummirohr mit Muffe.

1. Lackierte Eisenrohre (geschlossene Gasrohre, stumpf gestoßene Rohre, geschlitzte oder überlappte Peschelrohre Abb. 73);
2. Papierrohre mit gefalztem Blechmantel aus lackiertem oder verbleitem Eisen, aus Messing oder Zink („Isolierrohre") (Abb. 75);

3. Geschlossene Eisenrohre mit Papierauskleidung (Stahlpanzerrohre) (Abb. 74);
4. Rohre aus Preßmaterial ohne Metallmantel (Gummirohre) (Abb. 76).

Metall-Wandstärken in mm von Peschelrohren (P), Isolierrohren (*J*) und Stahlpanzerrohren (St).														
P 8	*J* 9	St 9	P 14	*J* 13,5	St 13,5	P 18	*J* 16	St 16	P 26	*J* 29	St 29	P 37	*J* 36	St 36
0,75	0,15	1,4	0,75	0,15	1,5	0,75	0,18	1,6	1	0,24	2	1,5	0,24	2,5

Die Rohre bieten, je größer die Metallwandstärke ist, einen um so besseren mechanischen Schutz. Dieser ist also am schwächsten bei Gummirohren, die deshalb nur in der Wand verwendet werden dürfen, etwas besser bei den Papierrohren mit Blechmantel, stärker bei Peschelrohren und am stärksten bei Gasrohren und Stahlpanzerrohren.

Eine Übersicht über die lichten Weiten der Rohre und die darin einzuziehenden Leitungen gibt die Tafel Seite 66 bzw. die Übersichtstafel Seite 63.

Die Isolierung der „Isolierrohre" ist keine elektrische Isolierung, weil die Papierauskleidung hygroskopisch ist, dagegen eine Wärmeisolierung, die bei *geringen* Temperaturschwankungen die Kondenswasserbildung verzögern kann. Das letztere gilt auch von den Gummirohren.

Die Rohrverbindungen werden bei Gummirohren, Isolierrohren und Peschelrohren durch Überschieben von Muffen, bei Gasrohren und Stahlpanzerrohren durch Gewindemuffen hergestellt.

Die Bevorzugung des einen oder anderen Rohrsystems hängt teils vom Klima, teils von der Gewöhnung des Monteurpersonals ab. In den angelsächsischen Ländern werden die stumpf gestoßenen Rohre ohne Papierauskleidung vorgezogen. In den romanischen Ländern sind Isolierrohre eingeführt. In Mitteleuropa sind Isolierrohre und Peschelrohre gebräuchlich, stellenweise auch Gummirohre in der Wand.

Für die Rohrverlegung sind außer den Vorschriften der in Frage kommenden Elektrizitätswerke die folgenden Vorschriften des V.D.E. einzuhalten.

Vorschriften des V.D.E. über Rohrverlegung.

§ 26 b. Rohre aus Metall oder mit Metallüberzug müssen bei Hochspannung in solcher Stärke verwendet werden, daß sie auch den zu erwartenden mechanischen und chemischen Angriffen widerstehen.

Bei Hochspannung sind die Stoßstellen metallener Rohre metallisch zu verbinden und die Rohre zu erden.

In Bergwerken unter Tage gelten beide Absätze auch für Niederspannung.

Lichte Weite von Peschelrohren (P) und Isolierrohren (*J*)[1] sowie Gasrohren (G) für eine oder mehrere isolierte Leitungen auf und in der Wand.

Kupferquerschnitt der Leitungen	1 NGA			2 NGA			3 NGA			4 NGA		
	P	*J*	G	P	*J*	G	P	*J*	G	P	*J*	G
mm²	mm	mm	Zoll	mm	mm	Zoll	mm	mm	Zoll	mm	mm	Zoll
						Für Rohre auf der Wand						
1	8	9	3/8	14	13,5[2])	1/2	14	13,5[2])	5/8	14	13,5	5/8
1,5	8	9	3/8	14	13,5	5/8	14	16[2])	5/8	18[2])	16[2])	5/8
2,5	8	9	1/2	14	16[2])	5/8	18	16	5/8	18	21	3/4
4	14	11	1/2	18	16	5/8	18	21[2])	3/4	26[2])	21	1
6	14	13,5[2])	5/8	18	21[2])	3/4	26	21	1	26	21	1
10	14	13,5	5/8	26	23[2])	1	26	23	1	37[2])	29[2])	1
16	18[2])	16[2])	5/8	26	23	1	37[2])	29	1 1/4	37	29	1 1/4
25	18	16	3/4	37[2])	29	1 1/4	37	36	1 1/2	37	36	1 1/2
35	26[2])	21	1	37	36	1 1/4	37	36	1 1/2	—	48[3])	1 1/2
50	26	23[2])	1	37	48[3])	1 1/2	—	48[3])	1 3/4	—	48[3])	1 3/4
70	26	23	1 1/4	—	48[3])	1 1/2	—	48[3])	1 3/4	—	—	2
95	26	29	1 1/2	—	48[3])	1 3/4	—	—	2	—	—	2 1/4
120	37[2])	29	1 1/2	—	—	2	—	—	2 1/4	—	—	2 1/2
150	37	36	1 3/4	—	—	2 1/4	—	—	2 1/2	—	—	—
						Für Rohre in der Wand						
1	8	13,5		14	13,5		14	13,5		18	16	
1,5	8	13,5		14	16[2])		14	16		18	16	
2,5	14	13,5		14	16		18	21[2])		18	21	
4	14	13,5		18	21		18	21		26	21	
6	14	13,5		18	21		26	23		26	29	
10	18	16		26	29[2])		26	29[2])		37	29	
16	18	21[2])		26	29		37	29		37	36	
25	26	21		37	36		37	36		—	—	
35	26	23		37	36		37	36		—	—	
50	26	23		37	48[3])		—	—		—	—	
70	26	29		—	—		—	—		—	—	
95	37	36[2])		—	—		—	—		—	—	
120	37	36		—	—		—	—		—	—	
150	37	48[3])		—	—		—	—		—	—	

[1]) Die Zahlen gelten auch für Stahlpanzerrohre. [2]) Für kürzere Leitungsstrecken (z. B. Abzweig zum Schalter) kann Rohr von nächst kleinerem Dmr. verwendet werden. [3]) Für Stahlpanzerrohre 42 mm.

Erl. zu § 26b. Die metallische Verbindung ist auch bei Niederspannung mit besonderer Sorgfalt auszuführen, wenn das Rohr selbst als geerdete Rückleitung benutzt wird. Dies ist nur bei Rohren von genügender Leitfähigkeit angängig. Peschelrohre z. B. vertragen in den Abmessungen 8, 14, 18 mm eine Strombelastung von 10, 15, 20 A. Die Verbindung der Stoßstellen geschieht entweder durch aufgeschraubte Muffen, oder bei Peschelrohren durch unmittelbaren Kontakt der ineinandergesteckten Rohrenden, wobei der Längsschlitz eine dauernd feste federnde Berührung der vorher blank gemachten Flächen verbürgt.

c) In ein und dasselbe Rohr dürfen nur Leitungen verlegt werden, die zu dem gleichen Stromkreise gehören (siehe nachstehende §§ 21 h und 28 i).

Erl. zu § 26c. Mehr als eine zusammengehörige Hin- und Rückleitung sollen in der Regel nicht in dasselbe Rohr gelegt werden. Beim Anschluß kleiner Drehstrommotoren bedarf es hierzu dreier Drähte. Auch können bei Gleichstromanlagen drei Drähte zusammengehören, wenn sie z. B. zu einer Lampengruppe führen, die von mehreren Punkten ein- und ausschaltbar sein soll (sogenannte Wechselschalter oder Gruppenschalter) oder wenn es sich um unverzweigte Strecken eines Dreileitersystems handelt.

d) Drahtverbindungen und Abzweigungen innerhalb der Rohrsysteme sind nur in Dosen, Abzweigkästen, T- und Kreuzstücken und nur durch Verschraubung auf isolierender Unterlage zulässig.

3. Rohre sollen so verlegt werden, daß sich in ihnen kein Wasser ansammeln kann.

Erl. zu § 26/3. Der Bildung von Wasser in den Rohren, die meistens auf Temperaturwechsel zurückzuführen ist (Kondensationswasser), wird auch durch den Verschluß der oberen oder beider Mündungen entgegengewirkt. Würden nämlich beide Enden einer vertikalen Rohrleitung offen sein, so kann leicht ein fortdauernder feuchtwarmer Luftstrom durch die zwischen der oberen und unteren Öffnung vorhandenen Temperatur- und Druckunterschiede entstehen, ist dabei die das Rohr umgebende Mauer kälter als die hindurchströmende Luft, so kommt es zu dauernder Wasserabscheidung. Steht dagegen die Luft innerhalb des Rohres still, so wird sie nur selten erhebliche Mengen von Wasser abgeben, das, wenn die unteren Enden des Rohrnetzes offen sind, von selbst abfließt. Um erhebliche und schroffe Temperaturwechsel der Rohre zu vermeiden, empfiehlt es sich, letztere tunlichst nicht in die Außenwände der Gebäude zu legen.

Bei Rohren mit Längsschlitz (Peschelrohr) wird der Schlitz nach unten gelegt, um dem Wasser den Austritt zu erleichtern. Kann ein Gefälle der Rohre nicht eingehalten werden, z. B. wenn eine U-förmige Führung, etwa um einen Balken herum, nötig ist, so kann man das Rohr an der tiefsten Stelle anbohren, um einen Abfluß zu schaffen.

4. Bei Rohrverlegung sollen im allgemeinen die lichte Weite sowie die Anzahl und der Radius der Krümmungen so gewählt sein, daß man die

Drähte einziehen und entfernen kann. Von der Auswechselbarkeit der Leitungen kann abgesehen werden, wenn die Rohre offen verlegt und jederzeit zugänglich sind. Die Rohre sollen an den freien Enden mit entsprechenden Armaturen, z. B. Tüllen versehen sein, so daß die Isolierung der Leitungen durch vorstehende Teile und scharfe Kanten nicht verletzt werden kann.

Erl. zu § 26/4. Werden die Rohre nicht zu eng gewählt und wird für richtige Anzahl der Rohrverbindungsstücke gesorgt, so vollzieht sich das Einziehen der Drähte in die fertig verlegten Rohre ohne Schwierigkeit. Ganz fehlerhaft und durchaus unzulässig ist das Verfahren, die Drähte vor der Verlegung in die Rohre einzuziehen und diese dann in den Verputz einzulegen.

5. Unter Putz verlegte Rohre, die für mehr als einen Draht bestimmt sind, sollen mindestens 11 mm lichte Weite haben.

Erl. zu § 26/5. Wird der isolierten Leitung im Rohr ein blanker Draht zur Verbesserung der durch die Rohrwandung gebildeten Rückleitung oder als eigentliche Rückleitung beigefügt, so kann ebenfalls von einer besonderen Verwendung weiterer Rohre abgesehen werden. Blanke Drähte unter 4 mm² sollen nicht benutzt werden, dagegen können als Nulleiter Leitungen, die nur einen isolierenden Schutz gegen chemische Angriffe besitzen und die nach den Vorschriften des V.D.E. wie blanke Leitungen zu verlegen sind, in Rohren in kleineren Querschnitten als 4 mm² verwendet werden.

§ 28 i. Bei Schalt- und Signalanlagen ist es entgegen § 26 c gestattet, Leitungen verschiedener Stromkreise in einem Rohr zu verlegen.

§ 21 h. Bei Leitungen oder Kabeln für Ein- und Mehrphasenstrom, die eisenumhüllt oder durch Eisenrohre geschützt sind, müssen sämtliche, zu einem Stromkreise gehörigen Leitungen in der gleichen Eisenhülle enthalten sein, wenn bei Einzelverlegung eine bedenkliche Erwärmung der Eisenhüllen zu befürchten ist.

Erl. zu § 21 h. Wechselströme können, wenn nur eine Leitung in einem Metallrohr geführt ist, diese zum Träger induzierter Ströme machen. Bei Eisenrohren kommen hierzu noch die magnetischen Erregungen, die nicht nur einen gewissen Verlust an elektrischer Energie, sondern auch Erwärmungen des Eisenrohres bewirken, besonders wenn diesen eine geschlossene Bahn geboten wird, z. B. über andere Metallteile des Gebäudes, wie Gasrohre, Wasserrohre, eiserne Träger usw., wobei sie je nach den obwaltenden Verhältnissen nicht unerhebliche Stärke annehmen können. Schon bei Stromstärken unter 50 A ergeben sich unter Umständen erhebliche Übertemperaturen und starke Steigerung des Spannungsabfalles und der Energieverluste. Das vielfach als Aushilfsmittel angesehene Verfahren, die Eisenrohre miteinander durch leitende Verbindungsstücke zu überbrücken, ist praktisch erfolglos. Bei Stromstärken bis 25 A können in Wanddurchführungen Leitungen einzeln in Peschelrohr verlegt werden.

Rohrverlegung auf der Wand.

Die zweckmäßigste Leitungsführung ist vor der Verlegung zu ermitteln und anzuzeichnen.

Abb. 77. Einlappige Rohrschelle.

Abb. 78. Zweilappige Rohrschelle.

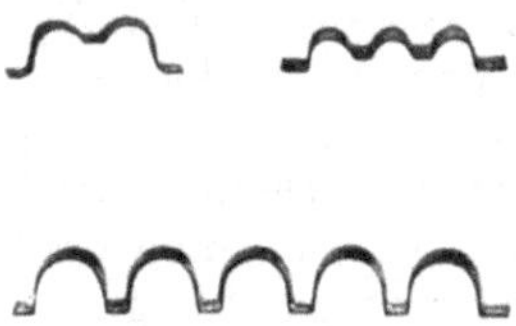

Abb. 79. Mehrfachschellen.

Abb. 80 richtig Tragende Rohrschelle. falsch Hängende Rohrschelle ohne sonstige Rohrunterstützung.

Als Befestigungsmittel dienen Rohrschellen (Abb. 77—80). Bei Verwendung von einlappigen einfachen Schellen müssen diese bei wagerechter Rohrführung so angebracht werden, daß sie das Rohr tragen (Abb. 80).

Im allgemeinen genügt 1 Rohrschelle auf 1 m laufendes Rohr; die Abstände der Schellen sollen möglichst gleich sein.

An unebenen Wänden und an solchen Stellen, wo mechanische Beschädigungen des Rohres zu befürchten sind, sollte man nur zweilappige Rohrschellen (Abb. 78) verwenden und diese in kleineren Abständen als 1 m anordnen; bei Rohrenden, Winkel- und T-Stücken sowie Abzweigdosen soll der Abstand der nächsten Rohrschelle 10 cm betragen.

Für zwei und mehr dicht nebeneinanderliegende Rohre von gleichen Durchmessern kommen Mehrfachschellen (Abb. 79) in Frage.

Zur Befestigung der Rohrschellen sind im allgemeinen Stahl-, Spiral- und Holzdübel, letztere mit Holzschrauben, zu verwenden.

Bei Holzunterlage können ausnahmsweise Nägel mit breitem Kopf, sogenannte Glaserstifte, zugelassen werden.

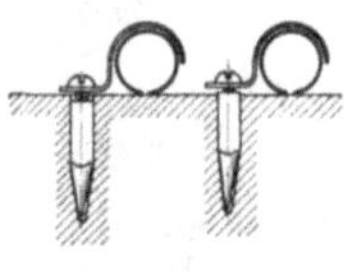

Abb. 81 falsch richtig Eingeschlagene Stahldübel.

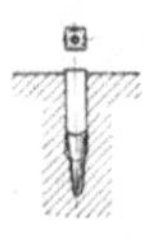

Abb. 82. In Betonmauerwerk für Stahldübel Loch vorbohren.

Abb. 83. Spiraldübel.

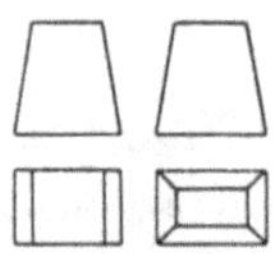

Abb. 84. Geeignete Form der Holzdübel.

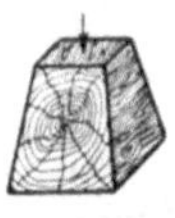

Abb. 85. Schraube muß in Langholz eingeschraubt werden.

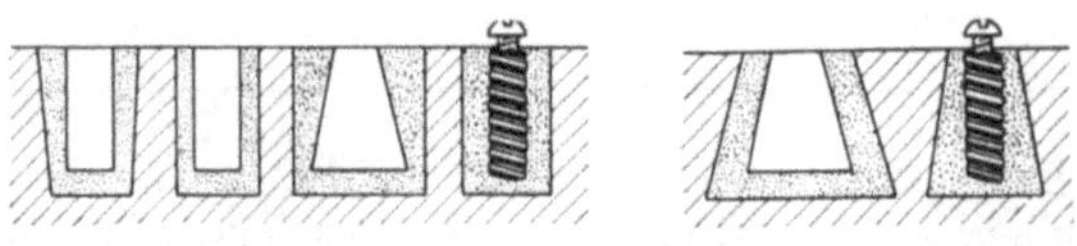

falsch richtig

Abb. 86. Form der Dübellöcher.

Stahldübel lassen sich in normalem Mauerwerk ohne weiteres einschlagen. Sie dürfen nur soweit eingeschlagen werden, daß die aufgelegte Rohrschelle einen geringen Abstand vom Mauerwerk hat (Abb. 81).

In härterem Mauerwerk ist das Vorschlagen eines Loches mittels Vorschlageeisen und in Betonmauerwerk das Vorbohren eines Loches (Abb. 82) vor dem Einschlagen des Stahldübels erforderlich. Bei Betonbauten ist es zweckmäßig Kanäle bzw. Holzdübel für die Leitungsführung und zur Befestigung der Schalter, Steckdosen usw. gleich bei der Herstellung die Wände und Decken aussparen bzw. einlegen zu lassen. Hat das Mauerwerk nicht genügend Festigkeit, um einem Stahldübel ausreichenden Halt zu gewähren wie in Rohrdecken, Hohlziegelwänden usw., so müssen Spiral- oder Holzdübel eingegipst werden (Abb. 83—86).

Die Holzdübel, die eine verbreiterte Grundfläche haben müssen (Abb. 84), sollen so in das Mauerwerk eingegipst werden, daß die schmale Kopfseite mit der Wand bündig wird. Die Löcher müssen nach hinten konisch erweitert sein, damit die Dübel gegen Herausfallen gesichert sind (Abb. 86).

Zu Holzdübeln muß ausgetrocknetes Holz verwendet werden. Die Stirnflächen des Holzes müssen seitlich liegen, so daß die Befestigungsschrauben im Langholz eingeschraubt werden (Abb. 85).

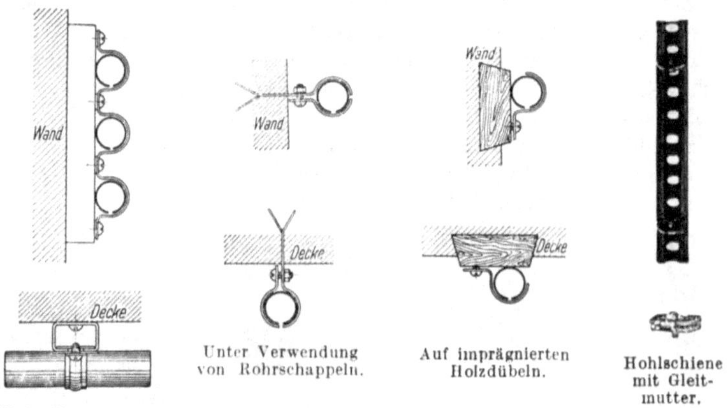

Unter Verwendung von Mehrfach-Rohrschellen auf Honl schienen.

Unter Verwendung von Rohrschappeln.

Auf imprägnierten Holzdübeln.

Hohlschiene mit Gleitmutter.

Abb. 87. Rohrverlegung mit Abstand vom Mauerwerk.

In halbfeuchten oder schlecht gelüfteten Räumen sowie an feuchten Wänden, auch an Gipsdielen- und Tektonwänden, oder solchen Wänden, die zeitweise beim Temperaturwechsel feucht werden, sowie an Ziegel- und Hausteinwänden, die Salpeter ausscheiden, ist die Verlegung von Rohr mit Abstand vom Mauerwerk unter Benutzung von Rohrschappeln,

aus dem Mauerwerk hervorstehenden imprägnierten Holzdübeln oder Hohlschienen auszuführen (Abb. 87 und 88).
Nach oder noch besser vor Verlegung des Rohres ist Ölfarbenanstrich oder ein Anstrich mit einem anderen Rostschutzmittel, z. B. Siderosthen-Lubrose zweckmäßig.
In feuchten Räumen und im Freien sind Papierrohre mit Blechmantel auf der Wand nicht zu empfehlen.

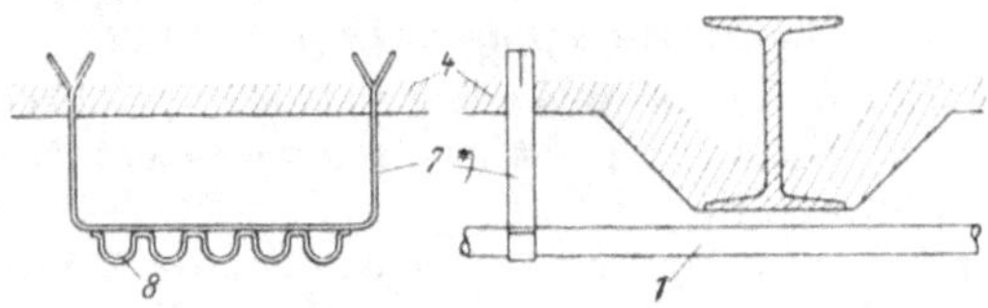

Abb. 88. Befestigung der Rohre mit Abstand vom Mauerwerk an Flacheisenbügeln.

1 Rohr
2 Bandeisen 20×2
4 Beton oder Mauerwerk
7 Flacheisen 25×3*)
8 Reihenschelle

*) Der Bügel ist so hoch zu wählen, daß die Rohre ohne Kröpfung unter den Trägern geführt werden können.

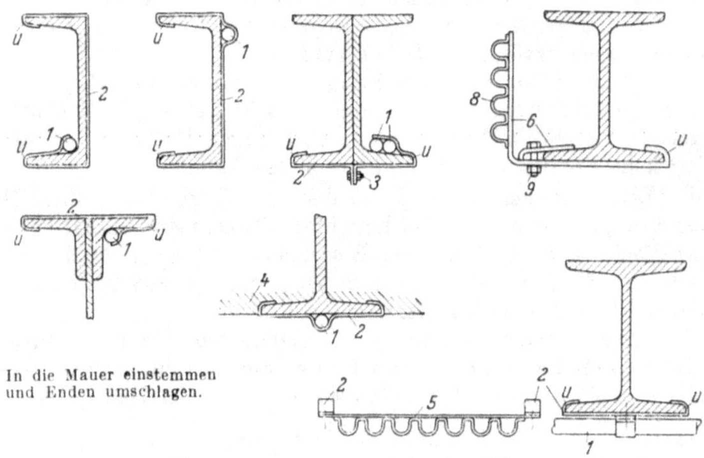

Abb. 89. Befestigung von Rohren an Trägern.

1 Rohr
2 Bandeisen 20×2
3 Schraube 1/4″
4 Beton oder Mauerwerk
5 Flacheisen 20×2
6 Flacheisen 25×4
8 Reihenschelle
9 Schraube 3/8″
U an dieser Stelle ist das Eisen umzuschlagen.

Sollen Rohre an oder unter Eisenträgern befestigt werden, wenn letztere nicht angebohrt werden dürfen, so sind die in Abb. 89 dargestellten Befestigungsarten zu empfehlen. Für die Schellen ist Bandeisen 20×2 mm zu verwenden. Bei der Ausführung ist darauf zu achten, daß das Bandeisen scharf passend angelegt und an den Ecken gut umgeschlagen wird, so daß die Befestigung eine gewisse Spannung erhält.

Verlegung mehrerer Rohre nebeneinander kann wie Abb. 89 zeigt unter Benutzung von besonders für den jeweiligen Zweck eingerichteten Flacheisenstücken oder unter Verwendung von Hohlschienen (Abb. 87) geschehen. Letztere werden in Längen von 2 m hergestellt. Mittels Gleitmuttern kann man die Rohre auf den Hohlschienen in beliebigen Abständen voneinander durch einfache Schellen nach Abb. 77 befestigen.

Rohrverlegung unter Putz.

Unter Putz kann an Rohren und Rohrverbindungsstücken dadurch gespart werden, daß die Rohre nicht lot- und wagerecht sondern auf kürzestem Wege schräg verlegt werden.

Die Rohre werden durch $2^1/_2$" bis 3" Nägel, die über Kreuz eingeschlagen werden, bis zum Verputzen festgehalten. Beim Verputzen können die Nägel wieder entfernt werden. Zum Verputzen soll möglichst nur Mörtel oder Zement (Mischverhältnis 2 Teile Zement 1 Teil Sand), auf keinen Fall Gips verwendet werden, da dieser die Feuchtigkeit aufsaugt und zu Rostbildung Veranlassung gibt. Einbetten der Rohre in Zement verhindert das Eindringen der Feuchtigkeit von außen. Zementbettung hat sich als zweckmäßig erwiesen bei Verlegung von Rohren auf oder unter Koksschüttungen, zwischen Decken und Fußböden, in Fußböden mit Estrich oder sonstigem fugenlosen Belag, z. B. Steinholzfußboden sowie bei Verlegung unter Steinplatten oder dgl. Die Einbettung in Zement darf aber auch nur in gleichmäßig temperierten Räumen vorgenommen werden, wo sich kein Kondenswasser im Rohr bilden kann.

Für die Leitungsverlegung in Fußböden mit Estrichbelag sind Stahlpanzerrohre geeigneter als Peschelrohre. Zweckmäßig erhalten diese eine zweifache Umwickelung mit Nesselband und einen heißen satten Anstrich mit Goudron oder einem heißen Gemenge von 3 Teilen Teer, 3 Teilen Pech und 4 Teilen Harz.

Abb. 90 zeigt einige Ausführungsmöglichkeiten für im Fußboden bzw. im Betonmauerwerk verlegte Rohre, die sich in ausgetrockneten und gleichmäßig temperierten Betonbauten bewährt haben.

Einziehen der Leitungen.

Die einzuziehenden Leitungen müssen vor Beschädigungen außerhalb sowie am Ein- und Ausgang der Rohre besonders geschützt werden. An den freien Enden der Rohre sind Rohrendhülsen aufzubringen. An der Einführung der Rohre in Sicherungen, Schaltern, Steckdosen, Abzweigdosen und dgl. sind Rohrendhülsen nicht erforderlich. Um ein Verknoten bzw. Verbiegen der Leitung zu scharfen Schleifen beim Abwickeln von den Leitungsringen zu vermeiden, darf der Draht nicht einfach von den Ringen abgezogen, sondern muß durch ständiges Drehen des Ringes abgerollt werden.

Vor dem Einziehen der Leitungen unter Putz prüfe man durch Hindurchziehen eines Bindfadens, ob die Rohrleitung innen trocken ist, der Bindfaden kann gleichzeitig zum Aufsaugen der vorhandenen Feuchtigkeit

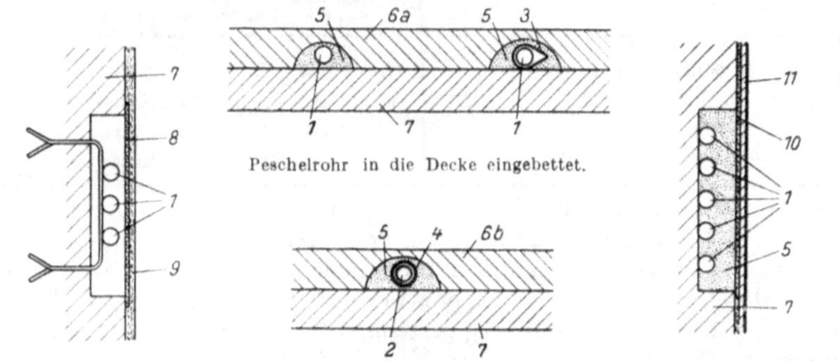

Peschelrohr in die Decke eingebettet.

Rohre in der Wand in abgedecktem Kanal. Stahlpanzerrohr in die Decke eingebettet. Rohre in der Wand in Zement eingebettet.

Abb. 90. Bewährte Verlegungsarten für ausgetrocknete und gleichmäßig temperierte Betonbauten.

1	Peschelrohr	6b	Steinholzfußboden
2	Stahlpanzerrohr	7	Betonfußboden bzw. -wand
3	Dachpappe	8	Drahtgeflecht
4	Nesselbandbewicklung	9	Putz
5	Zementeinbettung	10	Mörtel
6a	Gipsestrich	11	Verblendsteine, Marmor u. dgl.

benutzt werden. Rohrdosen und Zwischenstücke sind möglichst lange zur Entlüftung der Rohre offen zu lassen. Bei Verlegung des Rohres ist darauf zu achten, daß sich an keiner Stelle der Rohrleitung Wasser ansammeln kann.

In der Tafel auf Seite 66 ist die Bemessung der Rohre (lichte Weite) für verschiedene Leitungsquerschnitte angegeben.

Peschelrohr.

Peschelrohre sind Stahlrohre ohne Papierauskleidung.

Das Peschelrohr wird in zwei Arten hergestellt, und zwar entweder mit einfachem Längsschlitz (Abb. 118) oder überlappt (Abb. 73). In beiden Fällen läßt sich das Rohr federnd zusammendrücken und es preßt sich daher stark an die Innenwand der Muffen und sonstigen Verbindungsstücke.

Überlapptes Rohr kann in allen Anlagen, vor allem in staubhaltigen Räumen und bei Verlegung unter Putz verwendet werden, da das Eindringen von Staub oder Mörtelteilen durch die Überlappung verhindert wird.

Geschlitztes Rohr eignet sich der guten Federung wegen besonders zur Verwendung in solchen Fällen, in denen das Rohr als Rückleiter oder Nulleiter dient und wegen der Belüftung des Rohrinneren zur Verlegung in Räumen, in denen vorübergehend Feuchtigkeit oder Schwitzwasser auftritt (Tunnel, Hauseingänge, Keller). Der Schlitz wird so gelegt, daß Wasser abfließen kann.

Die am zweckmäßigsten zu wählende Lage des Schlitzes bzw. der Überlappung ist aus nachstehender Tafel ersichtlich.

Rohrstrecke	Lage des Schlitzes	
	in trockenen Räumen	in zeitweise feuchten Räumen u. bei Installationen im Freien
bei wagerechten Strecken	rückwärts	unten
„ senkrechten „	rückwärts	halbrückwärts
an der Decke	oben	unten
im Fußboden	unten	unten

Die Abmessungen der Peschelrohre sind so gewählt, daß sie sich ohne weiteres in alle marktgängigen Typen von Anschlußapparaten (Schalter, Steckdosen, Sicherungen usw.) einführen lassen. Der Fortfall der Papierauskleidung ergibt den Vorteil, daß die lichte Weite größer ist als diejenige des in dieselbe Einführung passenden Isolierrohres, was zur Erleichterung der Leitungsverlegung erheblich beiträgt. Insbesondere ist hier das 14 mm Peschelrohr hervorzuheben, das bequem die Einführung von drei oder vier Leitungen gestattet, während das entsprechende Isolierrohr mit 11 mm lichtem Dmr. nur gerade die Verlegung zweier Leitungen in einem Rohr zuläßt. Wie Abb. 68 ferner erkennen läßt, konnte die Zahl der Peschelrohre gegenüber der der Isolierrohre wesentlich eingeschränkt werden, was eine weitere Vereinfachung der Lagerhaltung zur Folge hat.

Peschelrohr ersetzt in vielen Fällen das teure Stahlpanzerrohr dort, wo es auf mechanischen Schutz ankommt.

Zum Abschneiden der Rohre dient eine Säge oder Dreikantfeile. Der Grat ist mit Rundfeile oder Krauskopf zu beseitigen.

Zum Einziehen der Drähte ist bei geschlitztem Rohr Wellendraht zu verwenden, bei überlapptem Rohr kann auch Einziehband verwendet werden.

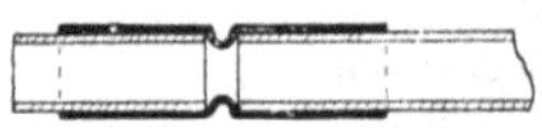

Abb. 91. Rohrverbindung durch Muffe.

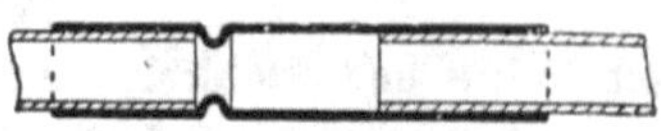

Abb. 92. Rohrverbindung durch Kupplungsmuffe.

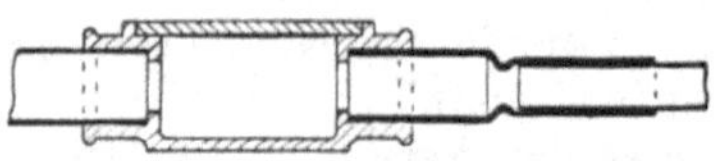

Abb. 93. Anwendung einer Reduktionsmuffe.

Zur Verbindung der Rohre dienen im allgemeinen *Muffen*. Abb. 91 zeigt eine einfache Muffe.

Kupplungsmuffen (Abb. 92) treten an Stelle der einfachen Muffen, wenn die zu verbindenden Rohre in der Längsrichtung nicht verschiebbar sind und wenn man die Möglichkeit haben will, die Rohrleitung leicht auseinanderzunehmen. Die Reduktionsmuffen (Abb. 98) ermöglichen den Anschluß von Rohren an Stutzen der nächst größeren Weite. Dementsprechend passen die Muffen mit dem stärkeren Ende federnd in die Stutzen wie die normalen Rohre, während das schwächere Ende für die Einführung des Rohres geeignet ist.

Abb. 94. Bogen.

Abb. 95. Metallverbindungsschlauch.

Abb. 96. Halbbogen.

Abb. 97. Leicht biegsames nahtloses Rohr.

Abb. 98. Biegsames nahtloses Rohr.

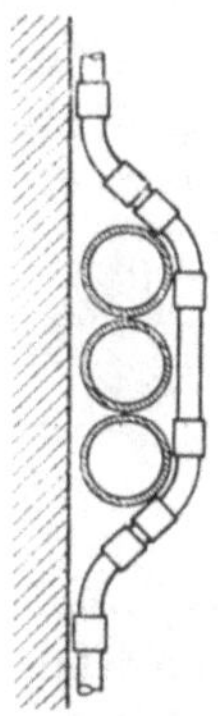

Abb. 99. Anwendung des Halbbogens.

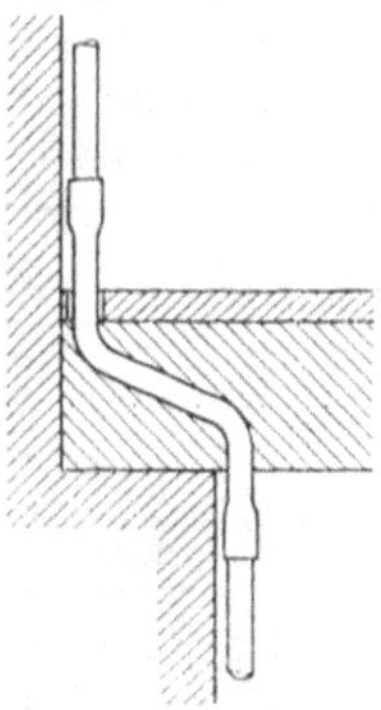

Abb. 100. Anwendung des biegsamen nahtlosen Rohres.

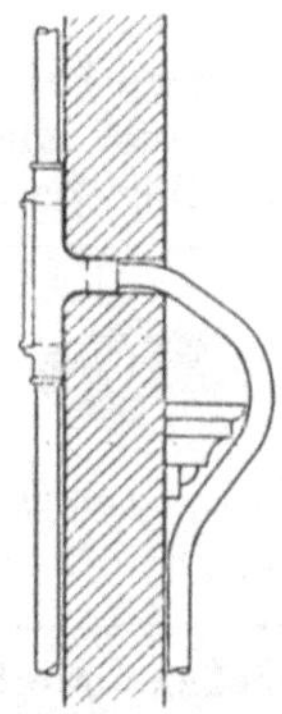

Abb. 101. Anwendung von leicht biegsamem, nahtlosem Rohr.

Zur Verbindung im Winkel aneinanderstoßender Rohre dienen die *Bogen* (Abb. 94) und Halbbogen (Abb. 96). Sie sind im Gegensatz zum Rohr nicht federnd geschlitzt und müssen daher untereinander durch Rohrstückchen verbunden werden. Abb. 99 zeigt die Verwendung der Halbbogen bei einer Überbrückung.

Für kleinere Überbrückungen ist der *Metallverbindungsschlauch* (Abb. 95) sehr geeignet, ferner auch für Um- und Zuführungen schwieriger Art. Er wird in der entsprechenden Länge abgeschnitten und mit Reduktionsmuffen an die Rohrleitung angeschlossen.

Demselben Zweck dient auch das *leicht biegsame nahtlose Rohr* (Abb. 97). Es ist selbst in kurzen Stücken leicht von Hand zu biegen und entspricht

im Außendurchmesser dem zugehörigen Peschelrohr. Somit muß es durch Muffen mit der übrigen Rohrleitung verbunden werden.
Das *biegsame nahtlose Rohr* (Abb. 98) wird in allen Anlagen zu kurzen Überbrückungen und hauptsächlich bei Durchführung von Leitungen durch Decken verwendet, um das Eindringen von Wasser in das Rohrsystem zu verhindern. Die Abb. 100 und 101 geben hierfür Beispiele. Die schwächeren biegsamen Rohre können kalt gebogen werden. Die Rohre sind an den Enden zur Einführung der entsprechenden Peschelrohre, mit denen sie im übrigen gleichen Außendurchmesser haben, muffenartig erweitert und werden in Längen von 1/2 und 1 m geliefert.

Zwischenstück. Winkelstück. T-Stück. Kreuzstück.

Abb. 102. Leichte Rohrverbindungsstücke aus Blech für Verlegung von Peschelrohr auf der Wand.

Für Peschelschutzrohr 14 und 18 mm kommen zur Verlegung auf der Wand auch die sogenannten *Blechstücke* (Abb. 102) in Frage. Sie sind unauffällig, da ihre Abmessungen sich denen der Rohre ganz knapp an-

Zwischenstück. T-Stück. T-Dose. Kreuzdose.

Abb. 103. Leichte Rohrverbindungsstücke aus Gußeisen. für Verlegung von Peschelrohr auf der Wand.

schließen. Sie bieten jedoch keinen Raum zum Einlegen von Klemmen. Verbindung der Leitungen durch Lötung in den Blechstücken ist unzulässig. In normalen Installationen werden bei Verlegung auf der Wand als Verbindungsteile die *leichten Rohrverbindungsstücke* (Abb. 103) für 8 und

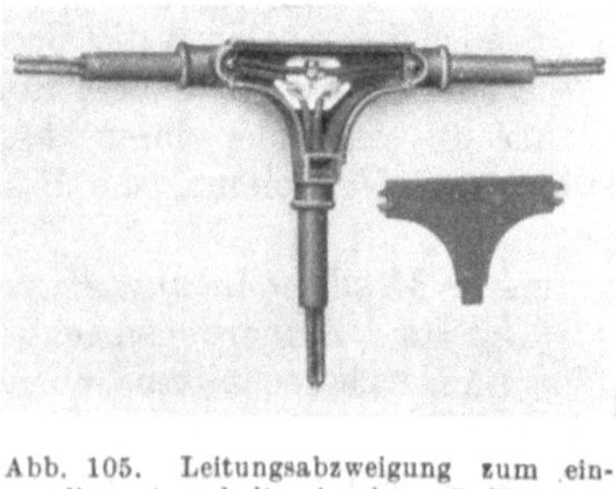

Abb. 105. Leitungsabzweigung zum einpoligen Ausschalter in einem T-Stück.

Abb. 104. Zwischen- und T-Stücke aus Gusseisen für Verlegung von Peschelrohr auf und in der Wand.

Abb. 106. Zwischenstück.

Abb. 107. Zwischenstück mit rückwärtiger Einführung.

14 mm Peschelrohr verwendet. Sie zeichnen sich durch kleine Abmessungen und besonders gefällige Formen aus. Der Deckel hält sich durch Federung fest auf dem Unterteil.

Abb. 108. Verwendung der Porzellan-Abzweigdose.

Abb. 109. Porzellan-Abzweigdose für Leitungen bis 4 mm².

Abb. 110. Porzellan-Abzweigdose für Leitungen bis 6 mm².

Für Schutzrohr auf und in der Wand bilden die *Abzweigdosen aus Porzellan* (Abb. 108, 109 und 110) ein vielfach verwendbares und billiges Material. Sie werden in den Farben weiß oder schwarz angefertigt.

In die Dosen können auch von rückwärts Leitungsdrähte eingeführt werden.

Zur Verlegung in der Wand dienen die *schweren Rohr-Verbindungsstücke*, die auch zur Verlegung auf der Wand für die größeren Rohrstärken bis 37 mm verwendet werden müssen. Alle diese Stücke sind mit eingelassenen Deckeln versehen.

Der Deckel der *Winkelstücke* ist bei richtiger Wahl leicht zugänglich (Abb. 111).

Winkelstück, oben zu öffnen. — Winkelstück, innen zu öffnen. — Winkelstück, außen zu öffnen.

Abb. 111. Winkelstücke aus Gusseisen für Verlegung von Peschelrohr auf und in der Wand.

Zwischendose. — T-Dose. — Kreuzdose.

Abb. 112. Dosen aus Gusseisen für Verlegung von Peschelrohr auf und in der Wand.

Die *Zwischenstücke* (Abb. 106 und 107) sind in längeren Rohrstrecken und nach mehreren Bogen zum bequemen Einziehen der Leitungen einzubauen. Zwischenstücke mit rückseitiger Einführung werden verwendet, wenn die Leitung rechtwinklig durch die Wand hindurchgeführt werden soll.

Die T-Stücke werden dort mit Vorteil eingebaut, wo Abzweigungen bei mehreren parallelgeführten Rohren ausgeführt werden sollen (Abb. 104,

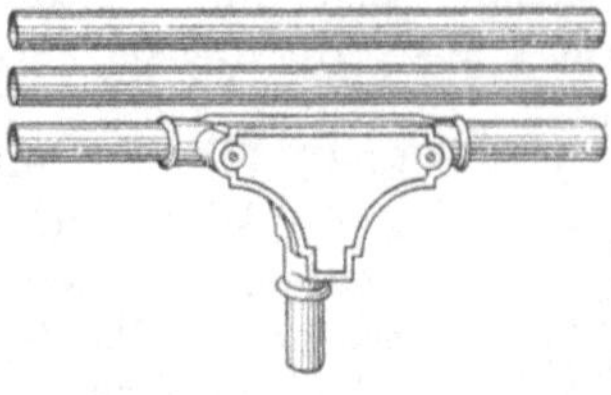

Abb. 113. Bei Verwendung von T-Stücken kleinster Abstand bei parallel geführten Rohren.

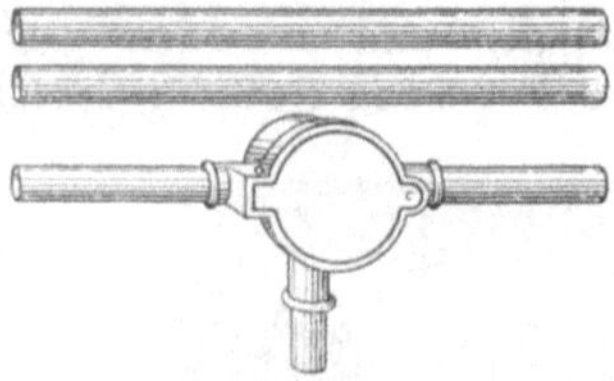

Abb. 114. Bei Verwendung von T-Dosen ungleichmäßiger Abstand der Rohre.

105 und 113). Würde man in einem solchen Falle runde Dosen verwenden, müßte man entweder die parallel geführten Rohre in größeren Abständen voneinander verlegen (Abb. 114) oder besondere Biegungen unter Verwendung von Halbbogenstücken ausführen.

Die *Dosen* haben einen nicht abzunehmenden Scharnierdeckel. (Abb. 112). Verschiedene dieser Dosen haben außer den seitlich angegossenen Rohrstutzen auch noch einen Stutzen am Boden zur rückseitigen Einführung von Leitungen.

Abb. 115. Isolierdose ohne Blechmantel.

Abb. 116. Isolierdose mit Blechmantel.

Isolierdosen für Verlegung von Peschelrohr unter Putz.

Zur Schutzrohr-Verlegung unter Putz geeignet sind auch *Isolierdosen* ohne Blechmantel (Abb. 115) und mit Eisenblechmantel (Abb. 116). Die Dosen werden ohne Rohreinführungen geliefert; diese sind am Montageplatz nach Bedarf anzubringen, und zwar bei den Dosen ohne Blechmantel mit einem erwärmten Stück Peschelrohr, bei den Dosen mit Eisenblechmantel mit einer Handstanze. Die Rohrstutzen können dann nachträglich nach Bedarf eingesetzt werden.

Peschelrohr als Nulleiter.

In Gleichstrom- und Drehstromnetzen mit Nulleiter ist es nach den Errichtungsvorschriften des V.D.E. zulässig, den geerdeten Nulleiter blank

und unisoliert zu verlegen. Geschieht dies in den Verteilungsleitungen der Hausinstallation, so ist die Verwendung des Peschelrohres als Nullleiter mechanisch und elektrisch der Verlegung eines besonderen Leiters mindestens gleichwertig und dabei billiger und schöner.
Die Verwendung des Peschelrohres als Nulleiterrohr auf und in der Wand in Stromsystemen mit geerdetem Nulleiter bietet den wesentlichen Vorteil, daß die Rohre nur für einen einzelnen Draht Platz zu bieten brauchen, also dünner gewählt werden können. Vgl. die Tafel auf Seite 66.

Gegenstand	Lichte Weite mm	Leitungs-widerstand des Rohres für je 100 m etwa Ω	Kupfer-querschnitt gleichen Widerstands mm²	Zulässige Strom-belastung etwa A
8 mm Peschelrohr geschlitzt . .	8,5	6,2	2,8	10
14 „ „ „ . .	14	3,9	4,5	15
14 mm Peschelrohr überlappt . .	14	3,75	4,7	15
18 „ „ „ . .	18,5	2,9	6	20

Dadurch wird die Anlage wesentlich gefälliger und die gesamte Montage gewinnt durch das Wegfallen der einen Drahtleitung an Einfachheit und Übersichtlichkeit. Durch die Ersparnis der halben Leitungslänge und die Verwendung engerer Rohre (Abb. 118) werden bei dieser Verlegungsart die Anlagekosten bedeutend verringert. — Die Kontaktbildung, die durch die starke Federung der Rohre in den Verbindungsstellen erzielt wird, hat sich überall dauernd ausgezeichnet bewährt. Das Einziehen blanker Kupferdrähte als Nulleiter ist bei Verteilungsleitungen nicht erforderlich. Der Metallquerschnitt der Rohrwand ist derartig bemessen, daß das Rohr eine mehr als ausreichende Leitfähigkeit hat.
Obenstehende Tafel gibt einen Anhalt, wie groß für Peschelrohr die Leitungswiderstände, die Kupferquerschnitte gleichen Widerstandes und die zulässigen Strombelastungen angenommen werden können.
Die für Glühlampenstromkreise meistens ausreichende Gummiaderleitung von 1,5 mm² Kupferquerschnitt hat auf 1000 m einen Widerstand von 11,68 Ω, also bedeutend mehr als das 8 mm Rohr, in dem sie verlegt wird. Selbst die Leitung von 2,5 mm² Querschnitt, die noch in 8 mm Rohr verlegt werden kann, wird von diesem an Leitfähigkeit übertroffen.
Die Rohrenden sind, soweit sie Kontakt bilden sollen, vom Lack durch Abkratzen zu befreien, mit Schmirgelleinen abzuschmirgeln, mit Kontaktpaste zu überziehen und möglichst tief in die Paßstücke einzuschieben.
Die Federung des Rohres kann verstärkt werden, indem man das Rohrende mit dem Schraubenzieher oder einem Dorn auseinanderdrückt.
Die Rohrverbinder (Abb. 120) dienen zu leitender Verbindung der Rohre untereinander und zum Anschluß des Nulleiters des Netzes. Für leitende Verbindung von Bogen und Halbbogen untereinander sind federnde Bogenverbinder bestimmt (Abb. 121).

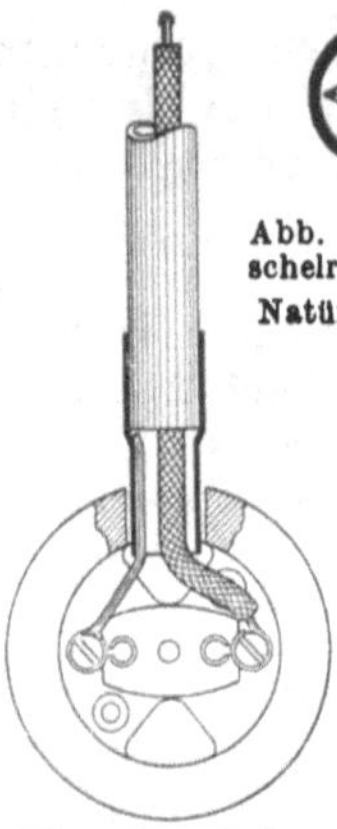

Abb. 118. Peschelrohr 8 mm. Natürl. Größe.

Abb. 119. Rohranschlußmuffe.

Abb. 120. Rohrverbinder.

Abb. 121. Bogenverbinder.

Der bei dem Zubehör für Schutzrohr erwähnte Metallverbindungsschlauch und das leicht biegsame nahtlose Rohr sind für Nulleiterrohr nicht verwendbar, dafür muß das biegsame nahtlose Rohr (Abb. 98) gewählt werden. Rohranschlußmuffen (Abb. 117 und 119) sind für den Anschluß stromführender Rohre an die Klemmen von Stromverbrauchern, z. B. Beleuchtungskörpern, bestimmt.

Abb. 117. Rohranschlußmuffe zur Verbindung des Rohres mit einer Klemme in der Steckdose.

Alle normalen Paßstücke (Winkelstücke, Zwischenstücke, T-Stücke, Dosen) können auch für Nulleiterrohr dienen.

Auch die leichten Paßstücke sind für Peschel-Nulleiterrohr auf der Wand noch zulässig, da sie genau so wie die schweren Paßstücke eine gutleitende Verbindung gewährleisten. Die Blechstücke sind dagegen in ihrer Verwendung auf Schutzrohr auf der Wand beschränkt.

Bei Bestellung der Zubehörteile ist nur besonders anzugeben „für Nulleiterrohr", damit sie mit blanken Kontaktstellen geliefert werden.

Verwendbarkeit des Peschelrohrs in verschiedenartigen Räumen.

1. *Trockene Räume* z. B. Wohnräume, Schulen, Kirchen, Hotels, Kaufhäuser, Kaffees, Theater, Kinos, Verwaltungsgebäude, Lagerräume, Güterschuppen, Werkstätten.	Peschelrohr auf und unter Putz zu empfehlen. Verlegung von Peschelrohr unter Putz ist ganz unbedenklich, wenn vollkommen ausgetrocknetes Mauerwerk zur Verfügung steht, z. B. in leichteren Bauten, die während der Sommerzeit ausgeführt wurden, oder älteren Bauten, die nachträglich mit einer Leitungsanlage versehen werden sollen.
2. *Staubige Räume* a) nicht brennbarer Staub, z. B. Zement-, Porzellan- Textilfabriken, b) brennbarer Staub, z. B Tischlereien, Sägewerke, Mühlen, Kohlenschurren, vgl. 8.	Überlapptes Peschelrohr mit schweren bzw. leichten Rohrverbindungsstücken auf und unter Putz zu empfehlen.

c) explosibler Staub, z. B. Pulverkammern, Aluminiummühlen. vgl. 9.	Peschelrohr darf nicht verwendet werden.
3. *Zeitweise feuchte Räume* z. B. Teile ländlicher Wohnungsanlagen, Tunnels, Bahnhofshallen, Hauseingänge, Treppenflure usw.	Peschelrohr mit Abstand von der Wand verlegt; unter Umständen vor bzw. nach Verlegung mit Ölfarbe gestrichen. Ungeeignet ist Peschelrohr unter Putz in feuchten Neubauten, namentlich solchen mit starken Mauern und in Wänden, die mit luftundurchlässigen Wandverkleidungen versehen sind, ebenso in Außenwänden, namentlich solchen der Wetterseite und in Wänden, die gegen Grundwasser und öfter auftretende Überschwemmungen ungenügend isoliert sind. In Bauten, die den Wirkungen des Seeklimas ausgesetzt sind, ist Peschelrohr sowohl auf als auch unter Putz nur ausnahmsweise zu verwenden.
4. *Installation im Freien*	wie 3. Rohre müssen durch überragende Mauervorsprünge oder Dächer gegen Regen geschützt werden.
5. *Feuchte, durchtränkte und ähnliche Räume* 6. *Akkumulatorenräume* 7. *Betriebsstätten und Lagerräume mit ätzenden Dünsten*	Peschelrohr nicht verwenden.
8. *Feuergefährliche Betriebsstätten und Lagerräume, Bühnenhäuser der Theater*	Zweckmäßig ist, überlapptes Rohr als Schutzrohr zu verwenden; Nulleiterrohr unzulässig.
9. *Explosionsgefährliche Betriebsstätten und Lagerräume*	Festverlegte Leitungen sind nur in geschloss. Rohren zulässig. Peschelrohr ist also nicht verwendbar.
10. *Schaufenster, Warenhäuser u. ähnliche Räume, wenn leicht entzündliche Stoffe aufgestapelt sind*	Festverlegte Leitungen müssen bis in die Lampenträger oder in die Anschlußdosen vollständig durch Rohre geschützt sein. Peschelrohr ist somit zugelassen.

11. *Hochspannungsanlagen*
12. *Bergwerke unter Tage, soweit es sich nicht um feuchte oder Räume mit ätzenden Dünsten handelt*

Bei Hoch- und Niederspannung.

Die Stoßstellen metallener Rohre sind metallisch zu verbinden und die Rohre zu erden. Metallische Verbindung wird durch Blankmachen der Rohrenden und Verwendung von Nulleiterrohr-Paßstücken erreicht.

Rohrdrahtverlegung.

Rohrdrähte sind Einfach- oder Mehrfach-Gummiaderleitungen mit Blechmantel. Dieser besteht aus verbleitem Eisenblech, Messing- oder Feinzinkblech und ist um die Leitungen so eng anliegend herumgelegt, daß keine Hohlräume, in denen Luft umläuft, vorhanden sind und jede Kondenswasserbildung ausgeschlossen ist.

Bei Verwendung von Rohrdraht ist es möglich, die Verlegung auf der Wand in besonders geschmackvoller Weise auszuführen, da die Drähte vermöge ihrer geringen Dicke wenig auffallen, namentlich wenn sie in der Farbe der Wand oder der Tapete gestrichen werden.

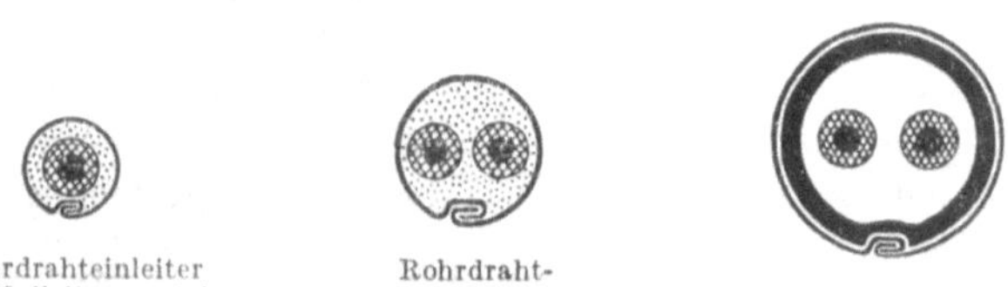

Rohrdrahteinleiter mit Nulleitermantel. — Rohrdraht-zweileiter. — Isolierte Leitung in 11er Isolierrohr oder 14er Peschelrohr.

Abb. 122. Rohrdraht und Rohr in natürl. Größe.

Rohrdrähte können ohne Schwierigkeit von Hand oder mittels passender Biegezangen gebogen werden, so daß Übergangsbogen, Winkelstücke usw. im allgemeinen nicht erforderlich sind. Auch wenn keine glatten Decken oder Wände vorhanden sind, passen sich die Rohrdrähte jeder Krümmung mit Leichtigkeit an, und zwar mit kleinstmöglichem Halbmesser von etwa dem 6 fachen Rohrdrahtdurchmesser. Im Anschluß an andere Systeme von Leitungsverlegungen sind die Rohrdrähte ebenfalls vorteilhaft verwendbar, besonders als Abzweigleitungen zu Steckdosen und Schaltern. An Paßstücke für Peschelrohre können Rohrdrähte mit Hilfe von Reduktionsmuffen angeschlossen werden.

Der Blechmantel dient zum Schutz der Leitung, kann aber auch zugleich als Nulleiter bzw. Rückleiter verwendet werden.

Nach den Vorschriften des V. D. E. sind Rohrdrähte verwendbar für Niederspannungsanlagen, d. h. für solche Starkstromanlagen, bei denen die effektive Gebrauchsspannung zwischen irgend einer Leitung und Erde

250 V nicht überschreiten kann. Sie sind für trockne Räume geeignet zur erkennbaren Verlegung, die es ermöglicht, den Leitungsverlauf ohne Aufreißen der Wände zu verfolgen. Verlegung unter Putz ist unzulässig. Die Rohrdrähte werden in Ringen in Längen bis zu 100 m geliefert und zwar: Einfachleitungen 1 bis 16 mm². Doppelleitungen 2×1 bis 2×6 mm², Dreifachleitungen 3×1 bis 3×6 mm², Vierfachleitungen 4×1 bis 4×2,5 mm². Für Anlagen mit Nulleitermantel — stromführendem Mantel — sind in erster Linie die Einfachleitungen bis 2,5 mm² Querschnitt bestimmt. Für Anlagen mit Schutzmantel — nicht stromführendem Mantel — werden in erster Linie Doppelleitungen verwendet. Doppelleitungen dienen in beiden Fällen als Abzweigungen zu Ausschaltern, Dreifachleitungen als Abzweigungen zu einpoligen Umschaltern.
Wenn Mehrfachleitungen mit verbleitem Eisenblechmantel für Wechselstrom verwendet werden, müssen alle zu einem Stromkreis gehörigen Leitungen in demselben Rohrdraht enthalten sein.
Für den Querschnitt und Widerstand des Kupferleiters bzw. des Blechmantels gelten folgende Werte:

Rohrdrahtanlagen mit Nulleitermantel.

In Gleichstrom- und Drehstromnetzen mit Nulleiter ist es nach den Errichtungsvorschriften des V. D. E. zulässig, den geerdeten Nulleiter blank und isoliert zu verlegen. Geschieht dies in den Verteilungsleitungen der Hausinstallation, so ist die Verwendung des Blechmantels als Nullleiter mechanisch und elektrisch der Verlegung eines besonderen Leiters gleichwertig und dabei erheblich billiger und schöner

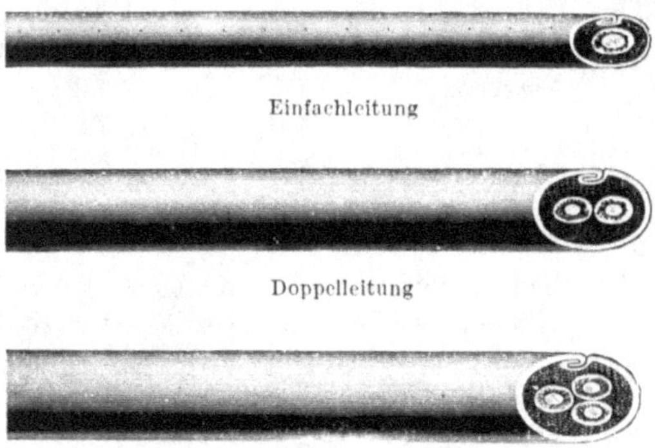

Abb. 123. Rohrdrähte.

Die Verlegung im System für Nulleitermantel gestaltet sich — abgesehen davon, daß statt Doppelleitungen im allgemeinen nur Einfachleitungen erforderlich sind — nicht anders als diejenige der Rohrdrähte mit Schutzmantel, nur muß für eine gute stromleitende Verbindung der Blechmäntel untereinander gesorgt werden. Die leitende Verbindung ist herzustellen:

1. von Mantel zu Mantel durch Verbindungsstücke an den Klemmhäuschen (Abb. 125),

2. zum Anschluß an Klemmen bzw. Beleuchtungskörper und Steckdosen durch Mantelanschlußschellen und Mantelanschlußhülsen (Abb. 129 und 130),
3. bei mehreren nebeneinander geführten Rohrdrähten durch Mantelverbinder oder Mantelbänder (Abb. 131 und 132).

Querschnitt des Leitungsdrahtes	Widerstand des Kupferleiters in Ohm auf den km bei 20° C	Art des Blechmantels	Querschnitt des Blechmantels	Widerstand des Blechmantels in Ohm auf den km bei 20°C
1	17,45		6,1	20,9
1,5	11,63		6,1	20,9
2,5	6,98	Eisenband	6,8	15,6
2×1	2×17,45	verbleit	9,0	13,5
2×1,5	2×11,63		9,0	13,5
2×2,5	2× 6,98		11,4	13,0
1	17,45		6,1	11,0
1,5	11,63		6,1	11,0
2,5	6,98		6,8	10,8
2×1	2×17,45	Messingband	9,0	7,8
2×1,5	2×11,63		9,0	7,8
2×2,5	2× 6,98		9,9	7,4
1	17,45		6,1	8,7
1,5	11,63		6,1	8,7
2,5	6,98		6,8	8
2×1	2×17,45	Zinkband	9,0	7,2
2×1,5	2×11,63		9,0	7,2
2×2,5	2× 6,98		9,9	6,9

Abzweig- und Verbindungsstücke.

Zur Herstellung der erforderlichen Verbindungen und Abzweigungen sind zwei Systeme von Klemmhäuschen verwendbar. Beide Arten sind sowohl für Anlagen mit Nulleitermantel als auch für solche mit Schutzmantel durchgebildet.

Die *Porzellan-Klemmhäuschen* (Abb. 124 und 125) für Rohrdrähte bis 2,5 mm² haben besonders kleine Abmessungen und ein gefälliges Äußere und sind daher zur Montage in Wohnräumen in erster Linie geeignet.

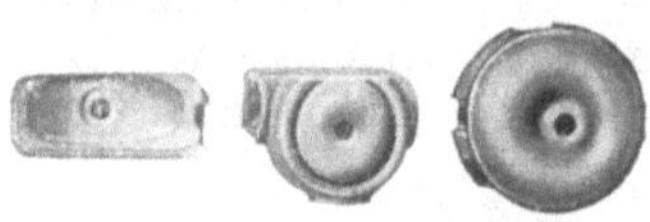

Abb. 124. Porzellan-Klemmhäuschen.

Abb. 125. Porz.-Klemmhäuschen für Anlagen mit Nulleitermantel.

Bei den Klemmhäuschen (Abb. 125) für Anlagen mit Nulleitermantel hat der Unterteil eine Blechunterlage, die an den Einführungsstellen der Drähte je zwei Lappen hat, die den Mantel des eingeführten Drahtes umfassen und mit je einer Zwinge versehen sind, deren Druckschraube die Verbindung zwischen Mantel und Blechunterlage herstellt. Die *Metall-Klemmhäuschen* (Abb. 126) für Rohrdrähte bis 6 mm² sind für Installationen in staubigen Räumen oder in Räumen, wo mechanische Verletzungen zu befürchten sind, besonders zu empfehlen. Ferner sind sie für Querschnitte über 2,5 mm² erforderlich.

Abb. 126. Metall-Klemmhäuschen. Abb. 127. Winkelstück. Abb. 128. Mantelendverschluß.

Abb. 129. Mantelanschlußschelle. Abb. 130. Mantelanschlußhülse. Abb. 131. Mantelverbinder. Abb. 132. Mantelbänder.

Die Mantel-Anschlußschellen (Abb. 129) dienen hauptsächlich zum Anschließen des Mantels an die Nulleiterschiene von Verteilungsgruppen, die Mantelanschlußhülsen (Abb. 130) dagegen zum Anschließen des Mantels an Steckdosen, Kronen, Pendel und andere Stromverbraucher.

Die Mantelverbinder (Abb. 131) dienen zur leitenden Verbindung der Mäntel nebeneinanderliegender Rohrdrähte und zum Anschluß der Nullleitung an Verteilungstafeln, sie sind also geeignet, eine Nulleiterschiene zu ersetzen.

Die Mantelbänder (Abb. 132) werden verwendet, wenn zum einpoligen Ausschalter bzw. Umschalter zwei bzw. drei Einfachleitungen *ohne* Zwischenschaltung von Paßstücken geführt werden.

Allgemeine Anordnung der Rohrdrahtverlegung.

Rohrdraht wird fast ebenso wie Isolierrohr verlegt. Wie schon erwähnt, eignet sich Rohrdraht nur für trockene Räume; auf feuchten Wänden oder solchen, die Salpeter ausschwitzen, darf er nicht verlegt werden.

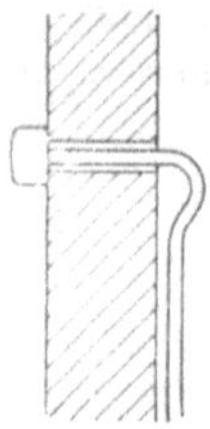

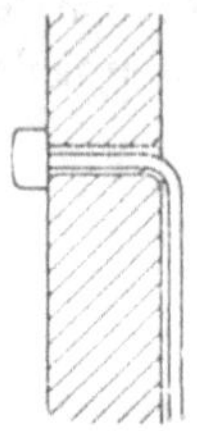

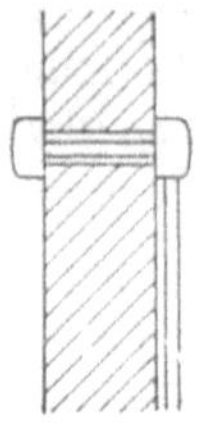

Mauerdurchführungen

ohne seitlichen Ausschnitt im Rohr. Abb. 133.

mit seitlichem Ausschnitt im Rohr. Abb. 134.

unter Verwendung von zwei Metall-Klemmhäuschen. Abb. 135.

Bei der Leitungsführung ist möglichst auf gefälliges Aussehen Rücksicht zu nehmen. Man schaffe durch die Leitungen möglichst keine neuen Linien und keine neue Abgrenzung der Flächen, sondern folge den vorhandenen Linien, wie Mauerkanten, Tapetenleisten, Stuckleisten, Scheuerleisten usw., indem man sie gleichsam stärker betont (Abb. 136). Man kann bei

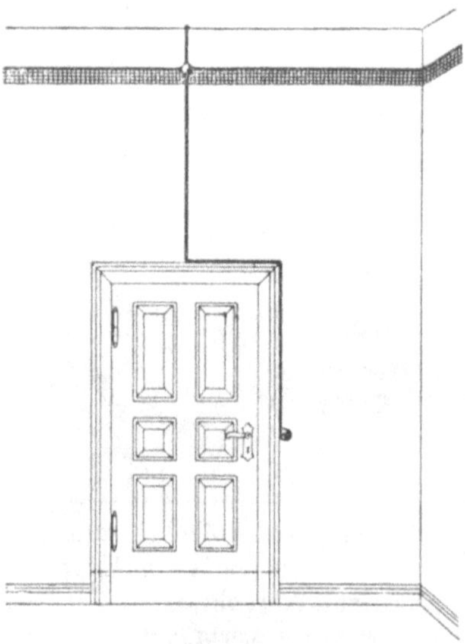

Richtig.
Abb. 136. Unauffällige Leitungsverlegung.

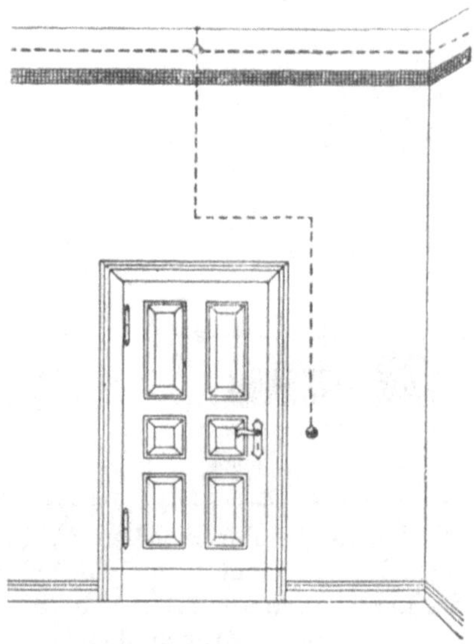

Falsch.
Abb. 137. Auffällige Leitungsverlegung.

Wahl der entsprechenden Abzweigdosen die Leitung auch dicht in den Winkel zwischen Wand und Decke in die Mauerecken legen. Schalterleitungen werden zweckmäßig längs der Türpfosten geführt. Schalter mit tangentialer Einführung sind hierfür am geeignetsten (Abb. 187 und 194). Bei Verwendung von Schaltern mit normaler, d. i. radialer

Einführung, wird der Rohrdraht durch Biegen des Rohrdrahtendes zu einem Halbbogen schräg an den Schalter herangeführt (Abb. 195). Doppelte Biegungen (Abb. 196) sind zu vermeiden, nach Möglichkeit auch gerade Einführungen mit großem Abstand von Türpfosten (Abb. 197), da hierdurch noch eine neue Linie geschaffen würde.

Das Abschnüren des Leitungsweges, das möglichst lot- oder wagerecht zu geschehen hat, geschieht wie bei Rohrverlegung.

Nach dem Abschnüren zeichnet man sich die Stellen an, an denen man Klemmhäuschen anbringen will und setzt die Dübel für Schalter und Steckdosen, damit man die Rohrdrahtlänge zwischen den einzelnen Verbindungsstellen genau abmessen kann.

Die *Durchführungen* werden zweckmäßig mit irgendeinem Rohr ausgekleidet, das, wenn die Leitung im Bogen weitergeführt werden soll, am Ende einen seitlichen Ausschnitt erhält, um zu vermeiden, daß der Bogen von der Wand abragt (Abb. 134). Für den Abschluß der Wanddurchführungen sollten möglichst Klemmhäuschen mit rückwärtiger Einführung benutzt werden (Abb. 135).

Abmessen, Abrollen und Geraderichten des Rohrdrahtes.

Das Abmessen kann am Drahtring selbst unter Zuschlag von etwa 10 cm für die anzuschließenden Drahtenden vorgenommen werden. Dann wird das abgemessene Stück abgerollt, wobei der Rohrdraht nicht verdrillt werden darf, und mit der Metallsäge abgeschnitten oder mit der Beißzange abgezwickt.

Abb. 138. Geraderichten mit festem Geraderichter

Einfachleitungen können ohne Werkzeug durch Strammziehen mit der Hand unter Zuhilfenahme eines Lappens gerade gerichtet werden. Für Mehrfachleitungen kann ein Stück Holz dienen, in dem sich eine Nut vom Profil des Rohrdrahtes befindet und das durch leichte Hammerschläge aufgedrückt wird. In größeren Installationen arbeitet man bequemer mit dem Geraderichter (Abb. 138), und zwar so, daß der Falz des Rohrdrahtes durch den Rand der Rollen nicht aufgedrückt wird.

Abmanteln und Abisolieren des Rohrdrahtes.

Zunächst wird der Falz mit der Dreikantfeile angefeilt (Abb. 139), dann mit der Beißzange eingekniffen und abgerissen (Abb. 140 bis 142). Dabei umschließt die Abmantelungszange oder Gaszange das stehenbleibende

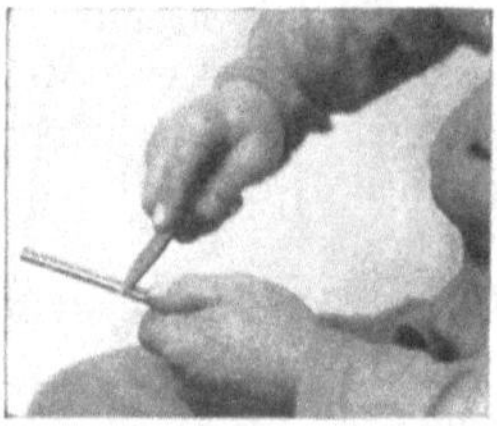

Abb. 139. Einfeilen des Falzes.

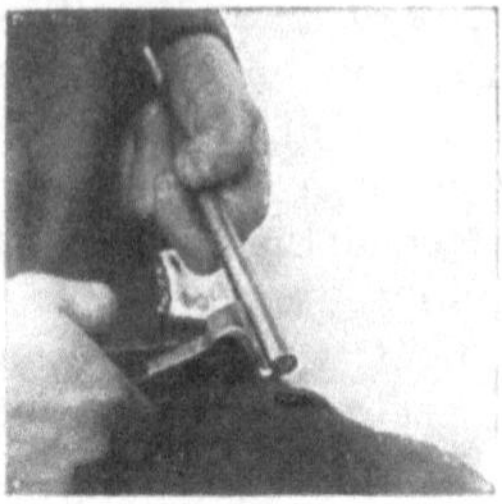

Abb. 140. Einkneifen und Aufreißen des Falzes.

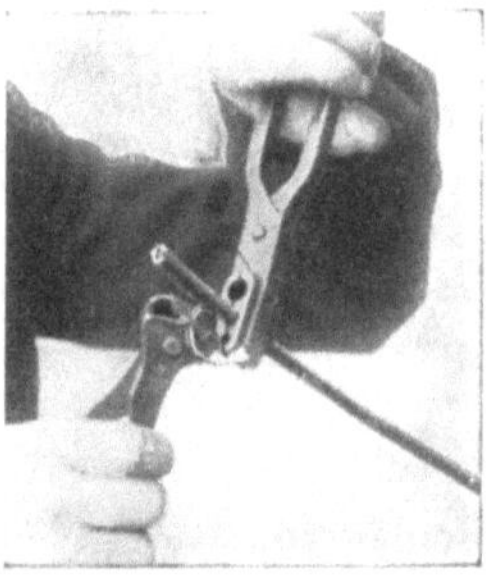

Abb. 141. Abreißen des Falzes.

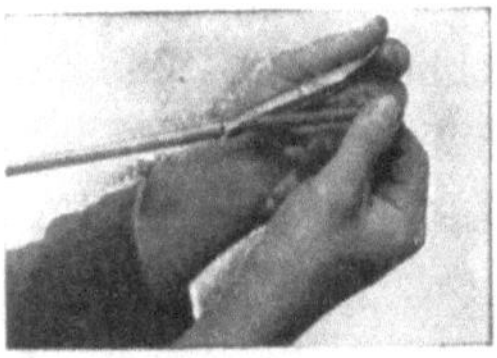

Abb. 142. Abbrechen des offenen Mantelstücks.

Mantelstück. Nach dem Abmanteln ist ein Abbinden der Isolierung mittels Bindfaden oder Isolierband auf einer Strecke von 5 bis 10 mm zu empfehlen. Die darüber hinausstehende Isolierung wird mit dem Messer (Schneide nach außen) oder noch besser mit der Schere geöffnet und abgeschnitten. Die Gummiader wird durch Abschälen in der Drahtrichtung entfernt, ähnlich wie man einen Bleistift spitzt. Einschneiden in den Leiter muß vermieden werden, da sonst leicht Drahtbruch entsteht. Die Drahtenden sollen nicht zu kurz abgeschnitten werden, damit u. a. nachträgliches Umwechseln der Leitung an den Anschlüssen ausführbar ist. Die Leitungen der Rohrdrähte sind verschieden gefärbt, und es erleichtert die Übersicht, wenn immer Farbe mit Farbe verbunden wird.

Biegen des Rohrdrahtes.

Einfachleitungen werden über den Daumen gebogen, Mehrfachleitungen mit der für den Rohrdrahtdurchmesser passenden Biegezange (Abb. 143). Der Falz soll beim Biegen möglichst seitlich liegen. Die Zange ist in kurzen Abständen zu verschieben und vorsichtig zusammenzudrücken. Bei schwierigen Krümmungen, z. B. reich verzierten Stuckdecken, nimmt man sich ein Modell des Profils mit Draht, nach welchem man bequem am Boden statt auf der Leiter die betreffenden Krümmungen herstellt. Bei scharfen Krümmungen entfernt man den Mantel auf 2 cm Länge und verkleidet die gebogene isolierte Leitung mit einem zweiteiligen Winkelstück (Abb. 127).

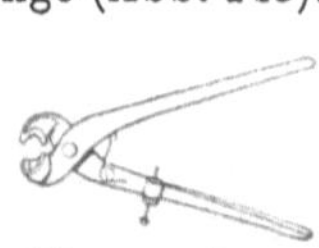

Abb. 143. Biegezange für Rohrdraht.

Befestigen und Nachrichten des Rohrdrahtes.

Normale Befestigungsschellen, Bandschellen und Befestigungsgabeln (Abb. 144 bis 146), die auf Stahldübel aufgeschraubt werden, sind verwendbar. Meistens genügen Stahldübel von 35 mm Länge.

Befestigungs- und Bandschellen können auch mittels Holzschrauben auf Holzdübel oder Holzunterlage aufgeschraubt werden; Nägel dürfen nur verwendet werden, wenn das Einschlagen ohne Beschädigung des Rohrdrahtes ausgeführt wird. Befestigungsgabeln werden in Stahldübel mit Innengewinde eingeschraubt und ebenso wie Bandschellen nach Auflegen des Rohrdrahtes um diesen herumgebogen. Sie haben den Vorzug, daß der Dübel nicht wie bei den Befestigungsschellen *neben*, sondern *unter* dem Rohrdraht sitzt; die Befestigungsschraube ist daher unsichtbar. Die Verwendung von Krampen ist nach den Errichtungsvorschriften des V.D.E. verboten. Bei Befestigungsschellen sitzt der Stahldübel etwa 1 cm seitlich vom Schnurschlag, damit der Rohrdraht auf den Schnurschlag zu liegen kommt. Bei Befestigungsgabeln und Bandschellen sitzt der Stahldübel auf dem Schnurschlag selbst.

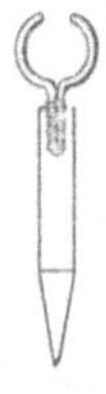

Abb. 144. Befestigungsgabel in Stahldübel eingeschraubt.

Abb. 145. Befestigungsschelle mit Stahldübel.

Abb. 146. Bandschelle mit Stahldübel.

Im allgemeinen genügen Befestigungen in Abständen von 40 bis 80 cm je nach Durchmesser des Rohrdrahtes. An Schaltern, Steckdosen, Abzweigdosen, Beleuchtungskörpern bzw. frei endenden Leitungen soll die erste Befestigung des Rohrdrahtes etwa 5 cm vom Mantelende angebracht werden. Die Abstände der Befestigungen voneinander sind auf der laufenden Strecke möglichst gleich zu machen.

Bei Verwendung von Befestigungsschellen müssen diese bei wagerechter Leitungsführung so angebracht werden, daß sie den Rohrdraht tragen (Abb. 80).

In die bereits lose in den Befestigungsschrauben sitzenden Schellen legt man den Rohrdraht so ein, daß der Falz nach rückwärts liegt. Dann ist mit dem Festziehen der Schellen an einem Ende, bei senkrechten Strecken am oberen Ende, zu beginnen und nach dem anderen Ende fortzuschreiten. Etwaige kleine Krümmungen werden dabei mit der oben erwähnten genuteten Holzleiste durch leichte Hammerschläge ausgeglichen bzw. von Hand nachgerichtet.

Deckenübergänge mit Rohrdraht.

Bei Rohrdecken oder Decken mit Blindböden läßt sich der Rohrdraht sehr leicht in die z. B. durch das Herausziehen einiger Rohrhalme geschaffenen Kanäle einziehen. Dieses Verfahren wird seitens einiger Elektrizitätswerke jedoch nicht zugelassen, da die Forderung der erkennbaren Verlegung nicht erfüllt wird.

Für Verlegung an der Decke empfehlen sich Bandschellen, die mit versenkten Holzschrauben befestigt werden. Wo sich Stahldübel einschlagen lassen und festsitzen, sind auch die Befestigungsgabeln (Abb. 144) zweckmäßig. In etwaige Stuckverzierungen werden Rinnen gesägt und nach Durchführung des Rohrdrahtes vergipst.

Anstreichen der Rohrdrähte.

Die Rohrdrähte und Paßstücke können in der Farbe der Wand oder Tapete mit jeder Leimfarbe oder Ölfarbe gestrichen werden. Anstrich mit Kalkfarbe ist zu vermeiden. Ölfarbenanstrich ist überall dort zu empfehlen, wo die Räume wenig gelüftet oder nur seltener geheizt werden, z. B. Bauernhäuser, Bergarbeiterwohnungen, Treppenhäuser. Tanzsäle usw.

Installation von Wohnhäusern.

Vom Ortsnetz bis zur Verteilungstafel.

Eine besondere Eigenart des Geschäftsbetriebes öffentlicher Stromerzeugungsanlagen liegt darin, daß die Ablieferung und die Messung der verkauften elektrischen Arbeit nicht in den Betriebsräumen des Lieferers, sondern in dem Hause des Abnehmers vorzunehmen ist. Als Hüter seiner Ware dient dem Elektrizitätswerk nur die Leitungsstrecke bis zum Zähler und als Verwieger nur der Elektrizitätszähler. Es ist deshalb verständlich, daß diese Leitungsstrecke, von dem eigenen Leitungsnetz über die Hausanschlußsicherung und den Elektrizitätszähler zur Verteilungstafel, für das Elektrizitätswerk von größter Bedeutung ist. Diese Strecke muß durch die Umhüllung der Leitungen und Plombierung aller Anschlußstellen eine unauffällige Stromentnahme vor dem Zähler möglichst erschweren und durch sachgemäße Sicherung das Übergreifen von Kurzschlüssen auf das Netz verhüten.

Abzweigung vom Ortsnetz, Hausanschlußsicherung.

Die Abzweigung vom Ortsnetz ist entweder ein Freileitungs- oder ein Kabelanschluß.

Kleine Anschlüsse (etwa bis zu 1 kW oder 25 Glühlampen) führt man im Zweileitersystem aus, größere bei Gleichstrom im Dreileitersystem und

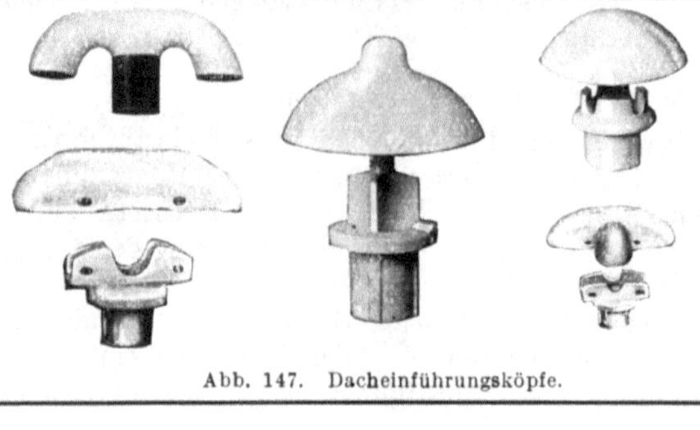

Abb. 147. Dacheinführungsköpfe.

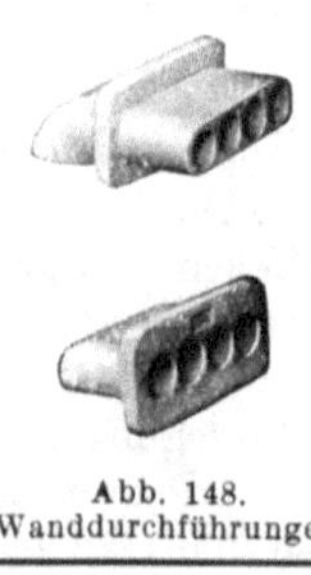

Abb. 148. Wanddurchführungen.

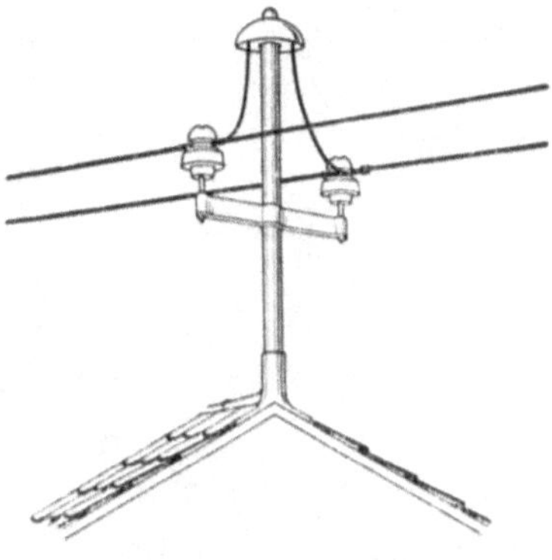

Abb. 149. Abzweigung vom Dachständer.

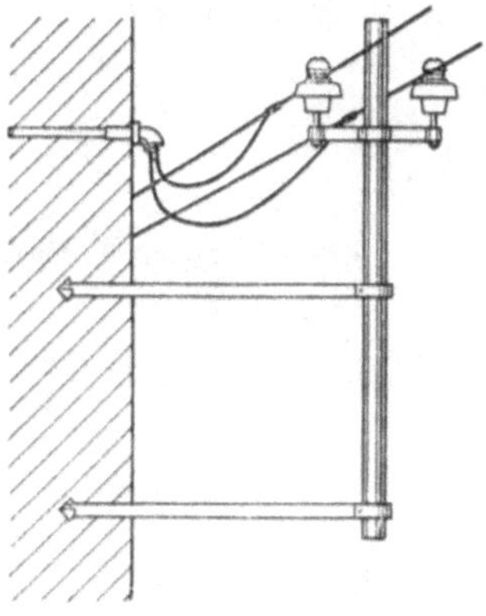

Abb. 150. Abzweigung vom Ausleger.

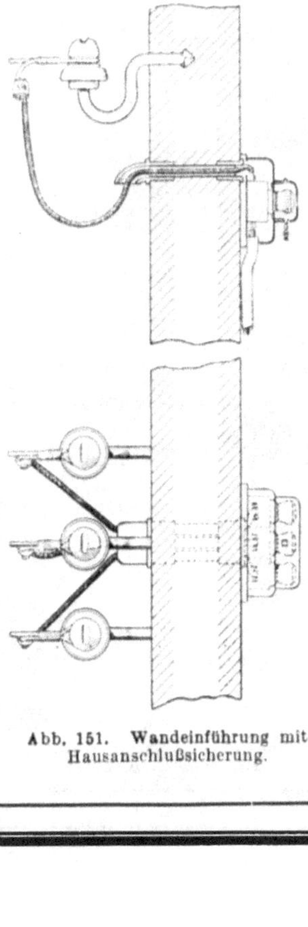

Abb. 151. Wandeinführung mit Hausanschlußsicherung.

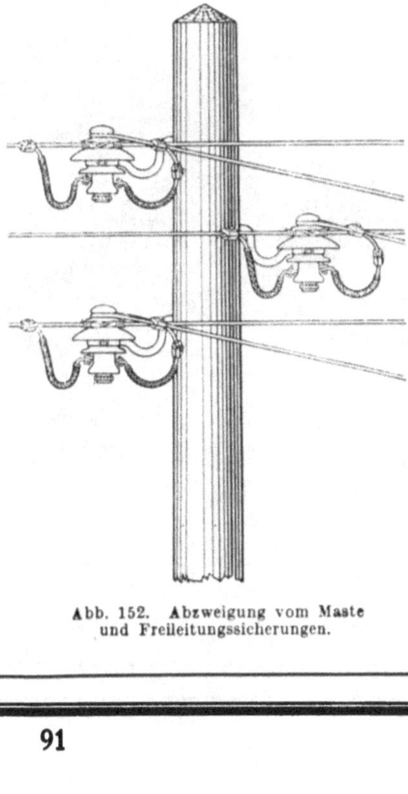

Abb. 152. Abzweigung vom Maste und Freileitungssicherungen.

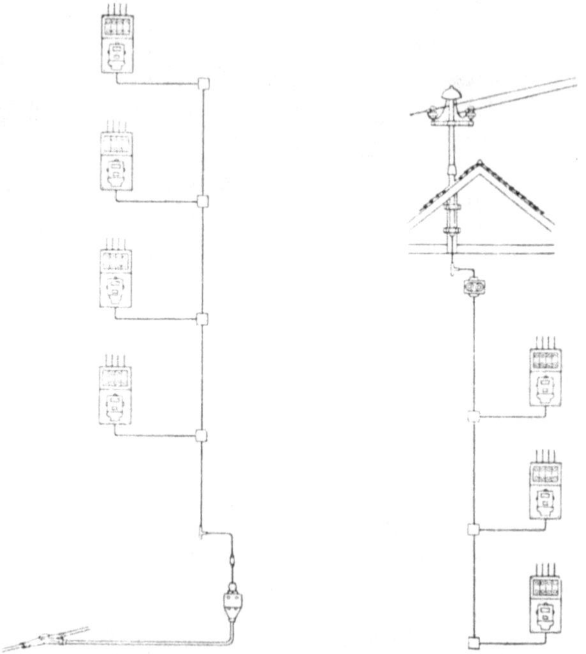

Abb. 153.

Kabelanschluß Freileitungsanschluß
übergehend in die Steigeleitung.

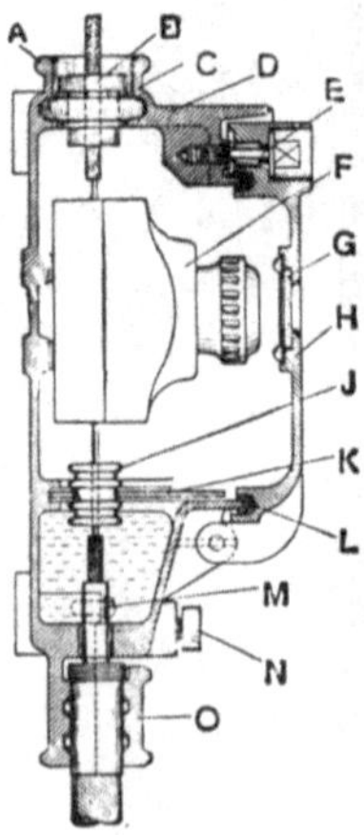

A Unterteil
B Isolierbuchsen
C Herausnehmbare Stirnwand
D Oberteil
E Verschlußschraube
F Sicherung
G Fenster
H Klappdeckel
J Durchführungsrolle
K Herausnehmbare, zweiteilige Trennwand
L Gummidichtung
M Erdungsschraube für das Kabel
N Erdungsschraube für das Gehäuse
O Kabelschelle

Abb. 154. Hausanschlußsicherung für Kabelanschluß.

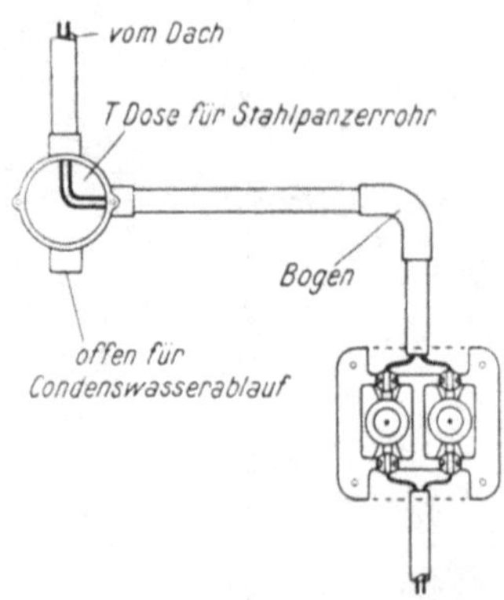

Abb. 155. Dacheinführung mit Hausanschlußsicherung.

bei Drehstrom im Vierleitersystem. Je nachdem führt der Hausanschluß 2, 3 oder 4 Drähte.

Die Abzweigung von der Freileitung geschieht am Mast (Abb. 152) oder Dachständer (Abb. 149) oder Ausleger (Abb.150). Eine Sicherung der Abzweigleitung vermeidet man tunlichst, weil ihre Bedienung nicht bequem ist. Soll aber eine Sicherung an diese Stelle gesetzt werden, so kommt hierfür eine Freileitungssicherung in Betracht (Abb. 152). Die Einführung ins Haus erfolgt als isolierte Leitung entweder durch das Dach (Abb. 155) mit Hilfe von Dacheinführungsköpfen (Abb. 147) oder durch die Hauswand mittels Wanddurchführungen (Abb. 148 und 151). Möglichst nahe an die Hauseinführung setzt man an zugänglicher Stelle die plombierbaren Hausanschlußsicherungen für Licht und Kraft. Je nach den örtlichen Anforderungen stehen verschiedene Ausführungen zur Wahl (Abb. 156), einpolig, zweipolig, dreipolig und vierpolig mit und ohne Nulleiterklemme.

Die Abzweigung vom Kabelnetz geschieht in (ungesicherten) Kabelabzweigmuffen. Die Hauseinführung endigt dabei meistens im Keller oder im Hausflur. Es gibt für diese Fälle Hausanschlußsicherungen für feuchte Räume und für Kabelanschluß, die oben und unten Rohreinführung haben oder solche mit angesetztem Kabelstutzen (Abb. 154 und 157).

Früher verwendete man auch Hausanschlußsicherungen für Schmelzstreifen. Da aber deren Bedienung unbequem und unter Umständen gefährlich ist, so gebraucht man, seitdem Hausanschlußsicherungen bis zu 200 A (also bis etwa 100 kW) für Schmelzpatronen gebaut werden, nur solche. Sie werden mit zweiteiligen Patronen mit Durchmesserabstufung, also nach dem Diazedsystem der S.S.W. bzw. dem D-System der Ver. d. El. W. gesichert. Die Nennstromstärke der Patronen wählt man zweckmäßig nicht nach der Betriebsstromstärke, sondern nach dem Querschnitt der zu sichernden Steigeleitungen (Tafel Seite 58), damit die Hausanschlußsicherung nicht bei einem Kurzschluß im Verteilungsstromkreis ebenfalls abschmilzt.

Mehr als 100 kW an *eine* Hausanschlußsicherung für Niederspannung anzuschließen, ist nicht üblich.

Die Steigeleitung.

Von der Hausanschlußsicherung abgehend führt durch die Stockwerke eine Leitung ausreichenden Querschnitts, die sogenannte Steigeleitung (Abb. 153). Über die Querschnittsbemessung gilt das Seite 56 bis 59 angegebene. Für die meisten Fälle der Praxis genügen die in der folgenden Tafel Seite 94 angegebenen Werte.

Die Steigeleitung kann als Rohrdraht (bis zu 3×6 mm^2) oder als Gummiaderleitung in Peschelrohr oder Isolierrohr verlegt werden. Rohrdraht trägt, insbesondere mit Nulleitermantel, weniger auf als Rohr (Abb. 122). Rohrdraht mit *Nulleiter*mantel ist etwa bis 20 A (2,5 mm^2) auch für Steigeleitungen zulässig und vorteilhaft.

Ungefährer Querschnitt der Steigeleitung

in Kupfer *(Cu)* und Aluminium *(Al)* bei 1,2 v. H. Spannungsabfall in der Steigeleitung (Vollast verteilt auf etwa 30 m einfache Länge der Steigeleitung) und unter Berücksichtigung der zulässigen Erwärmung bei Vollast.

Gleichstrom- und Wechselstrom-Leitungen

Belastung		Zweileiter 110—125 V		Zweileiter 220 V Dreileiter 2×110 V		Dreileiter 2×220 V	
kW	Anzahl der Glühlampen (je 40 W)	*Cu* mm²	*Al* mm²	*Cu* mm²	*Al* mm²	*Cu* mm²	*Al* mm²
0,8	20	2,5	6	1 [1]	1,5 [1]	1 [1]	1 [1]
1,2	30	4	10	1,5 [1]	2,5	1 [1]	1 [1]
2	50	6	16	2,5	4	1 [1]	1 [1]
4	100	16	25	4	6	1 [1]	1,5 [1]
8	200	25	50	10	16	2,5	4
12	300	35	70	16	16	6	10
20	500 [2]	70	120	25	35	16	16

Drehstrom-Leitungen

Belastung		Drehstrom 3×125 V △		Drehstrom 3×220 V △		Drehstrom 3×125 V ⅄		Drehstrom 3×220 V ⅄	
kW	Anzahl der Glühlampen (je 40 W)	*Cu* mm²	*Al* mm²	*Cu* mm²	*Al* mm²	*Cu* mm²	*Al* mm²	*Cu* mm²	*Al* mm²
0,8	20	1,5 [1]	2,5	1 [1]	1 [1]	1 [1]	1 [1]	1 [1]	1 [1]
1,2	30	2,5	4	1 [1]	1 [1]	1 [1]	1 [1]	1 [1]	1 [1]
2	50	4	6	1 [1]	1,5 [1]	1 [1]	1,5 [1]	1 [1]	1 [1]
4	100	6	10	2,5	4	2,5	4	1 [1]	1 [1]
8	200	16	25	4	6	4	6	1,5 [1]	2,5
12	300	25	35	6	10	10	10	2,5	4
20	500 [2]	35	50	16	16	16	16	6	10

[1]) Mit Rücksicht auf spätere Erweiterungen wählt man nicht unter 2,5 mm² Querschnitt für die Steigeleitung.
[2]) Mehr als 500 Lampen verteilt man auf mehrere Steigeleitungen.

Auch Peschelrohr als Nulleiterrohr ist für Steigeleitungen zulässig (Tafel Seite 79); es ist in der Steigeleitung aber meistens üblich, einen blanken Draht als Nulleiterdraht miteinzuziehen, damit man jede Art von Flurdosen verwenden kann. Im Treppenhaus wirken bei Verlegung auf der Wand Rohr und Rohrdraht weniger auffällig, wenn sie unmittelbar in der Mauerecke verlegt werden. Sehr starke Leitungen (über 25 mm²) verlegt man am besten in Kanälen, die durch Blech abgedeckt sind, auf Isolierrollen. Diese sind auf Holzdübeln oder Flacheisen befestigt. Führt die Strecke vom Kabelanschluß bis zum Treppenhaus durch feuchte Keller, so wählt man Stahlpanzerrohr oder, besonders bei sehr starken Querschnitten, Kabel.

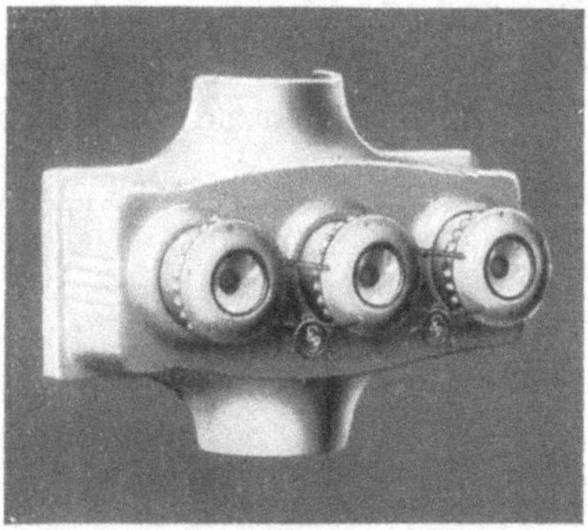

Abnehmbare Porzellankappe mit Rohrstutzen, plombierfähig an den Stöpselköpfen.

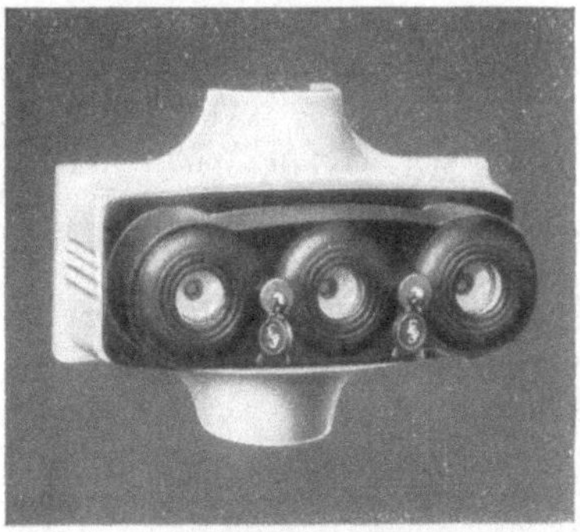

Abnehmbare Porzellankappe mit Rohrstutzen plombierfähige Schutzkappe mit Schaulöchern über den Stöpselköpfen.

Eiserne Grundplatte. Gezogene Blechschutzhaube mit auswechselbaren Einführungswänden über den Elementen. Gezogene Blechhaube mit Schaulöchern über den Stöpselköpfen.

Gußeisengekapselt. Gesonderte, abnehmbare plombierfähige Abdeckung über den Ableitungsklemmen gestattet den Anschluß der Steigeleitung unabhängig vom Anschluß der Zuleitung des Elektrizitätswerkes.

Abb. 156. Hausanschlußsicherungen für Freileitungsanschluß.

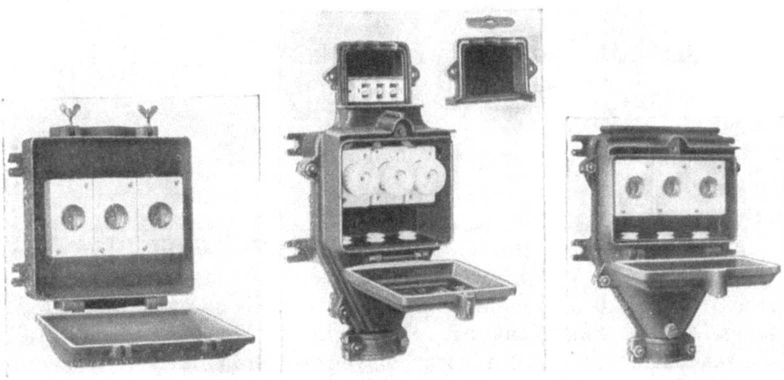

Abb. 157. Hausanschlußsicherungen für feuchte Räume und für Kabelanschluß.

Abzweigklemmen oder Flurdosen.

Die Steigeleitung verläuft entweder im Wohnungsflur (Abb. 158) oder im Treppenhaus (Abb. 159). Letzteres namentlich, wenn zu beiden Seiten der Treppe Wohnungen liegen.

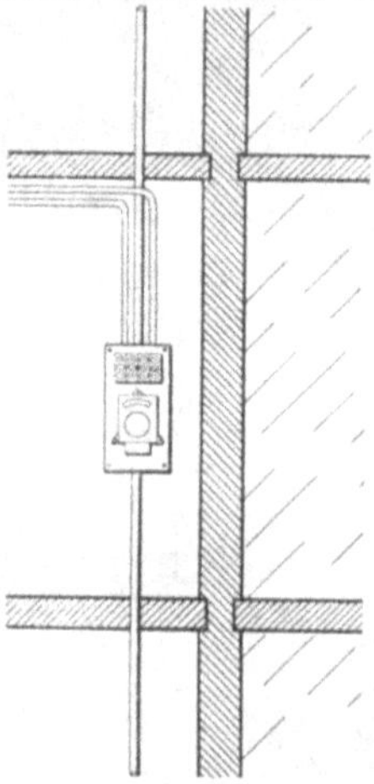

Abb. 158. Steigeleitung im Wohnungsflur. Abzweigklemmen hinter der Verteilungstafel.

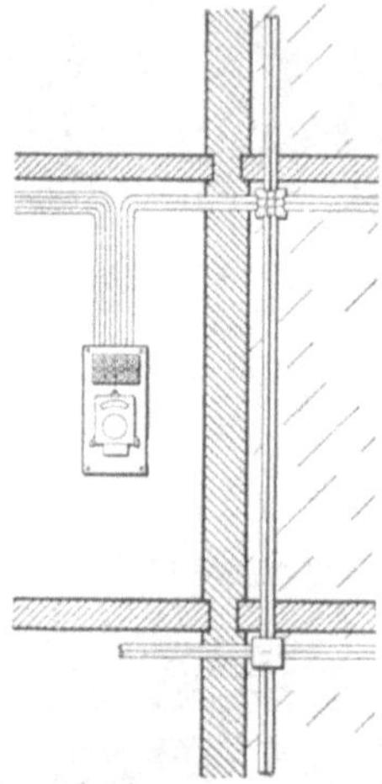

Abb. 159. Steigeleitung und Flurdosen im Treppenhaus.

Im ersteren Falle sind *Abzweigklemmen unter der Zählertafel* (Abb. 172 und 173) vorzusehen, im zweiten ist eine besondere Abzweigklemme, die *Flurdose* erforderlich. Diese muß plombierbar sein. Solche plombierbaren Flurdosen sind für verschiedene Anforderungen ausgebildet. Die Normalflurdosen (Abb. 160) passen sowohl zur Einführung von

Abb. 160. Normalflurdosen bis 3×6 mm² für Rohre u. Rohrdrähte.

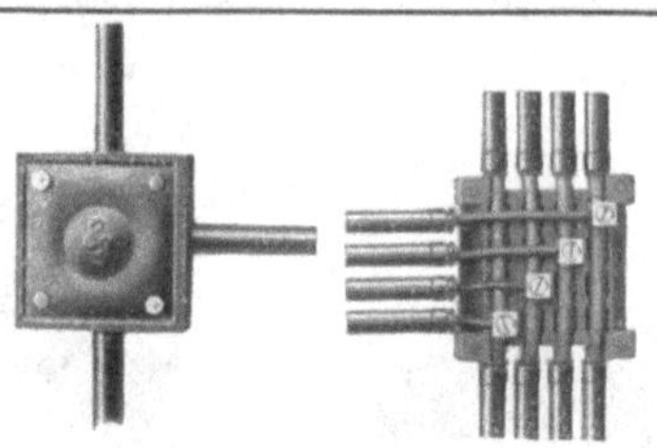

Abb. 161. Universalflurdosen. Geschlossen. Offen.

Rohren als auch von Rohrdrähten bis 6 mm² Querschnitt. Für stärkere Querschnitte bis 70 mm² sind die Universal-Flurdosen (Abb. 161) bestimmt. Sie haben drei mit Bohrungen versehene und eine bearbeitungsfähige, geschlossene Wandung. Auf Wunsch können passende Rohrstutzen angesetzt werden. Die Universal-Flurdosen werden in einer Abart in Gußgehäuse für Verlegung in der Wand geliefert.

Auch die Abzweigleitung von der Flurdose bis zur Zählertafel ist in Rohr oder als Rohrdraht zu verlegen, sie wird fast niemals gesichert. Man wählt ihren Querschnitt so stark, daß er von der Hausanschlußsicherung noch geschützt ist, also meistens gleich dem Querschnitt der Steigeleitung. Nur in Ausnahmefällen ist dies nicht durchführbar. In solchen Fällen verbindet man Flurdose und Sicherung in einem gemeinsamen Gußgehäuse, das man in die Mauer einläßt.

Die Verteilungsstelle.

Die Verteilungsstelle ist die Zusammenfassung von Zählertafel, Zähler, Verteilungssicherungen und Verteilungsschaltern, Hauptsicherung, Hauptschalter. Für sie wählt man einen jederzeit zugänglichen Platz im Haus- oder Wohnungsflur.

Früher waren an dieser Stelle Ausführungen in der Art der Abb. 162 nicht selten. Erst die Vereinigung von Zählertafel und Verteilungstafel in ihrer neuzeitlichen Form hat hierin vollständig Wandel geschaffen.

Abb. 162. Früher übliche Unterteilung der Apparate an der Verteilungsstelle in Apparate für die Zähler und solche für die Stromkreise. Schalter unsachgemäß einzeln an der Wand befestigt.

Zählertafeln ohne Verteilungssicherungen braucht man fast nur da, wo es dem Elektrizitätswerk nicht gelungen ist, sich mit den Installateuren über irgendeine Form der gemeinsamen Lieferung von Zählertafel und Verteilungstafel zu einigen. Für diesen Fall ist die Tafel so ausgebildet, daß ohne weiteres eine geeignete Uzed-Verteilungstafel *angebaut* werden kann (Abb. 170).

Uzed-Verteilungstafeln.

Die *Uzed-Verteilungstafeln* selbst sind aus Rahmengestell, Sicherungs-Elementen und Einführungswänden zusammengesetzt, wie aus den Abb. 163—165 ersichtlich ist. Marmorverteilungstafeln sind nicht mehr zeitgemäß.

Für Verteilungsstromkreise finden die doppelpoligen Verteilungselemente, für Durchgangssicherungen (z. B. für Kraftleitungen) die einpoligen Elemente Anwendung. Die Verteilungstafeln werden zunächst mit voller Umrahmung zur Anordnung als selbständige Verteilungstafel (Abb. 165)

Abb. 163. Rahmengestell für Uzed-Verteilungstafeln.

Abb. 164. Rahmengestell mit aufgesetzten Elementen ohne Deckel.

Abb. 165. Fertige Verteilungstafel mit angesetzten Einführungswänden.

geliefert oder sie werden an Stelle der unteren Einführungswand mit Verbindungsblech und Laschen versehen, zum Anbau an Zählertafeln (Abb. 170) bzw. zur Erweiterung anderer Verteilungstafeln.
Beim Anbau wird die obere Einführungswand der vorhandenen Tafel abgenommen und wieder als obere Einführungswand der Anbautafel angesetzt. An ihre frühere Stelle tritt ein Verbindungsblech mit zwei Laschen (Abb. 168). Die normalen Tafeln haben die Breite von 3 oder 4 Elementbreiten. Ein Teil der Sicherungselemente kann zunächst durch Blindbleche ersetzt und erst bei späterem Bedarf durch Einsetzen der Elemente ergänzt werden. Bei größeren Erweiterungen wird eine weitere Verteilungstafel angesetzt. Auch die in Gasthäusern, Schulen, Warenhäusern usw. manchmal mit Recht geforderten Verteilungsschalter sowie Hauptschalter (wenn unbedingt gewünscht, obwohl sie unnötig und recht unzweckmäßig sind) können in Form eines Schalteranbaues oben oder unten angegliedert werden (Abb. 166).

Abb. 166. Schalter-Anbau an Uzed-Verteilungstafeln.

Bei der Wahl der Schaltergröße für den Hauptschalter ist zu überlegen, ob der Schalter jemals unter voller Belastung geschaltet werden wird, denn die Belastungsmöglichkeit der Schalter bei Stromdurchgang und beim Ausschalten sind nicht gleich groß. Für die Betriebsstromstärke der Drehschalter der S.S.W. gilt die Tafel Seite 107 unter Berücksichtigung der Ausschaltbedingungen.

Uzed-Zählertafeln mit Verteilungstafeln.

Solche Verteilungstafeln vereinigt mit der Uzed-Zählertafel bilden die vollständige Verteilungsstelle nach dem Uzed-System (Abb. 171). Bei der Wahl der Tafelgröße ist zu berücksichtigen, daß in jeder Anlage früher oder später zu Eichzwecken usw. ein Austausch des Zählers gegen

Abb. 167. Rahmengestell für Uzed - Zählertafeln mit lösbaren Querleisten.

Abb. 168. Verbindungsblech für Anbautafeln.

Abb. 169. Zählertafelplatte.

Abb. 170. Anbau einer Verteilungstafel an eine einfache Zählertafel.

a) Stromkreisleitungen angeschlossen.

b) Kappen der Elemente und obere Einführungswand wieder aufgesetzt.

Abb. 171. Zählertafel während der Anschlußarbeiten von seiten des Installateurs.

Abb. 172. Uzed-Zählertafel mit Hauptschalter und Abzweigklemmen.

einen anderen ähnlicher Leistung zu erwarten ist. Erfahrungsgemäß sind in einem Netz

etwa 70—90 v. H. der Zähler kleine Lichtzähler bis zu etwa 50 Lampen
„ 5—15 „ größere Lichtzähler
„ 5—15 „ Kraftzähler.

Aus bekannten Gründen (Anlaufstrom bei schwacher Lichtbelastung) zählt man fast stets Licht und Kraft in gesonderten Zählern auch bei einheitlichem Strompreis. Daraus ergeben sich verschiedene Gruppen von Zählergrundrissen, wenn man die zurzeit gebräuchlichen Zählertypen der verschiedenen Firmen berücksichtigt.

Die Zählerbefestigungsvorrichtungen müssen allen diesen Lagen und Abständen der Befestigungslöcher entsprechen. Die S.S.W. führen zwei Arten von Zählerbefestigungen, Schlitzplatten nach Abb. 169 und Stellschlittenplatten, letztere für Isolierstofftafeln. Als Baustoff der Zählertafelplatte dient nämlich entweder Eisen (für Wechselstromzähler und Amperestundenzähler für Gleichstrom) oder künstlicher oder natürlicher Isolierstoff für Gleichstrom-Wattstunden-Zähler. Die Leitungsenden werden am Zähler am besten durch einen sog. verlängerten Polkasten abgedeckt. Die oberen und unteren Einführungswände sind leicht bearbeitungsfähig (Abb. 174), alle vor dem Zähler liegenden Verschraubungen plombierbar (Abb. 171). Auch Prüfklemmen und Abzweigklemmen (Abb. 173), ebenso ein Hauptschalter (Abb. 172) oder Hauptsicherung oder beides können unter Plombenverschluß auf Wunsch eingebaut werden.

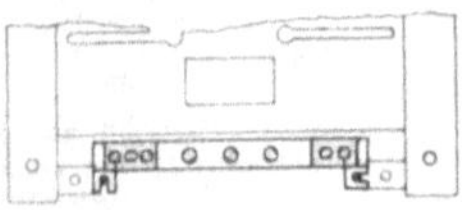

Abb. 173. Einsetzbare Anschluß- und Abzweigklemme für Zählertafeln.

Abb. 174. Rahmen-Querleiste mit bearbeitungsfäh. Einführungswand.

Schmelzsicherungen.

An bestimmten Stellen der Leitungen baut man eine kleine Leitungsstrecke ein, deren Metall und Querschnitt so gewählt ist, daß sie bei *bestimmten* Überlastungen in bestimmter Zeit durch die Stromwärme abschmilzt, ehe eine Beschädigung der Leitungen oder Apparate bzw. ein Brandschaden eintreten kann. Da aber dieses Abschmelzen bei der Stromunterbrechung eine Lichtbogenbildung mit Auftreten geschmolzener und verdampfender Metallteile zur Voraussetzung hat, so muß die Sicherung und der Schmelzeinsatz für bewohnte Räume und Betriebsstätten so gebaut sein, daß bei diesem Vorgang nicht etwa die Sicherung selbst als Gefahrenquelle wirkt. Die Sicherung darf sowohl bei Kurzschluß als beim Abschmelzen unter Überlastung keine Flammenerscheinung nach außen treten lassen. Ferner soll eine versehentliche Verwendung zu starker Schmelzeinsätze selbsttätig vermieden werden.

Die an Sicherungen mit geschlossenem Schmelzeinsatz zu stellenden Anforderungen sind in den „Vorschriften für dieKonstruktion und Prüfung von Installationsmaterial" des V.D.E. zusammengefaßt.

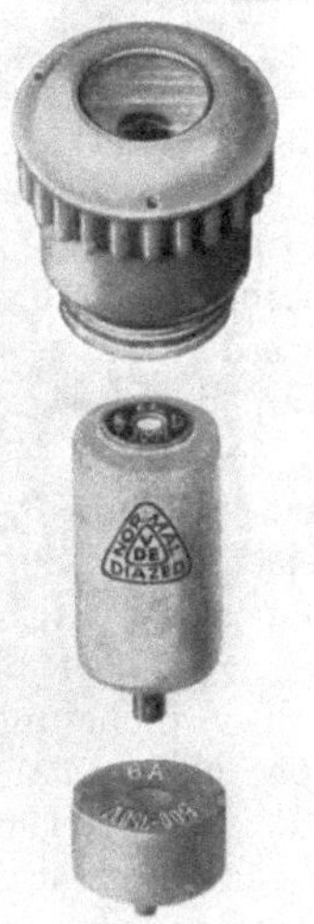

Abb. 175. Stöpselkopf, Patrone und Paßschraube des Diazed-Sicherungs-Systems.

Das Diazed-Sicherungssystem.

Diesen Forderungen genügt nach den Untersuchungen der zuständigen Verbände restlos nur das D-Stöpselsystem der geschlossenen zweiteiligen Schraubstöpsel mit Durchmesserunverwechselbarkeit in der Vollkommenheit, wie es durch das Diazed-System der Siemens-Schuckertwerke dargestellt ist.

Das eigentliche Sicherungsorgan des Diazed-Systems besteht aus der mit den Abschmelzdrähten versehenen Patrone und aus dem Stöpselkopf mit der Öffnung für die Kennvorrichtung (Abb. 175). Stöpselkopf und Patrone werden in ein Porzellangehäuse, das in seinem Mittelkontakt eine Paßschraube bzw. Paßhülse trägt, eingesetzt (Abb. 176 und 177) und bilden mit diesem zusammen die Sicherung.

Die Kurzschlußsicherheit wird dadurch erzielt, daß die Patrone die Gestalt eines starkwandigen Zylinders erhält, der keinerlei seitliche Schwächungen, Lötstellen oder Öffnungen hat und selbst den stärksten Beanspruchungen gewachsen ist. Der äußere Durchmesser der Patrone ist gruppenweise fortschreitend mit wachsender Stromstärke größer gewählt. Die Abschmelzdrähte sind in die Patrone eingebettet; der voll-

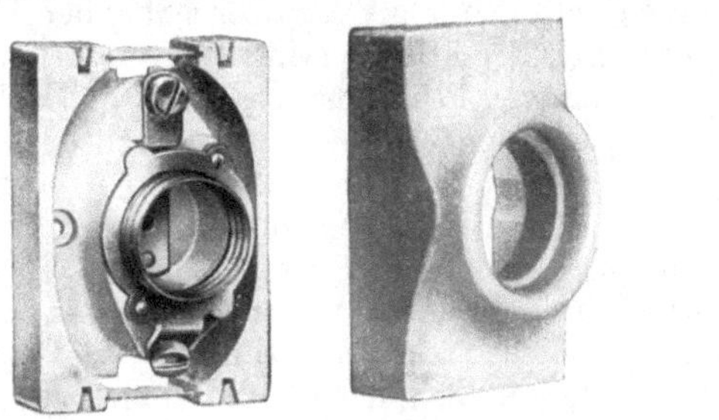

Abb. 176. Uzed-Sicherung mit abgehobenem Deckel.

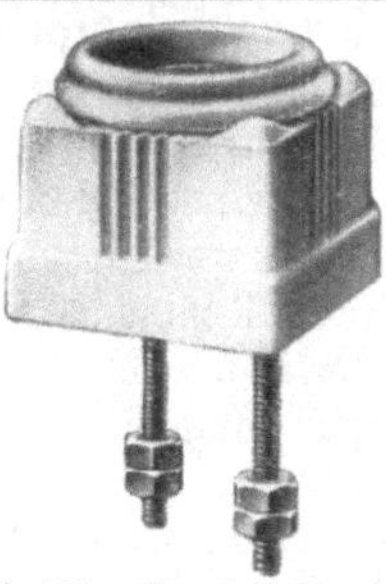

Abb. 177. Tezed-Sicherung.

kommene Abschluß des Schmelzraumes wird durch die beiden für die Strom-Ab- und -Zuführung dienenden Kontakte unterstützt, die sich an den Stirnflächen, also in der größtmöglichen Entfernung voneinander befinden und tief eingelassen und sorgfältig verkittet sind. Außerdem

aber werden die Kontakte bei eingeschraubtem Stöpsel durch die gesamte in der Achsenrichtung auftretende Pressung mechanisch geschützt.
Die Stromstärken-Unverwechselbarkeit liegt bei den Diazed-Sicherungen in den mit höheren Stromstärken zunehmenden Durchmessern der Fußkontakte, wodurch sich ohne weiteres die für größere Belastungen notwendigen größeren Kontaktflächen ergeben. Die Fußkontakte der Patronen greifen in entsprechende Bohrungen der mit Isolierkragen versehenen Paßschrauben, die in das Sicherungselement eingeschraubt werden. Die Tiefe der Paßschrauben-Bohrungen entspricht der Länge des Stöpselkopfgewindes, so daß selbst nach Ausfüllung der Bohrung eine stärkere Patrone nicht verwendet werden kann, da alsdann das Gewinde des Stöpselkopfes nicht mehr an das Gewinde des Sicherungselementes heranreicht (Abb. 178).

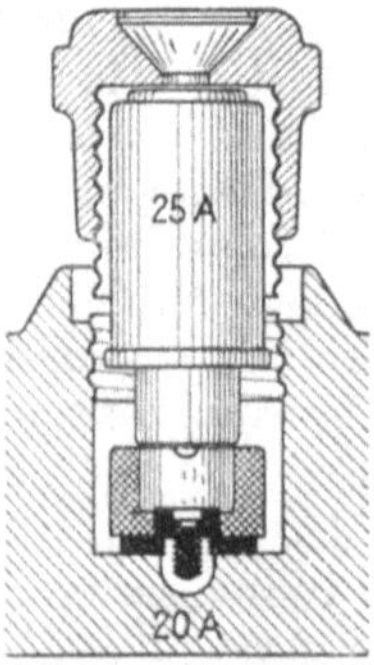

Abb. 178. 25 A-Patrone paßt nicht in die 20 A-Paßschraube. Das Gewinde des Stöpselkopfes greift nicht in das Gewinde des Sicherungselements ein.

Bei den größeren Stromstärken sind die Paßschrauben durch Paßhülsen ersetzt.
Die Diazed-Schraubstöpsel haben für Stromstärken bis 25 A das Normal-Edisongewinde II und passen in jedes normale Edison-Sicherungselement, weil die Paßschrauben mit normalem Gewindezapfen versehen sind. Die stärkeren Patronen werden, ihrem stärkeren Durchmesser entsprechend, in größeren Gewinden, und zwar (Abb. 182) bis einschließlich 60 A im großen Edisongewinde (III), bis 100 A im Gewinde IV, bis 200 A im Gewinde V und bis 350 A im Gewinde VI verwendet.
Es ist also unbedingt vermieden, daß Sicherungen für höhere Stromstärken an Stelle solcher für geringere Stromstärken versehentlich verwendet werden können. Dagegen ist Vorsorge getroffen, daß man ohne Auswechselung der Sicherungselemente Patronen niedrigerer Stromstärke beliebig verwenden kann. Die Stöpselköpfe sind mit einer inneren Federung ausgerüstet, so daß die Patronen eines jeden Gewindes auch in dem nächstgrößeren Stöpselkopf verwendet werden können (Abb. 179). So passen z. B. die Patronen für Gewinde II, 2 bis 25 A, auch in den Stöpselkopf Gewinde III, die Patronen des Gewindes III, 35 bis 60 A, auch in den Kopf Gewinde IV usw.
Die Spannungsunverwechselbarkeit wird dadurch erreicht (Abb. 180), daß die Patronen eine mit jeder höheren Spannungsstufe größere Gesamtlänge haben, wodurch sich wiederum die für höhere Spannungen notwendigen größeren Polabstände von selbst ergeben.
Die Längen aller Patronen ein und derselben Spannungsgrenze sind gleich. (Abb. 182).
Das Diazed-System wird für Spannungen von 250 V (Diazed I), für solche von 500 V — Normal-Diazed — (Diazed II, III, IV, V, VI) ferner für 750 V und 1200 V gebaut.

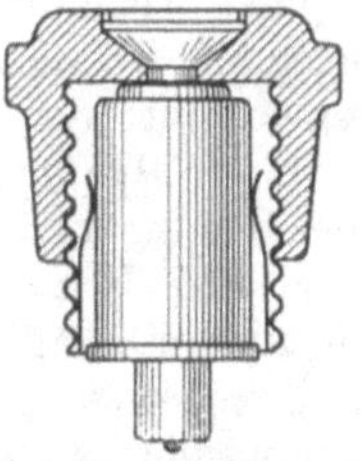

Abb. 179. Patrone (Gewinde II) in einem Stöpselkopf für Gewinde III.

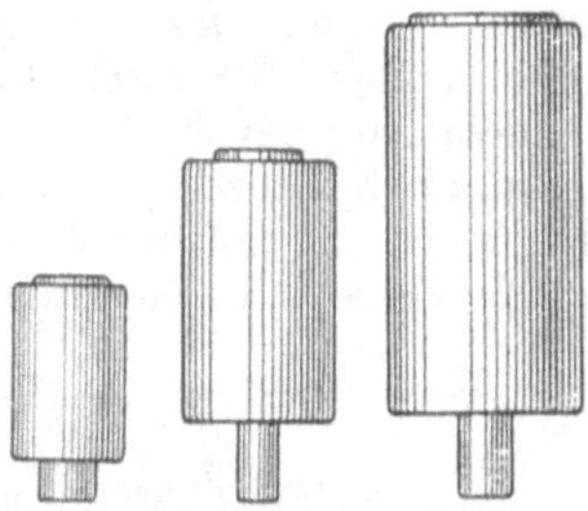

250 V. 500 V. 750 V.
Abb. 180. Länge der Diazedpatrone für drei Spannungsstufen 250, 500, 750 V.

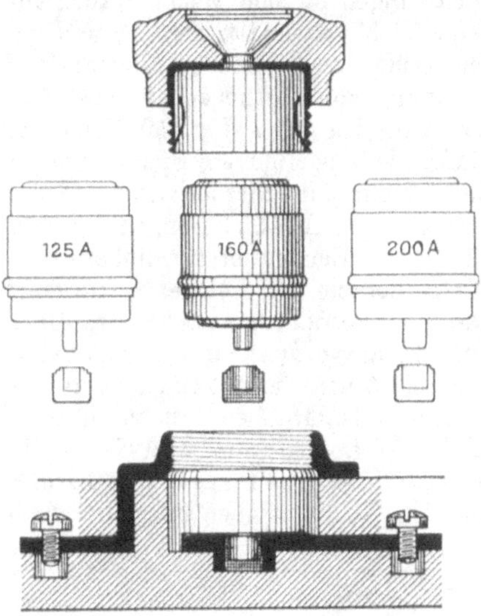

Abb. 181. Schraubstöpselsicherungs-Element nebst Stöpseln mit geschnittenem Gewinde für max. 200 A. 500 V mit Paßhülsen.

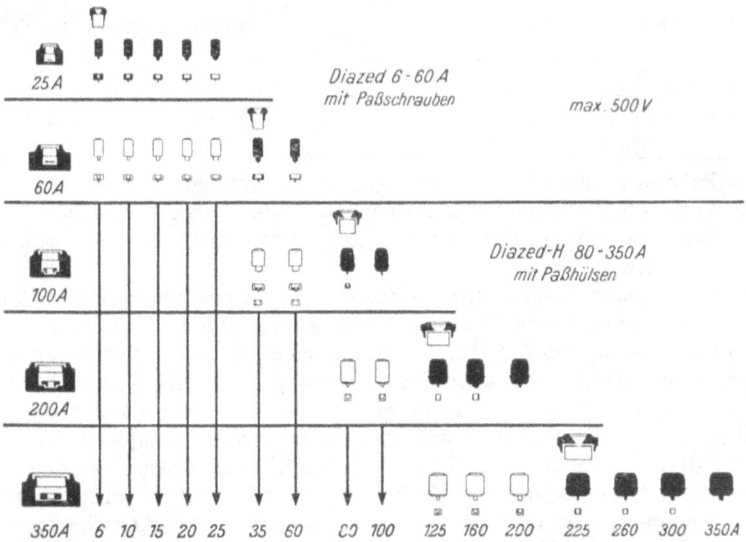

Abb. 182. Das gesamte System der D-Stöpselsicherungen 500 V mit grobgängigem gedrücktem Gewinde bis 60 A mit Paßschrauben, mit feingängigem, geschnittenem Gewinde über 60 A mit Paßhülsen.

Sicherungen für 500 V sollen auch für die niedrigeren Spannungen ausschließlich verwendet werden, und zwar aus folgenden Gründen:
Die bisher verbreitete Gepflogenheit, Sicherungen in einer der Betriebsspannung zunächstliegenden Abstufung, also z. B. für Spannungen bis 220 V Sicherungen für 250 V zu wählen, ist bei den heute in weitem Maßstabe eingeführten Spannungen von 380 und 440 V zweckmäßig nicht mehr aufrechtzuerhalten. Es hat vielfach zu Unzuträglichkeiten geführt, daß die Sicherungen für 250 V wegen ihres etwas geringeren Preises in Elementen für höhere Spannungen verwendet wurden, was die Sicherheit der Anlagen naturgemäß von vornherein aufhebt.
Die Kennvorrichtung ist bei den Diazed-Patronen in dem oberen Stirnkontakt angeordnet und besteht aus einem unter Federdruck stehenden Kennplättchen, das mit einem zu den Schmelzdrähten parallel geschalteten Widerstandsdrähtchen fest vernietet ist. Diese Anzeigevorrichtung ist in der Weise wirksam, daß der Widerstandsdraht gleichzeitig mit den Silberdrähten abschmilzt, den Druck der kleinen Spiralfeder freigibt und das Kennplättchen nebst der Feder an die Glasscheibe des Stöpselkopfes wirft (Abb. 183).

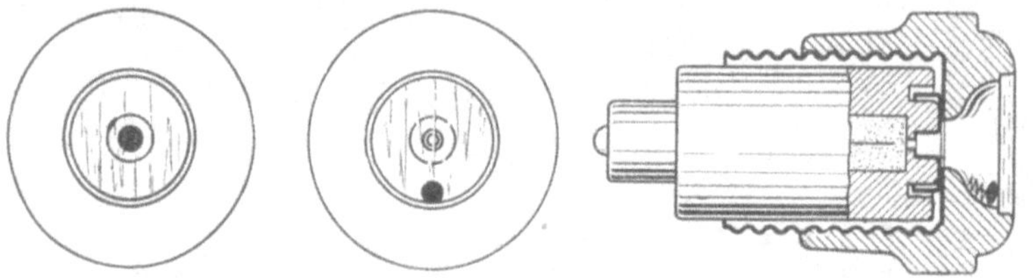

Abb. 183. Stöpsel mit Unterbrechungsmelder, bestehend aus einem Kenndraht mit beim Abschmelzen abfallendem, in dem Fenster des Kopfes sich fangendem Kennkörper.

Die Patronen und die dazugehörigen Paßschrauben sind entsprechend der Amperezahl farbig gekennzeichnet. Die farbige Kennzeichnung der Patronen befindet sich nicht nur auf den Kennplättchen, sondern auch auf den Rückseiten.
Die *Wiederinstandsetzung durchgebrannter Patronensicherungen* ergibt nur dann eine zuverlässige Patrone, wenn sie in einem Arbeitsgang vorgenommen wird, der dem bei der ersten Herstellung angewendeten vollständig entspricht. Da aber das Material der Patrone keinen höheren Wert hat, als etwa die Kosten des Auseinandernehmens der Patrone betragen, so ist eine solche sorgfältige Wiederinstandsetzung nicht lohnend. Statt dessen geschieht manchmal eine behelfsmäßige Ausbesserung.
Auf Grund der schlechten Erfahrungen mit solchen ausgebesserten Schmelzsicherungen geht das Bestreben aller Elektrizitätswerke und des Verbandes Deutscher Elektrotechniker dahin, das Wiederherstellen von ausgebrannten Sicherungen möglichst ganz auszuschließen, und es ist bei der Ausarbeitung der zweiteiligen Diazed-Sicherungen deshalb auf

diesen Punkt besonders Gewicht gelegt worden. Jeder einzelne Schmelzdraht ist durch eine besondere, sehr enge Bohrung geführt und die inneren Bohrungen haben eine besondere Form erhalten, in den Fußkontakten ist ein fester Körper angeordnet, so daß die Reparatur praktisch unmöglich gemacht ist.

Abb. 184. Stehfeuer bei Überlastung eines unzuverlässigen D-Stöpsels.

Welche Erscheinungen beim Abschmelzen unzureichender Schmelzpatronen auftreten, ist aus der Abb. 184 ersichtlich.

Über die Bemessung der Sicherungen vgl. die Tafeln Seite 37, 38 und 58.

Die Verteilungsstromkreise.

Von der Verteilungstafel gehen die Verteilungsstromkreise ab. Die Querschnitte für Glühlichtverteilungsstromkreise gibt für normale Fälle die folgende Tafel an.

Querschnitt der Verteilungsstromkreise **für 15 Glühlampen zu 40 W; Vollast gleichmässig verteilt auf etwa 20 m einfache Länge bei höchstens 1,2 v.H. Spannungsabfall im Verteilungsstromkreis**		
Lichtspannung	110 u. 120 V	220 V
Kupferleitungen . . . . mm²	1,5	1
Aluminiumleitungen . . . . mm²	2,5	1

Für Kraftstromkreise vergleiche die Tafeln Seite 37 und 38.

Gebräuchliche Schaltungen bei Drehschaltern		
Einpolig	Schaltung	Mehrpolig
1 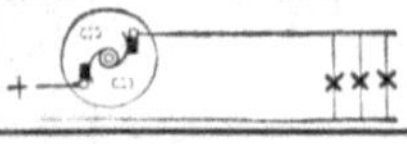	Einpolige Ausschaltung	—
—	Zweipolige Ausschaltung	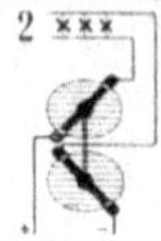
—	Dreipolige Ausschaltung	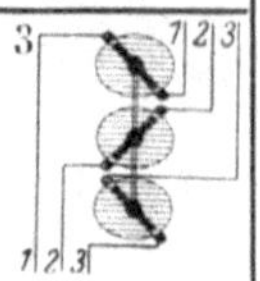
4 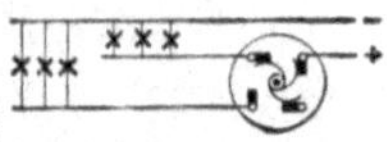	*Umschaltung 4* Schaltet 2 Stromkreise abwechselnd mit 2 Unterbrechungen, Sparschaltung für Hotelzimmer	 2/4
5 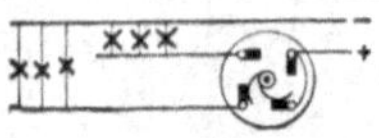	*Umschaltung 5 (Kronenschaltung)* Schaltet 2 Stromkreise stufenweise mit 1 Unterbrechung	—
6 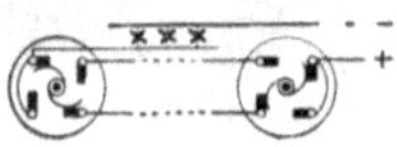	*Umschaltung 6* Schaltet von 2 Stellen aus 1 Stromkreis ein und aus, üblich für Schlafzimmer und Korridore	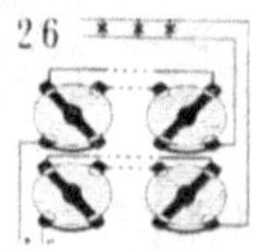
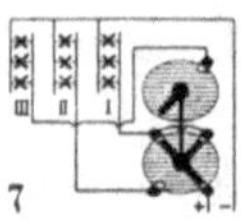 7	*Umschaltung 7* Schaltet 3 Stromkreise stufenweise mit 1 Unterbrechung; für große Kronen	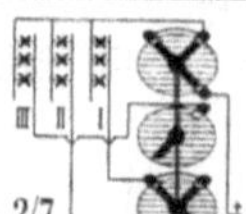 2/7
—	*Zweipolige Umschaltung 8* *Polwender* z. B. zum Umsteuern von kleineren Gleichstrom- und Drehstrommotoren verwendbar	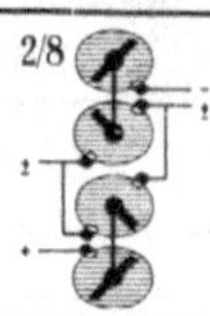
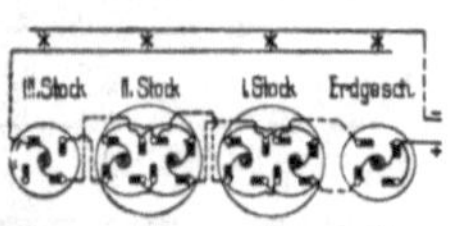 6 9 9 6	*Umschaltung 9* Verlängerung der Umschaltung 6 um eine Lampengruppe von beliebig vielen Stellen ein- und auszuschalten, z. B. Treppenbeleuchtung in jedem Stockwerk schaltbar	—

Drehschalter.

Schaltungen.

Zur Schaltung von Glühlicht und Motoren bis zu etwa 15 kW = 20 PS dienen Drehschalter. Die wichtigsten Schaltungen sind in nebenstehender Tafel zusammengestellt.

Bei Anschluß der Leitungen an *mehrpolige* Aus- und Umschalter muß man Vorsicht anwenden, damit man nicht auf Kurzschluß schaltet. Die Zu- und Ableitungsklemmen für ein- und denselben Pol liegen bei den mehrpoligen S.S.W.-Schaltern immer in gleicher Höhe, so daß bei einiger Aufmerksamkeit ein solcher Irrtum vermeidbar ist.

Bei *einpoligen* Aus- und Umschaltern wird nur ein Pol in den Schalter eingeführt und die Gefahr eines Kurzschlusses liegt deshalb nicht vor. Schwierigkeit bereitet es manchmal bei einpoligen Umschaltern aus den 3 Drähten, die aus dem zuführenden Rohr hervorragen, den sog. direkten Draht zu erkennen. Hierfür dient folgendes Vorgehen:

Bei einpoliger Umschaltung 4 und 5:

Man bringt die 3 Drahtenden abwechselnd miteinander in Berührung. Zwei geben miteinander kein Licht, der dritte gibt mit jedem der beiden anderen Licht. Dieser dritte ist der direkte (in der Schaltskizze vom +-Pol ausgehend).

Bei einpoliger Umschaltung 6:

Hier hat man immer 2 Umschalter. Bei dem einen verbindet man alle 3 Drähte vorübergehend miteinander und macht in dem *anderen* dieselbe Probe wie oben. — Dann verbindet man an dem zweiten Umschalter alle 3 Drähte und macht diese Probe an dem ersten Umschalter.

Bei einpoliger Umschaltung 9:

Man hat nur 2 Drähte und deren Vertauschung ist ohne Einfluß.

Bei der Wahl der Schaltergröße ist zu berücksichtigen einerseits welche Dauerbelastung der Schalter auszuhalten hat und andererseits bei welcher Höchstbelastung (induktionsfrei oder induktiv) er geschaltet wird. Es handelt sich im letzteren Fall um Momentanstromstärken, also bei Motoren während des Anlaufs um die Anlaufstromstärke. Daraus ergibt sich folgende Belastungstafel für die Drehschalter der S.S.W.

Nennstromstärke des Schalters b. 250 V.	Zulässige Betriebsstromstärke							
	für induktionsfreie Belastung und Motoren mit Anlasser bei				für Motoren mit Kurzschlußläufer bei			
A	125 V. A	220 V. A	380 V. A	500 V. A	125 V. A	220 V. A	380 V. A	500 V. A
6	6	6	—	—	—	—	—	—
10	10	10	6	4	6	4	2	1
25	25	25	15	6	10	6	4	2
35	35	35	25	15	15	10	6	4
60	60	60	35	25	25	15	10	6

Der Drehschalter ist der am häufigsten beanspruchte Teil jeder elektrischen Lichtanlage; er ist darum auch derjenige Apparat, der schließlich einmal ausgewechselt oder instandgesetzt werden muß. Durch die Konstruktions- und Prüfvorschriften des Verbandes Deutscher Elektrotechniker ist deshalb gefordert, daß die mechanische Haltbarkeit wirklich verbandsnormaler Lichtschalter einen langjährigen Gebrauch ermöglicht. Die Prüfvorschriften des V.D.E. fordern 10 000 Ein- und Ausschaltungen, also 20 000 Schaltungen.

Die *Zeta-Schalter* (Abb. 187 bis 190) haben sogar eine Haltbarkeit von durchschnittlich 30 000 Schaltungen. Ferner ist aber auch die Auswechselung sehr vereinfacht, weil die Schalter aus zwei getrennten Teilen, einem Fuß und einem Kopf, aufgebaut sind. Bei Schadhaftwerden der Schaltvorrichtung kann der Kopf von jedem Laien sofort gegen einen in Vorrat gehaltenen Ersatzkopf ausgetauscht werden.

Endlich ist an diesen Schaltern noch die Einrichtung getroffen, daß nach Aufbiegen zweier Splinte am Schalterkopf die verbrauchte Kontaktfeder abgezogen und durch eine neue Feder ersetzt werden kann (Abb. 189).

Diese Auswechselung kann gefahrlos und bequem ohne Spezialwerkzeug in dem abgenommenen und daher spannungslosen Schalterkopf ausgeführt werden.

Der Schalterkopf wird auf dem Schalterfuß durch eine einfache Sperrvorrichtung befestigt, die durch einen Schraubenzieher gelöst werden kann. Der Schraubenzieher dient gleichzeitig zum Anziehen oder Lösen der Kontaktstifte. Die federnden Kontaktstifte bilden gleichzeitig die Kontaktschrauben für die Klemmen. Der Anschluß der Leitungen an diese Klemmen ist ohne Biegen von Ösen durch Einlegen von vorn auszuführen. Der Schaltknebel ist fest mit der Achse verbunden und braucht nie abgenommen zu werden.

Neben den Ausführungen für Befestigung auf der Wand gibt es solche für Einsatz in die Wand (Abb. 185) und solche in Gußeisengehäuse (Abb. 192) oder vergießbarem Porzellangehäuse (Abb. 198 und 199).

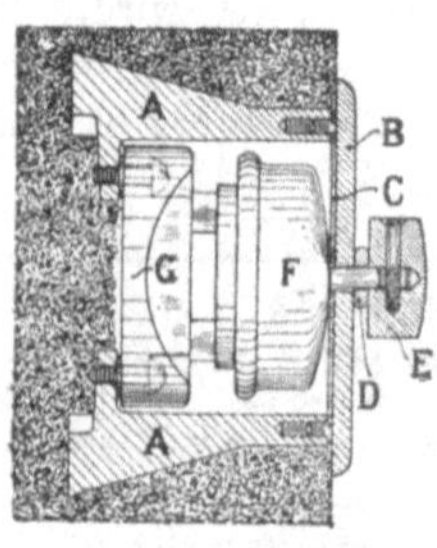

Abb. 185. Zeta-Schalter in Wandeinsatz.

A Wandeinsatz
B Abdeckplatte
C Abschlußscheibe
D, E, F Schalterkopf
G Einsatzfuß

Als einteilige Schalter werden die N-Schalter (Abb. 193) geliefert, ebenfalls mit auswechselbaren Federn. Zugschalter (Abb. 191) sind in Schlafzimmern beliebt als Ersatz der nicht verbandsvorschriftsmäßigen Birnenschalter.

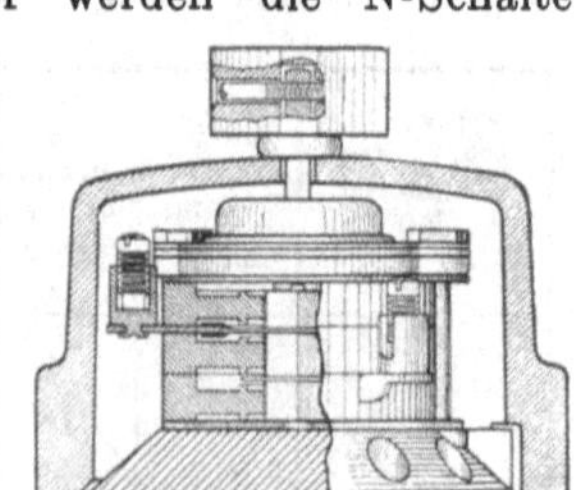

Abb. 186. Paccoschalter. (Links: Schnitt durch die Schaltkammern).

Für Stromstärken von 10 bis 60 A und für

Abb. 187.
Zeta-Schalter für tangentiale Rohrdrahteinführung.

Abb. 189. Auswechslung der Kontaktfeder im Zeta-Schalter.

Abb. 188.
Zeta-Schalter für Rohreinführung.

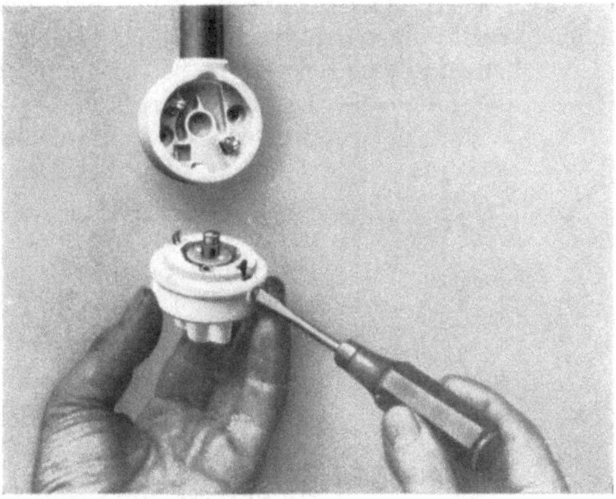

Abb. 190. Aufsetzen des Schalterkopfes auf den Schalterfuß beim Zeta-Schalter.

Abb. 191. Zugschalter.

Abb. 192. Gußgekapselter Zeta-Schalter.

Abb. 193. N-Schalter.

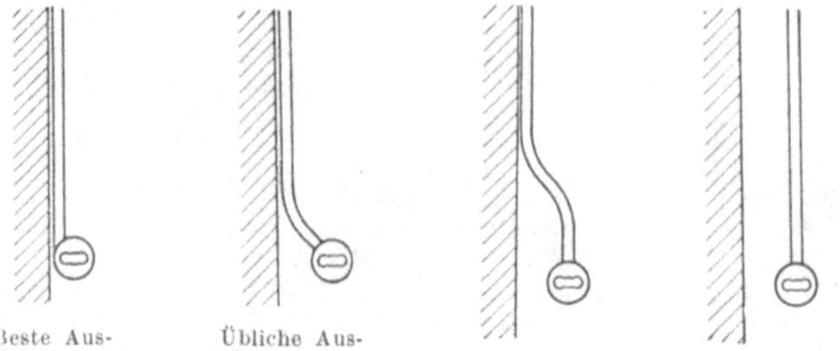

Beste Ausführung unter Verwendung eines Schalters m. tangentialer Rohrdrahteinführung. Abb. 194.

Übliche Ausführung unter Verwendung von Schaltern mit radialer Einführung. Abb. 195.

Unschöne Ausführung, zu vermeiden. Abb. 196.

Unschön, durch Schalterleitung wird neue Linie geschaffen. Abb. 197.

Abb. 194—197. Zuleitungen zu Drehschaltern.

verwickelte Schaltungen finden die *Pacco-Schalter* Verwendung (Abb. 186) Kennzeichnend ist für sie die Übereinanderschichtung einzelner Isolierscheiben zu einem paketförmigen Schaltgehäuse, das durch besondere Formgebung der Isolierscheiben in eine Anzahl von Schaltkammern unterteilt ist.

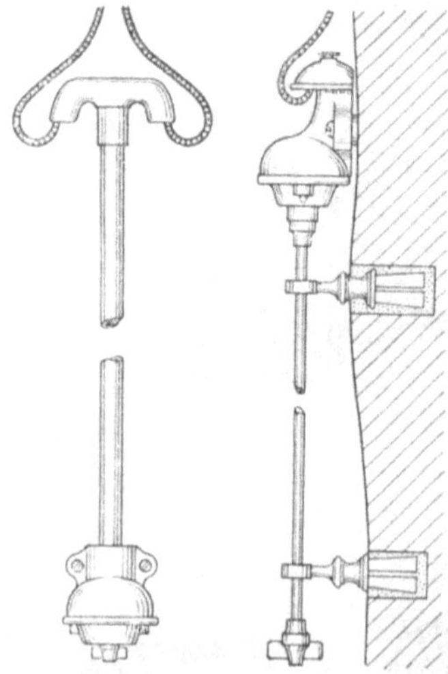

Abb. 198. Rohreinführung Abb. 199. Leitungseinführung in gekapselte Zeta-Schalter in Porzellangehäuse

Die Eigenart der Paketierung verhindert einerseits das Zusammenschlagen der Schaltflammen untereinander, andererseits ein Heraustreten der Flammen aus dem Schaltgehäuse. Die Schalter können demnach mit Recht als *geschlossene Schalter* bezeichnet werden. Sie sind demzufolge, besonders gekapselt, doppelt feuersicher.

Montage der Schalter.

An Schaltern wird bei der Bedienung ein Zug auf die Befestigung ausgeübt. Der Schalter muß also fest sitzen auf einem sachgemäß, d. h. mit der breiten Fläche nach rückwärts, eingesetzten Holzdübel. Die Schalter sollen so angebracht sein, daß sie bequem für die Bedienung liegen, im allgemeinen also etwa 1,20 m über dem Fußboden. Schalter neben der Türe müssen auf der Seite der Türklinke sitzen (Abb. 186) und nicht „hinter der Türe". In Neubauten werden manchmal die Rohre für die Unterputzverlegung eingeputzt, bevor die Türen angeschlagen sind.

Wenn dann nicht feststeht, ob die Türe rechts oder links aufgehen wird, muß, damit man den Schalter an die richtige Seite setzen kann, an *beiden* Seiten ein Rohr in die Wand gelegt und ein Schalterdübel vorgesehen werden. Ist das versäumt, so führt man nachträglich ein angesetztes Stück Rohrdraht um den Türrahmen oben herum nach der richtigen Seite. Die *gekapselten Zeta-Schalter* bzw. Steckdosen in Porzellangehäuse sind für Rohrverlegung auf oder unter Putz (ausbrechbare Rückwand) oder für freiverlegte Leitungen (Abb. 198 und 199) geeignet.
Die Einführungen sind mit Ausgußmasse zu vergießen.
Zum Vergießen bei Ausführung für Leitungseinführung ist eine Öffnung mit Verschlussschraube vorgesehen.
Der Kondenswasserablauf ist durch eine dünne Porzellanwand verschlossen, die nach Bedarf durchzustoßen ist.
Für besondere Fälle (schmutzige Viehställe usw.) empfiehlt es sich, die Schalter außerhalb des Raumes anzubringen.

Steckvorrichtungen.

Die Steckvorrichtungen sind entweder zweipolig oder dreipolig. Die zweipoligen Steckdosen und Stecker sind im allgemeinen mit gleich starken Bohrungen oder Stiften versehen und daher in bezug auf Polarität *verwechselbar*. Die dreipoligen Steckvorrichtungen sind im allgemeinen unverwechselbar durch die Stellung der Stifte (Abb. 200).
Die Zeta-Steckdosen (Abb. 204 und 205) sind zweiteilig. Die Schmelzeinsätze sind im Kopf angeordnet und können daher bequem und gefahrlos ausgewechselt werden (Abb. 200).

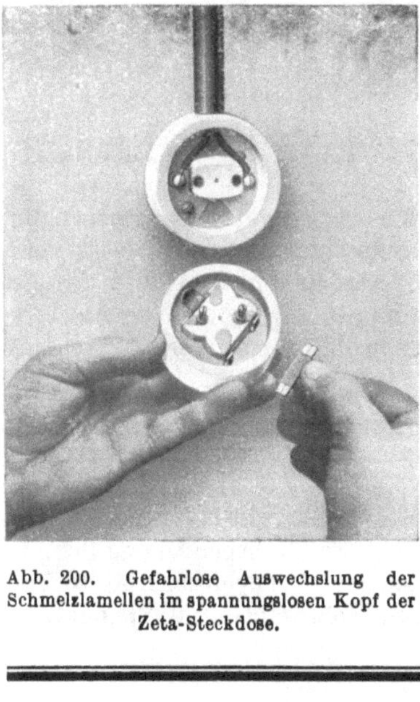

Abb. 201. Stecker für Zimmerschnur und Schlauchleitung

Abb. 202. 2 poliger Stecker für Werkstattschnur und Schlauchleitung

Abb. 203. 3 poliger Stecker für Werkstattschnur und Schlauchleitung.

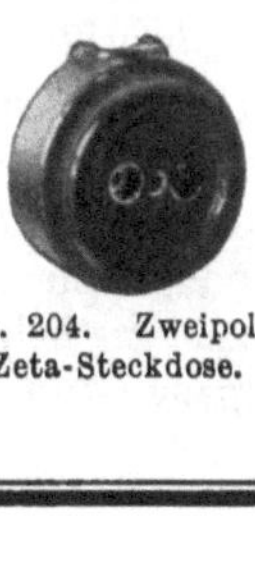

Abb. 200. Gefahrlose Auswechslung der Schmelzlamellen im spannungslosen Kopf der Zeta-Steckdose.

Abb. 204. Zweipolige Zeta-Steckdose.

Abb. 205. 3 polige Steckdose für trockene Räume.

Zeta-Steckdosen in Wandeinsatz und gekapselte Zeta-Steckdosen sind gleichartig ausgebildet wie die entsprechenden Zeta-Schalter.
Die Stecker können sowohl mit Einführungsöffnung für Zimmerschnüre als auch für Werkstattschnüre geliefert werden (Abb. 201 bis 203). Die Enden der Schnurleitungen sind zu verlöten. Die Montage der Steckdosen ist die gleiche wie die der Schalter.
Gekapselte Kragen-Steckvorrichtungen mit Festhaltung des Steckers und Erdungsvorrichtung für den Stecker sind für Niederspannung also auch für 220/380 V Drehstrom bis 200 A durchgebildet (Abb. 206).

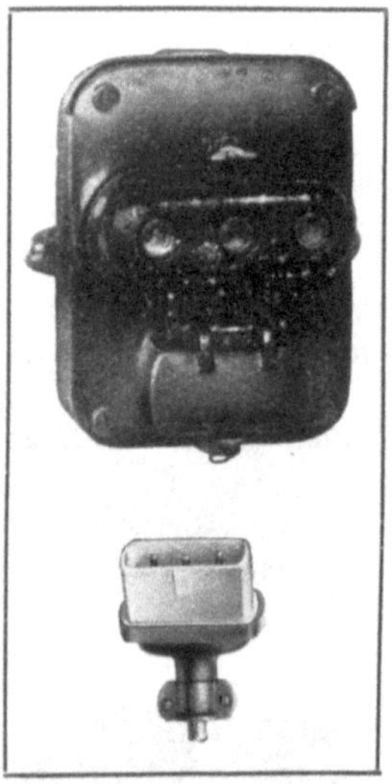

Abb. 206. Gußgekapselte Steckdose für 220/380 V mit Erdungsvorrichtung u. Festhaltung des Steckers.

Abb. 207. Ausschaltbare blockierbare wasserdichte Steckdose bis 500 V mit Erdungsvorrichtung nebst Stecker.

Steckvorrichtungen, bei denen der Stecker nur ausgezogen werden kann, wenn sie spannungslos sind, nennt man blockierbar. Blockierbare Kragen-Steckvorrichtungen für 500 V werden bis 3×100 A geführt (Abb. 207). Sie haben ebenfalls Anordnungen zur Erdung des Steckers. Als Leitungen zu diesen Steckern dienen biegsame Werkstattschnüre *mit Erdungslitze.*

Lüsterklemmen, Pendeldosen.

Die Drähte der Beleuchtungskörper werden nicht durch Lötung, sondern durch lösbare Verschraubung an die Zuleitungen angeschlossen. Bei Kronleuchtern, Deckenbeleuchtungen und Wandarmen verwendet man hierfür zwei- oder dreipolige Lüsterklemmen. Für Rohrpendel und Schnurpendel sind Pendeldosen sehr beliebt. Die Zeta-Pendeldose (Abb. 208) ist für Schnur- und Rohrpendel und in Rohr-, Rohrdraht- und Spanndrahtverlegung verwendbar. Sie ist zweiteilig, und die Anschlußklemmen für das Pendel befinden sich im Kopf, so daß das Pendel am Werktisch an sie angeschlossen werden kann.

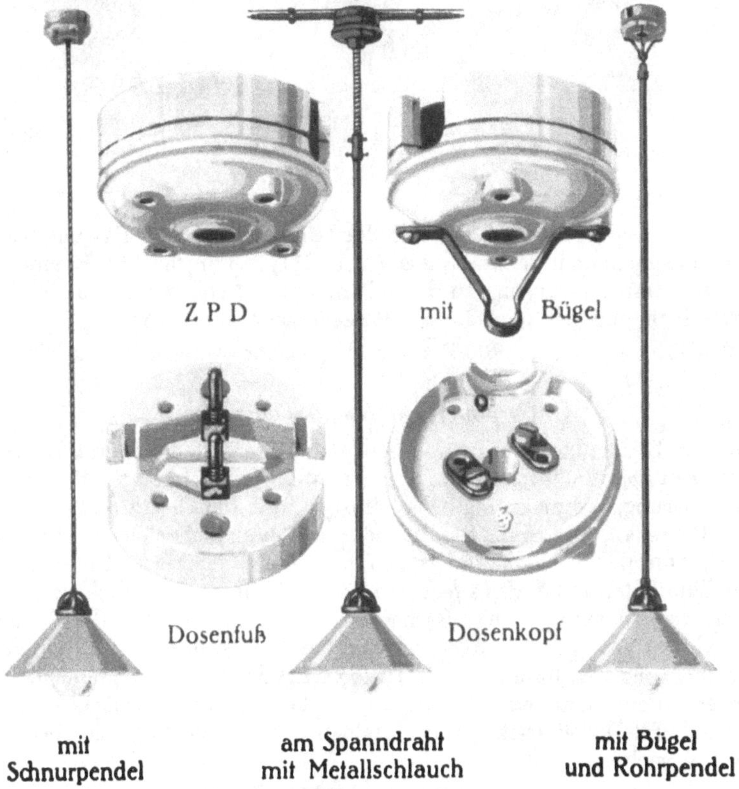

Abb. 208. Zeta-Pendeldosen und ihre Anwendung.

Fassungen.

Edison-Fassungen gibt es in zwei Ausführungen, eine die der vorbildlichen Darstellung entspricht, die der V.D.E. den „Vorschriften für die Konstruktion und Prüfung von Installationsmaterial“ beigefügt hat, die Verbands-Edisonfassung (Abb. 209) und eine andere, die nur den Errichtungsvorschriften des V.D.E. im allgemeinen genügt (Abb. 210). Die letztere wird mit Schraub- oder Büchsenkontakten und ohne oder mit Hahn ausgeführt. Da der Raum in der Fassung zum Einbau eines Schaltmechanismus höchster Dauerhaftigkeit nicht ausreicht, so ist bei Hahnfassungen nicht dieselbe Lebensdauer zu erwarten wie bei Zetaschaltern. Eine schwache Stelle bei allen Fassungen bildet der Porzellan-Fassungsring. An seiner Stelle haben die

Abb. 209. Verbandsnormale Metallfassung.

Abb. 210. Verbandsmäßige Metallfassung.

Abb. 211. Sava-Fassung mit verschiebbarem Schutzkragen an Stelle des Fassungsrings.

Sava-Fassungen D. R. P. einen in der Längsrichtung der Fassung federnden verschiebbaren Schutzkragen (Abb. 211). Für feuchte Räume verwendet man Fassungen mit Porzellanmantel (Abb. 218) oder mit Porzellandach und Schutzglas, sog. Porzellanarmaturen (Abb. 217).

Für Glühlampen über 200 Watt sind Goliathfassungen erforderlich.

Güteprüfung von Installationsmaterial.

Bei der Bewertung von Installationsmaterialien ist *die Güte der verwendeten Baustoffe* zu untersuchen, also die der Metalle (Messing oder Tombak, Versilberung, Vernickelung, Verzinnung) und der Isolationsmaterialien wie Porzellan, Steingut, Steatit oder der künstlichen Isolierstoffe aus Preßmaterial. Auch letztere sollen wärmefest, feuerfest (Untersuchung mit Zündholz) und *auch in feuchtem Zustande* sicher *isolierend* bei 1000 V über Nennspannung sein. Ferner ist allgemein die *Art des Leitungsanschlusses* zu prüfen, also die Art und Ausführung der *Anschlußklemmen* und der Raum für die Unterbringung der Leitungsenden. Am besten nimmt man eine Montierungsprobe vor und vermerkt die aufzuwendende Arbeitszeit. Im einzelnen sind noch folgende Gesichts punkte wichtig:

Prüfung von Drehschaltern.

Hier ist häufig das Material der Kappen unzureichend, insbesondere hinsichtlich seiner Festigkeit. Einen Fall aus 1 m Höhe auf einen Holztisch sollte eine Schalterkappe ohne Schaden aushalten.

Wert ist zu legen auf Wärmebeständigkeit der Kappen, um sich gegen Lieferung von solchen Kappen zu schützen, die sich schon bei Sonnenbestrahlung verziehen.

Die Schaltvorrichtung soll auch bei langsamer Betätigung so wirken, daß es im normalen Gebrauch nicht möglich ist, bei höchstzulässiger Belastung Stehfeuer zu ziehen. Die vorgeschriebenen Dauerproben auf mechanische Haltbarkeit des Sprungwerks und der Kontaktfedern (10000 Ein- und 10 000 Ausschaltungen) nach den Prüfvorschriften des V.D.E. soll der Schalter, insbesondere auch die Kontaktfeder, überdauern. Eine solche Probe zu oberflächlicher Beurteilung kann, wenn die üblichen Prüfapparate (Abb. 212) nicht vorhanden sind, zur Not auch auf einer Drehbank gemacht werden.

Die Isolation der Kontaktteile gegen die Schalterachse und etwaige Metallteile des Gehäuses sollte auch in feuchtem Zustande 1000 V über Nennspannung aushalten. Die *Griffbefestigung* soll solide und leicht bedienbar oder der Griff festsitzend sein.

Abb. 212. Schalterprüfapparat mit Zählwerk.

Prüfung von Steckvorrichtungen.

Die allgemeinen Anforderungen an (gutfederndes) Metall (wärme-, feuer- und feuchtigkeitssicheres) Isoliermaterial und (zuverlässigen) Leitungsanschluß sind, insbesondere bei Steckern, häufig nicht erfüllt. Auch die Kontakte, in denen die Schmelzlamellen liegen, sind häufig recht unzuverlässig. Die Steckerstifte dürfen nicht als Klemmschrauben für die Leitungen dienen, da sie sich leicht lockern würden.

Eine Belastung mit 1,5 fachem Nennstrom soll die Steckvorrichtung eine Stunde aushalten, ohne daß auf den herausgezogenen Steckerstiften Bienenwachs schmilzt.

Prüfung von Fassungen.

Für die Güte einer Fassung ist in erster Linie die Festigkeit des *Blechmaterials* im Fassungsgewinde und Gehäuse und die genaue Ausführung der *Gewinde* ausschlaggebend. Geschnittene Gewinde sind manchmal so unzureichend, daß der Mantel fast nicht abzuschrauben ist oder daß er von selbst vom Boden abfällt. Auch das Porzellangewinde des Fassungsringes ist gelegentlich beim Brennen verzogen.

Die Büchsenkontakte sind den Schraubenkontakten überlegen, insbesondere beim Anschluß von Mehrfachleitungen, sie sind deswegen bei Fassungen mit Blechmantel vom V.D.E. als Regel angegeben.

Die Schaltvorrichtung von Hahnfassungen ist wie ein Drehschalter bei Dauerlauf zu prüfen; sie kann aber niemals die für Drehschalter geforderte Haltbarkeit haben. Es genügen 5000 Ein- und 5000 Ausschaltungen.

Prüfung von Sicherungen.

Bei Sicherungselementen ist die genaue Einhaltung der vom V.D.E. genormten Abmessungen wichtig.

Die Güteprüfung von *Sicherungspatronen* hat insbesondere durch Erprobung des Verhaltens bei Kurzschluß und Überlastung unter den vom V.D.E. in den Vorschriften für die Konstruktion und Prüfung von Installationsmaterial festgelegten Bedingungen zu erfolgen. Die hierfür erforderlichen umfangreichen Einrichtungen besitzt das Prüfamt III in München.

Prüfungen auf Einhaltung der äußeren Normalabmessungen sowie Prüfungen in bezug auf Einhalten der vorgeschriebenen Abschmelzwerte, die unter Umständen auch an anderen Stellen vorgenommen werden können, reichen zur Beurteilung nicht aus.

Beleuchtung in Wohnräumen.

Vorbilder für die Beleuchtung von Wohnräumen zeigen die Abb. 219 und 220 S. 118 und 119.

Im *Schlafzimmer* soll die Beleuchtung so angeordnet sein, daß der Bewohner des Zimmers gut beleuchtet ist, wenn er sich vor dem Spiegel wäscht, frisiert, rasiert oder ankleidet. Die vielfach übliche Ampel in der Mitte des Zimmers erfüllt diese Forderung allein nicht. Der Bewohner wird oft einen Wandarm mit Glasschale neben dem Waschtisch zweckmäßiger finden. Dieser Wandarm liefert nötigenfalls auch die Allgemeinbeleuchtung des Raumes.

Als Schaltapparat ist ein Umschalter (Schaltung 6) an der Tür und ein ebensolcher am Bett (hier gegebenenfalls als Zugumschalter) zur Bedienung dieser Lampe von zwei Stellen zu empfehlen (Schema Seite 106). Außerdem wird häufig eine Steckdose neben dem Bett gewünscht zum Anschließen einer Nachttischlampe oder eines Heizkissens.

Im *Wohnzimmer* ist mindestens ein Pendel anzuordnen oder eine Zuglampe (Abb. 213). Der Ausschalter wird an der Tür angeordnet, und zwar für das einfache Pendel ein Ausschalter, für die mehrflammige Krone ein Umschalter Schaltung 5, ferner ist eine Steckdose vorzusehen für Klavierlampe, Schreibtischlampe (Abb. 214) und dgl. Ein kleiner *Korridor* erhält nur eine Lampe, z. B. (Abb. 215) in der Mitte, lange Korridore je eine Lampe an den beiden Enden. Je ein Umschalter Schaltung 6 am Anfang und Ende des Korridors dient zur Bedienung von zwei Stellen aus.

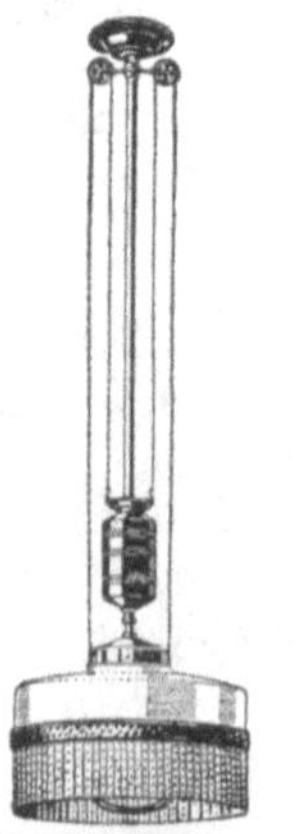

Abb. 213. Zuglampe für Wohnzimmer mit oben lichtdurchlässigem Schirm.

Abb. 214. Tischlampe. Oben: als Klavierlampe. Unten: als Schreibtisch- oder Nachttischlampe.

Im *Abort* genügt eine Wandfassung über Kopfhöhe angebracht. Türschalter sind im allgemeinen nicht nötig. Es genügt, über Kopfhöhe in der Tür oder Wand eine kleine Öffnung anzubringen, damit man von außen sieht, ob das Löschen der Lampe vergessen wurde.

Im *Badezimmer* in Wohnungen sind Porzellanfassungen ohne Schutzglas meistens ausreichend. Der Ausschalter soll keinesfalls in der Nähe der Badewanne angebracht sein, am besten außerhalb des Badezimmers an der Tür; wenn er aber im Badezimmer sitzt, ist die gekapselte Ausführung in Porzellangehäuse in Kopfhöhe zu empfehlen.

In der *Küche* ist ein Wandarm neben dem Herd mit Porzellanfassung zu empfehlen. Der Ausschalter gehört neben die Tür. Ferner ist eine Steckdose für Plätteisen und Kochapparate anzubringen.

Im *Treppenhaus* können einfache Decken- oder Wandfassungen angebracht werden oder Deckenbeleuchtungen (Abb. 215). Die Schaltung muß in jedem Stockwerk erfolgen können (Schema siehe Seite 106). Häufig richtet man aber eine sich selbsttätig unterbrechende Treppenbeleuchtung mit Zeitfernschalter und Druckknöpfen in jedem Stockwerk ein. Vorteilhaft sind Schaltuhren, die der Jahreszeit folgend während des Tages die Treppenbeleuchtung selbsttätig ganz ausschalten und selbsttätig zu bestimmten Stunden von Dauerbeleuchtung auf Druckknopfbeleuchtung umschalten. Für die Installation der Treppenbeleuchtung eignet sich in erster Linie Rohrdraht.

Abb. 215. Deckenbeleuchtung für Korridor und Treppenhaus. Die Schale muß groß genug sein, um die gewünschte Lampe aufzunehmen.

In *Bodenräumen* genügt eine einfache Deckenarmatur mit Schutzkorb (z. B. Abb. 216).

Abb. 216. Deckenarmatur für Bodenräume.

Abb. 217. Porzellanarmatur mit Schutzglas für feuchte Keller, Waschküchen u. Ställe.

Abb. 218. Porzellanarmatur für Keller.

Im *Keller* sind Porzellanarmaturen (z. B. Abb. 218) nötigenfalls mit Schutzkorb vorzusehen. An manchen Stellen ist auch Schutzglas vorgeschrieben (also z. B. Abb. 217).

Die Leitungen verlegt man auf Keller-Isolatoren oder in Peschelrohren. In trockenen Kellern ist Manteldrahtverlegung zulässig.

Schlaf-zimmer für Erwachsene	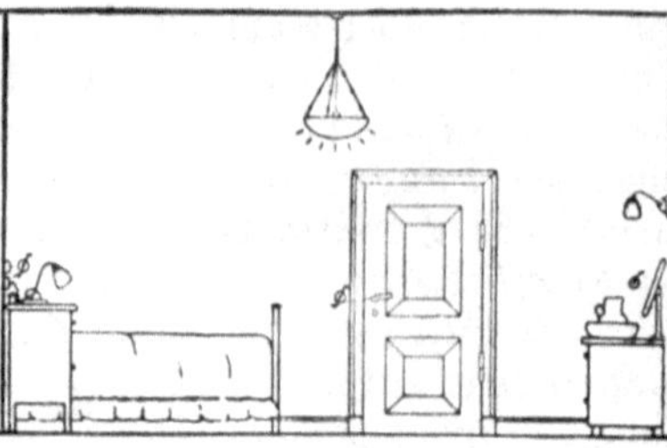	Wandarm oder Pendel über dem Ankleidespiegel. 2 Steckdosen für Leselampe und Heizkissen. Halbindirekte Lampe in der Mitte, von Tür und Bett ausschaltbar
Schlaf- und Spielzimmer für kleine Kinder	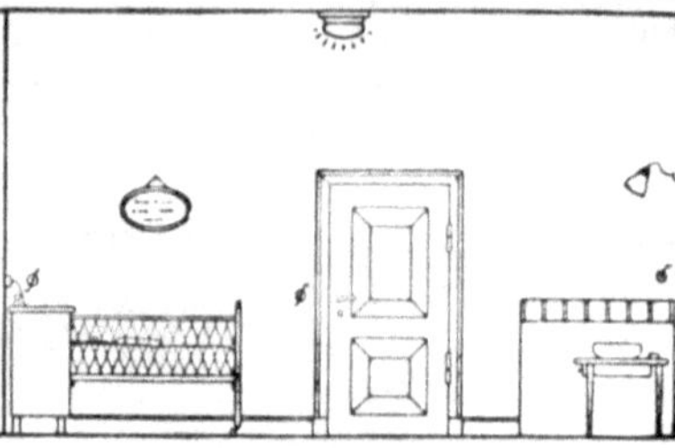	Wandarm oder kurzes Pendel über dem Ankleidetisch. Deckenbeleuchtung mit lichtstreuender Überglocke von Tür und Bett schaltbar. 1 Steckdose für Heizkissen
Bürgerliches Wohn-zimmer (gleichzeitig Speise-zimmer)	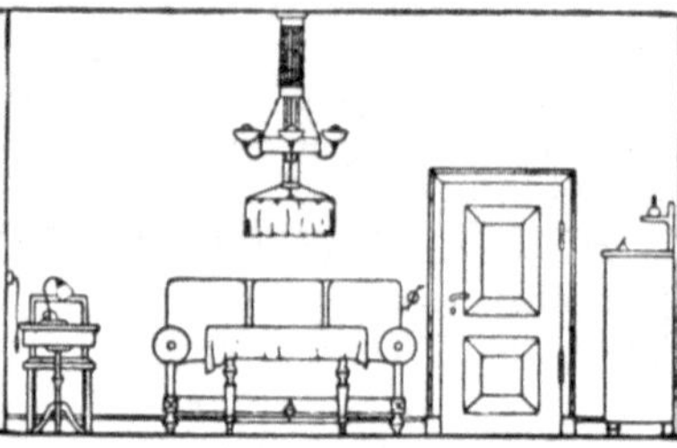	Mittelzuglampe m. tiefem, oben lichtdurchlässigem Schirm und halbindirekten Lampen oben. 1 Steckdose für Arbeitslampe
Vornehmes Wohn-zimmer (Salon)		Krone mit halbindirekten Lampen. 2 Steckdosen für Leselampe und Klavierlampe
Speise-zimmer	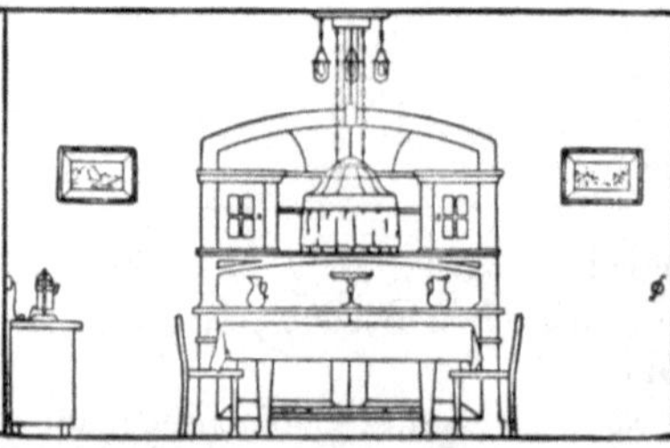	Mittelzuglampe mit groß., tiefem, oben geschlossen. Schirm. An der Decke einige Lampen mit lichtstreuender Überglocke (oder an der Wand halbindirekte Wandarme). 1 Steckd. für Kochappar.

Abb. 219. Vorbilder für Beleuchtung von Wohnräumen.

Diele, Korridor	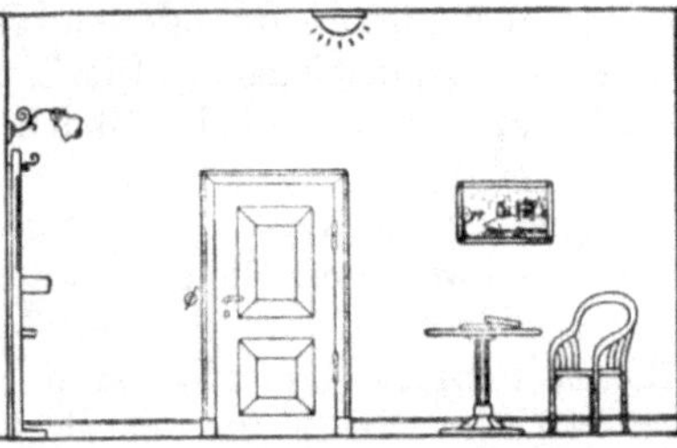	Deckenbeleuchtung mit lichtstreuender Überglocke. Wandarm über dem Spiegel der Kleiderablage
Treppenhaus		Deckenbeleuchtung oder Wandlampe auf den Treppenabsätzen
Küche	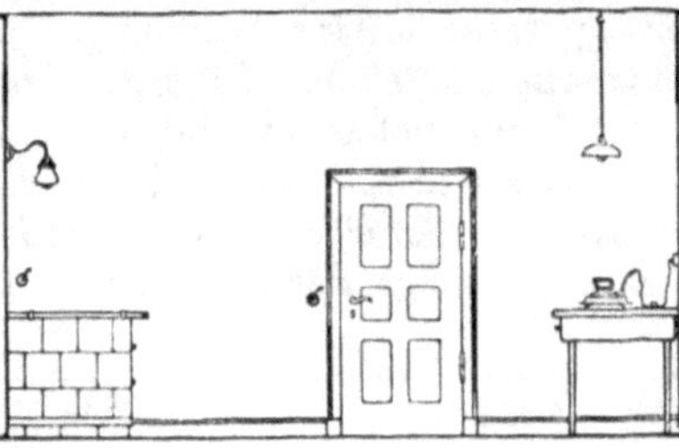	1 Wandarm neben dem Herd, 1 Pendel über dem Küchentisch, 1 Steckdose für Arbeitslampe oder Plätteisen
Badezimmer	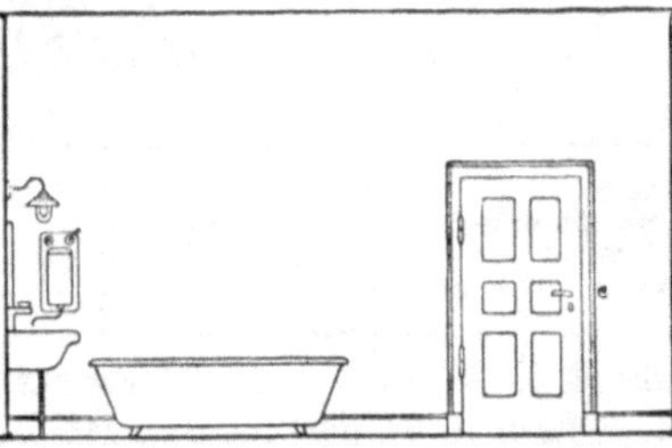	Wandarm über der Waschvorrichtung am Spiegel
Keller, Bodenräume	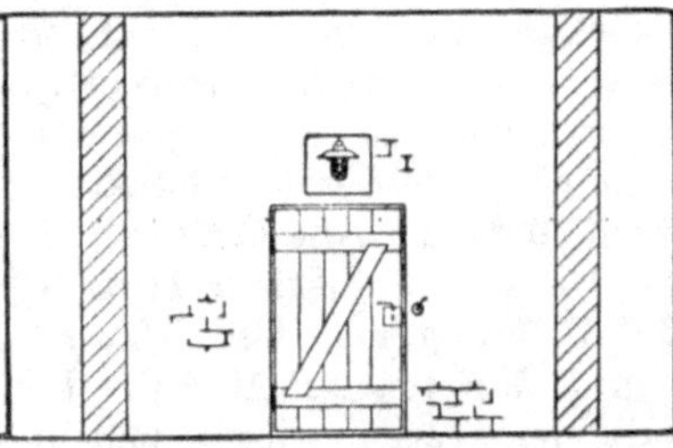	Porzellanarmatur über der Tür, gegebenenfalls von außen einschaltbar

Abb. 220. Vorbilder für Beleuchtung von Wohnräumen.

In *Mädchenstuben* ist eine schräge Wandfassung oder ein Wandarm über dem Waschtisch und ein Ausschalter ausreichend. Die Lampe soll nicht zu hoch angebracht sein, damit bei ihrem Licht das Mädchen noch nähen oder sticken kann.

In der *Waschküche* ist die Verlegung auf Keller-Isolatoren erforderlich. Zur Beleuchtung wähle man eine schwere Porzellanarmatur (z.B. Abb. 217), den Ausschalter außerhalb des Raumes oder in Porzellangehäuse gekapselt (Abb. 198) in Kopfhöhe. Sehr zu empfehlen ist ein doppelpoliger Ausschalter, damit beim Lampenauswechseln und dgl. die Armatur völlig spannungslos ist.

Elektrische Heiz- und Kochapparate in Wohnhäusern.

Bei Umsetzung elektrischer Arbeit in Wärme liefert 1 kWh 860 Kalorien, bzw. 1 Kal. erfordert 1,16 Wattstunden.

Von den elektrischen Heizapparaten ist für Wohnungen der wichtigste und verbreitetste das elektrische *Plätteisen.* Die Stromkosten des elektrischen Plättens sind zurzeit kaum höher als die Gaskosten beim Gasplätteisen, unübertroffen dagegen sind seine Vorteile: *Fortfall des Eisenwechsels, der Verbrennungsgase und Gerüche sowie der Hitze,* welche die Plätterin vorzeitig ermüden, *vollständige Reinlichkeit und Feuersicherheit,* gleichmäßige Wärme.

Plätteisen		Verbrauch	
netto kg	Ausführung	etwa Watt	die Std. ununterbrochenen Plättens kostet bei einem Strompreis von M. 3.— etwa M.
2	leicht für Kinderwäsche	275	0,80
2,5	mittel für leichte Haushaltwäsche. . . .	330	1,—
3,5	schwer für jeden Haushalt	440	1,30
4,5	schwer für besonders schwere nasse Wäsche	500	1,50

Schwerere Eisen für Konfektions- und Schneiderwerkstätten haben etwas höheren Verbrauch. Durch Gebrauch des Sparschalters (Abb. 224) der zeitweise Stromunterbrechung bequem ermöglicht, wird der Stromverbrauch auf das erforderliche Mindestmaß verringert.

Das elektrische Kochen ist besonders sauber, bequem und feuersicher. Hauptvorzug ist aber die sofortige Betriebsbereitschaft. Das *Ankochen* von 1 Liter Wasser von 10° auf 100° C, also die Zuführung von etwa 90 Kal. erfordert theoretisch etwa 0,1 kWh, praktisch etwa 0,15 kWh. Mit einem Heizapparat von 600 W bringt man also 1 Liter Wasser in etwa $^1/_4$ Stunde oder $^1/_3$ Liter in 5 Minuten auf 100° C. Das *Weiterkochen* beansprucht nur den Ersatz der Wärmeverluste und deshalb nur $^1/_3$

Abb. 221. Elektrischer Küchenherd.

Abb. 222. Elektr. Warmwasserspender für den Waschtisch.

Abb. 223. Silit-Kochplatte.

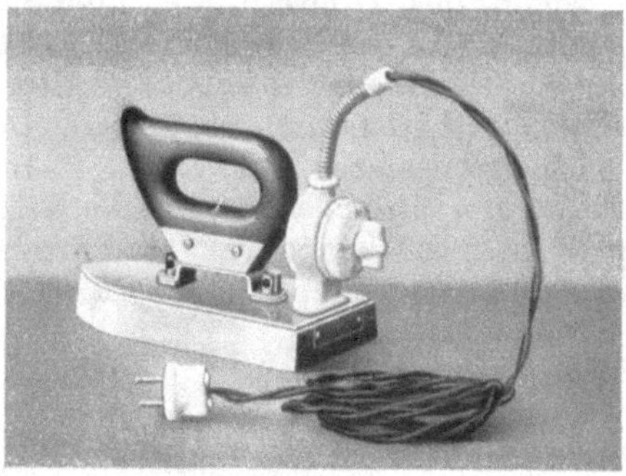

Abb. 224. Plätteisen mit Sparschalter.

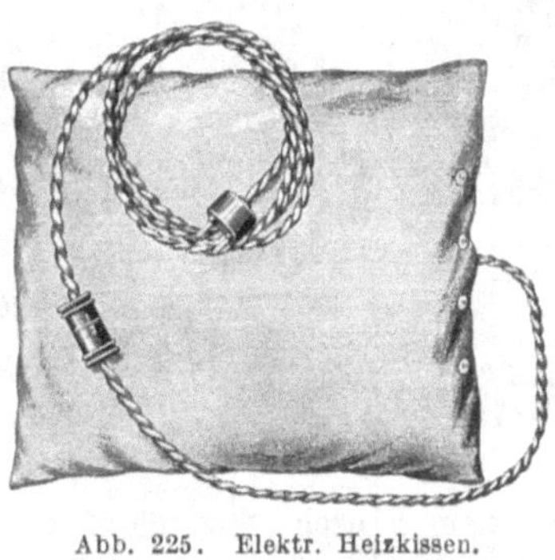

Abb. 225. Elektr. Heizkissen.

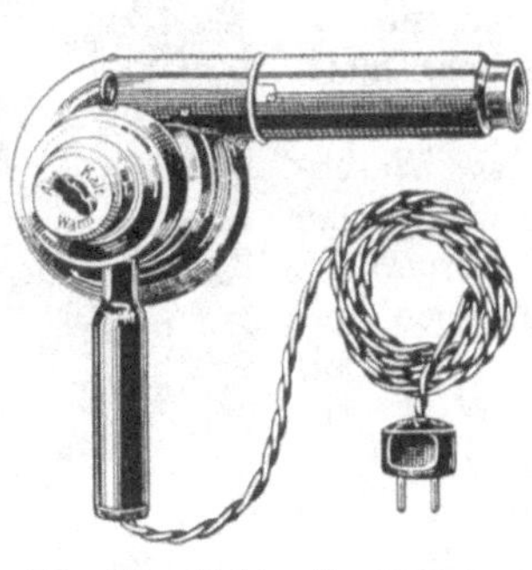

Abb. 226. Elektr. Haartrockner.

Abb. 227. Elektr. Kochtopf.

bis $^1/_2$ der Leistung für das Ankochen. Mit regelbaren Kochapparaten kann man deshalb sparsamer arbeiten. Die Feuerungskosten sind nicht höher als beim Gaskochen, wenn die kWh etwa halb soviel kostet wie 1 m^3 Gas. Die vollständige elektrische Küche (aber ohne Spülwassererwärmung) für eine Familie erfordert auf dem elektrischen Küchenherd (Abb. 221) im Jahre durchschnittlich 200 kWh für die Person, davon kommt die Hälfte auf die Hauptmahlzeit, die andere Hälfte auf Frühstück, Gabelfrühstück, Nachmittagskaffee und Abendessen.

Sehr beliebt sind elektrische Kochplatten wie die *Silit-Kochplatte* (Abb. 223) als Ersatz der übelriechenden und feuergefährlichen Gaskochplatten oder Petroleumkocher. Bei einer Leistungsaufnahme von etwa 650 W bringen sie in etwa 20 Minuten 1 Liter Wasser zum Kochen. Feuchtigkeit und überkochendes Wasser beschädigt die Silit-Heizstäbe nicht. An anderen Stellen werden die elektrischen Kochtöpfe (Abb. 227) vorgezogen. Sie werden in allen Größen von $^1/_4$ Liter aufwärts und in gefälligen Formen hergestellt. Besonders beliebt sind elektrisch beheizte Kaffeemaschinen. Im Schlafzimmer sind *elektrische Heizkissen* (Abb. 225), elektrische *Soxhletwärmer*, elektrische *Haartrockenapparate* (Abb. 226) und *Brennscherenwärmer* ähnlichen Apparaten mit veralteten Heizverfahren entschieden vorzuziehen. Der Stromverbrauch eines Heizkissens ist nicht größer als derjenige einer Glühlampe, der eines Brennscherenwärmers so groß wie der von 2 bis 3 Glühlampen. Ein Haartrockenapparat verbraucht etwa soviel wie ein Plätteisen. Alle diese Apparate können ohne weiteres an die Glühlichtleitung angeschlossen werden.

Abb. 228. Elektr. Plätten im Haushalt.

Elektrische Durchlaufwasserwärmer für den Waschtisch wählt man für bürgerliche Wohnungen mit etwa 500 bis 1000 Watt Anschlußwert und nur etwa $^1/_2$ bis 1 Liter Inhalt, damit man kurz nach dem Einschalten schon warmes Wasser erhält. Eine Signallampe, die bei Einschaltung aufleuchtet, ist zweckmäßig. Fester Anschluß ist in Badezimmern haltbarer als Schnurleitung.

Größere Wasserwärmer für Badewasser brauchen 15 bis 20 kW. Man baut solche Wasserwärmer auch als Wärmespeicher (Leistungsaufnahme 0,7 bis 1 kW) und läßt sie nur während der Nachtstunden, in denen die Netzbelastung und der Strompreis geringer sind, unter Strom.

Die *elektrische Raum-Heizung* hat vor der Heizung mit Kohle oder Koks unbestreitbare Vorzüge. Wenn sie bisher trotzdem nicht die Verbreitung gefunden hat, die sie verdient, so liegt dies in der Hauptsache daran, daß die Kosten für den Betrieb der elektrischen Heizung häufig zu hoch eingeschätzt werden.

Der Vergleich der Umsetzung elektrischer Energie (Kilowattstunden) in Wärme (Kalorien) mit der Wärmegewinnung unmittelbar aus der Verbrennung der Kohle im Ofen ergibt sich aus folgenden Angaben:
1 kWh liefert 860 Kal.
1 kg Kohle enthält je nach Sorte 4000 bis 8000 Kal.

Bei Raumheizung mit Kohle ist mit etwa 66 bis 80 v. H. Verlusten zu rechnen. Es entspricht also der Heizerfolg von 1 kWh praktisch etwa dem von $^1/_2$ kg Kohle.

Bei einer vorteilhaft angelegten elektrischen Heizung wird demnach dann ein wirtschaftlicher Betrieb erzielt werden können, wenn der Preis für eine Kilowattstunde bei Anschluß an die Kraftstromleitung sich etwa in der gleichen Höhe hält wie der Preis von $^1/_2$ kg Kohle. Dies trifft in der Regel überall dort zu, wo der elektrische Strom in einer Wasserkraftanlage erzeugt wird. Bei Anschluß an andere Kraftanlagen wird man mit einem höheren Strompreis rechnen müssen. Da aber der Preis für Kohle im Verhältnis mehr gestiegen ist als der für elektrischen Strom wird sich der Vorteil der elektrischen Beheizung immer mehr geltend machen.

Wenn man die elektrische mit der Kohlenheizung vergleichen will, genügt es nicht, den Stromkosten die Kosten gegenüberzustellen, die an den Kohlenhändler zu entrichten sind, man muß auch die Unkosten berücksichtigen, die bei der Kohlenheizung durch die Gewichtsverluste bei der Anfuhr, durch den Lohn für das Hineinschaffen in den Keller und durch Güteverminderung infolge Lagerung entstehen. Es müssen ferner die Kosten für Kohlentransport, Ofenfüllen, Ascheentfernung und Ofenreinigung wie die übrigen Bedienungskosten in Rechnung gestellt werden. Der Vorteil der elektrischen Heizung zeigt sich vor allem auch in den Übergangsjahreszeiten, da nur die Kosten aufgewandt zu werden brauchen, die der Betrieb der Heizung jeweils erfordert, während bei der Kohlenheizung für diese Jahreszeiten besondere Heizvorrichtungen vorgesehen werden müssen.

Für *überschlägige* Rechnungen kann man einsetzen:

Anschlußwert für Aushilfsheizung auf 1 m^3 Raum 35 Watt.
Anschlußwert für Dauerheizung auf 1 m^3 Raum 30—60 Watt.

Den Jahresbedarf kann man ungefähr mit 15—18 kWh auf 1 m³ für Dauerheizung (145 Tage mittlere Kälte, 20 Tage strenge Kälte) annehmen. *Elektrische Strahlungsöfen* (Abb. 233) dienen zur örtlichen Erwärmung vor allem durch strahlende Wärme und vorzugsweise als Übergangsheizung. Ihr Stromverbrauch ist mäßig, so daß sie vielfach an eine Lichtsteckdose angeschlossen werden können.

Elektrische Widerstandsöfen (Abb. 232) dienen für größere Leistungen. Bei den *Radiophor-Heizkörpern* (Abb. 230) sind auch die gesundheitlichen und wärmetechnischen Anforderungen, die an eine Raumheizung zu stellen sind, in weitem Maße erfüllt. Durch eine eigenartige Bauart der Heizeinrichtung ist Sorge getroffen, daß die Oberflächentemperatur des Heizkörpers 60 bis 70° Celsius nicht überschreitet. Die Radiophorglieder können in beliebiger Größe und Anzahl zu Radiophor-Heizkörpern zusammengesetzt werden. Die Radiophor-Heizung ist jedoch erst dann vollkommen, wenn sie mit einem Apparat in Verbindung gebracht wird, der die Stromzufuhr regelt. Auf diese Weise werden unnötige Wärmeverluste, die bei Lüftung des Raumes nach vorheriger Überhitzung entstehen, vermieden.

Der Temperaturregler „Thermosens" (Abb. 231) ermöglicht jede gewünschte Temperatur mit großer Genauigkeit einzuhalten. Bei Überschreiten eines einstellbaren Temperaturbereichs schaltet der „Thermosens" den Strom selbsttätig aus, beim Unterschreiten selbsttätig wieder ein.

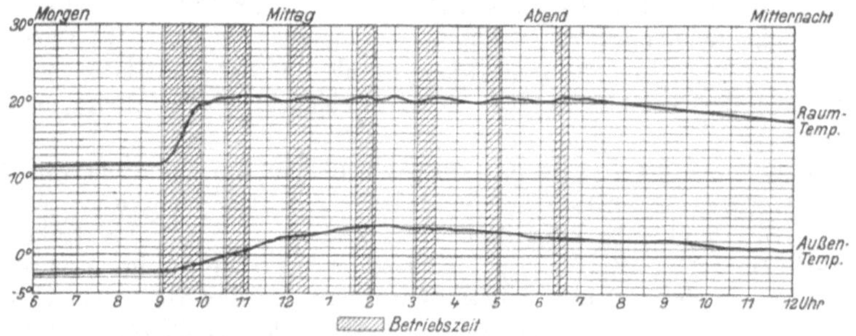

Abb. 229. Verlauf der Raumtemperatur bei Heizung durch Radiophor mit „Thermosens"-Regelung.

Die günstige Wirkung des „Thermosens" auf die Innehaltung der Raumtemperatur und damit die Stromersparnis veranschaulicht Abb. 229, die den Erwärmungszustand eines Zimmers darstellt. Man erkennt deutlich, wie die Wellenlinie des Temperaturverlaufs durch den selbsttätigen Temperaturregler in den gewünschten und einstellbaren Grenzen von 20 und 21° Celsius gehalten wird. Von besonderem Belang ist der Verlauf der Ein- und Ausschaltvorgänge. Es ist ersichtlich, daß verhältnis-

Abb. 230. Elektr. Radiophor-Heizkörper.

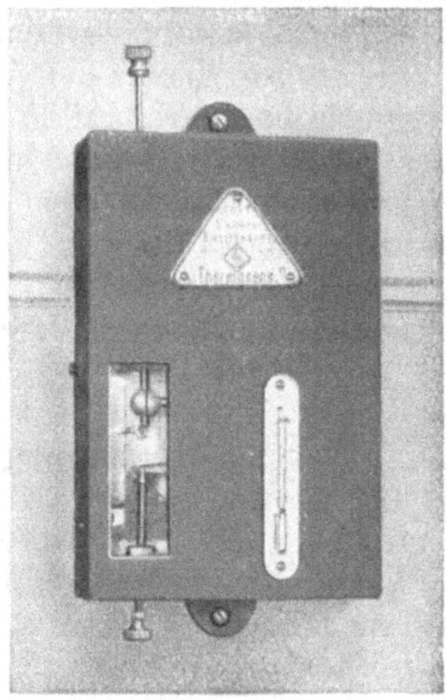

Abb. 231. Selbsttätiger Temperaturregler „Thermosens".

Abb. 232. Elektrischer Widerstandsofen.

Abb. 233. Silit-Strahlungsofen.

mäßig wenige und kurze Betriebszeiten genügen, um in dem Raum tagsüber die gewünschte Temperatur innezuhalten, daß ferner die Einschaltzeiten und somit Stromkosten sich im Laufe des Tages verringern, weil die großen Massen der Raumwände allmählich durchwärmt werden, wozu auch die im Verlauf des Tages steigende Außentemperatur beiträgt. Die selbsttätige Regelung durch „Thermosens" bringt Ersparnisse, die, wie praktische Erfahrungen ergeben haben, bis zu 50 v. H. betragen. Bei ungeregelter Heizung ist es unmöglich, die Wärmezufuhr genau auf das erforderliche Maß zu beschränken, es tritt stets eine bedeutende Verschwendung in der Heizung ein.

Elektromotoren im Wohnhaus.

Je mehr die Unterhaltung menschlicher Hilfskräfte im Haushalt verteuert wird und je weniger man von ihnen abhängig zu sein wünscht, desto mehr lohnt es sich, zur Erledigung der Haushaltsarbeit elektrische Kraftmaschinen mitzubenutzen. Der Umfang der Anwendung des Elektromotors im Haushalt ist abhängig von der Größe des Haushalts. Für sehr große Hauswirtschaften gelten ähnliche Bedingungen wie für einen gut eingerichteten Gasthof. Aber selbst in kleinen Haushaltungen kann der elektrische Betrieb einer *Nähmaschine* (Abb. 234) Vorteile bringen,

Abb. 234. Elektromotorisch angetriebene Nähmaschine mit Fußschalter.

Abb. 235. Tischventilator.

weil sie den gesundheitschädlichen Fußbetrieb ersetzt. Die Leistungsaufnahme eines solchen Motors, der an jeder Nähmaschine nachträglich angebracht werden kann, ist nicht größer als die einer Glühlampe. Er kann also an jede Lichtsteckdose angeschlossen werden. Die Bedienung durch den Fußschalter ist ohne weiteres sofort verständlich. Hygienisch und arbeitsparend wirken elektrische Staubsauger, seien es kleine tragbare oder fest eingebaute mit Rohranlage durchs ganze Haus

Abb. 236. Ortsfeste Entstäubungsanlage.

(Abb. 236). In der Küche kann ein kleiner Haushaltsmotor, der an verschiedene Küchenmaschinen gekuppelt werden kann, viel Handarbeit ersetzen. In Landhäusern finden *Elmo-Hauswasserpumpen* mit selbsttätigem Betrieb (Abb. 237) vorteilhaft Verwendung. Durch die Verbindung einer Wasserpumpe mit einem Druckkessel ist dabei eine selbsttätige Einrichtung geschaffen, welche die Vorteile einer allgemeinen Wasserleitungsanlage gewährt. Bei dieser Anordnung fördert die Pumpe das Wasser in einen neben der Pumpe aufgestellten Druckkessel und drückt dabei die im Kessel befindliche Luft zusammen, diese dient nun als Druckmittel für das Rohrnetz. Die Druckänderungen werden auf einen besonderen Druckschalter übertragen. Dieser Schalter bringt bei Erreichung eines beliebig einstellbaren

Abb. 237. Elmo-Hauswasserpumpe mit Druckkessel.

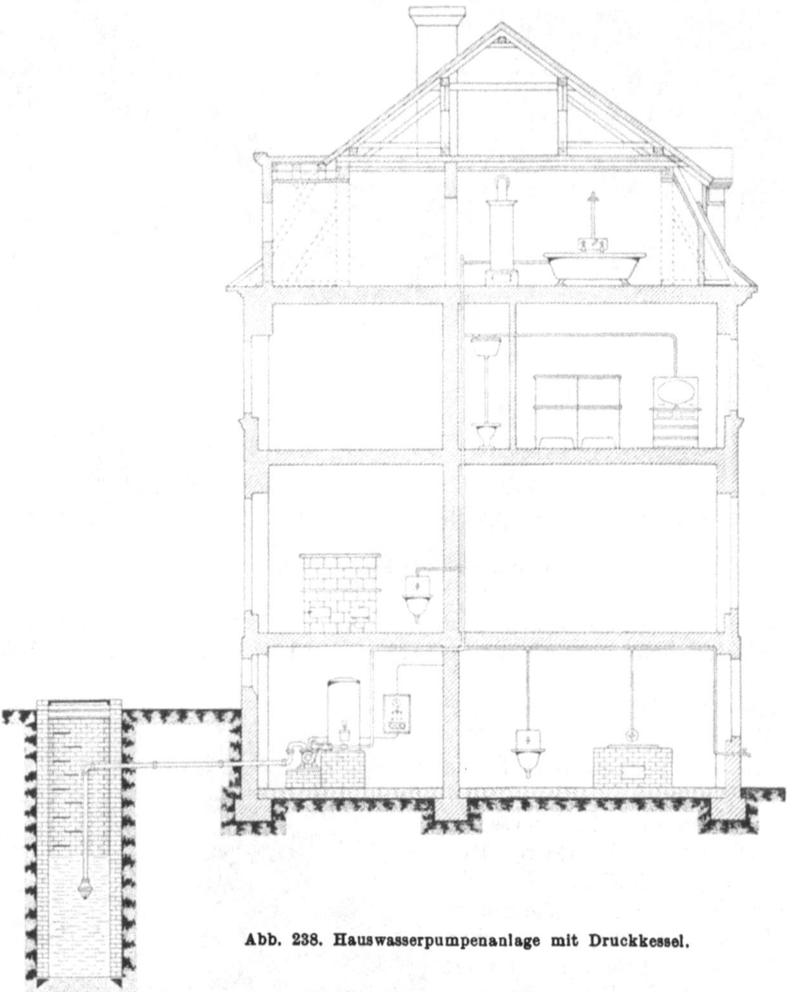

Abb. 238. Hauswasserpumpenanlage mit Druckkessel.

Höchstdruckes den Motor selbsttätig zum Stillstand, schaltet dagegen beim Sinken des Kesseldruckes bei einem bestimmten Mindestwert den Motor wieder ein. In anderen Fällen, wo die Aufspeicherung größerer Wassermengen erwünscht ist, werden Pumpenanlagen mit Hochbehälter vorgezogen.

In der *Stadt* ist der wichtigste Motor im Hause der elektrische Aufzugsmotor, der mit Druckknopfsteuerung von jedem Hausbewohner betätigt werden kann.

An heißen Tagen ist der elektrische Ventilator (Abb. 235) ein wohltätiger Freund. Er kann an jede Lichtsteckdose angeschlossen werden.

In vielen Fällen genügt aber nicht die Umwälzung der Luft lediglich durch Ventilatoren, besonders dann, wenn es sich darum handelt, die Luft in Räumen zu verbessern und erträglich zu machen, in denen sich Kranke befinden, von denen Zuglufterscheinungen ferngehalten werden müssen. Hier ist als ein sehr wertvolles Ergänzungsmittel der einfachen Lüftung durch Ventilatoren die Ozonisierung der Luft zu empfehlen. Die Ozonventilatoren, die das Wernerwerk der Siemens- und Halske A.G. liefert, sind kleine, gedrängt gebaute Apparate, die einen sehr geringen Kraftverbrauch haben und an jedes Lichtnetz angeschlossen werden können. Die bei den Apparaten erzeugte Ozonkonzentration ähnelt ungefähr dem Grad des Ozongehaltes, wie er sich in der Natur, in der Seeluft oder in Berges- oder Waldesluft vorfindet.

Installationen in Geschäftshäusern, Verwaltungsgebäuden, Schulen, Krankenhäusern u. Gasthöfen.

Die *Leitungsverlegung* in solchen Gebäuden zeigt zunächst keine wesentliche Abweichung von der in Wohnräumen üblichen. Aber da die elektrische Anlage größeren Umfang hat ist eine Zusammenfassung der Verteilungssicherungen an *einer* Stelle nicht wirtschaftlich. Man hat also meistens eine Hauptverteilung, von der mehrere starke Hauptleitungen und Steigeleitungen zu Neben - Verteilungsstellen führen. Zweckmäßig ist es dabei, die Hauptzuleitungen für Kraftzwecke von denen für Licht zu trennen, einerseits damit Störungen im Kraftnetz nicht das Lichtnetz beeinflussen und andererseits wegen der verschiedenen Strompreise. Die Hauptverteilung enthält einen oder mehrere Zähler, sowie die Hauptschalter und Hauptsicherungen in einer

Abb. 239. Hauptverteilung in einem Kaufhaus.

dem besonderen Falle angepaßten Zusammenstellung, meistens auf Marmor angeordnet (Abb. 239).
Die Nebenverteilungen sind wieder Uzed-Verteilungsgruppen, öfters in Mauernischen eingebaut, vielfach mit Verteilungsschaltern (Abb. 242). Unterputzverlegung ist keineswegs unbedingt nötig, wenigstens nicht für die Verteilungsstromkreise in Arbeitsräumen und Korridoren. Hier ist Rohrdrahtverlegung meistens zweckmäßiger. Denn nach einiger Zeit ergeben sich an solchen Stellen unfehlbar Umänderungen und Nachinstallationen, die doch auf der Wand verlegt werden müssen. Für Hauptleitungen in vom Publikum benutzten Treppenhäusern und Verteilungsleitungen in besonders vornehmen Räumen wird der Architekt Unterputzverlegung fordern und er kann dann entsprechende Kanäle bereits beim Bau vorsehen. Allgemein ist es zweckmäßig, die Leitungen nach Möglichkeit in den Korridoren zu verlegen und nur die Zuleitungen zu den Lampen und Schaltern ins Innere der Räume zu führen.
Bei großen *Kaufhäusern*, die große Räume ohne Zwischenwände haben, ist es üblich, die Zuleitungen zu den Lampen in Rohren in die Decken zu legen (Abb. 90). Dies muß schon während des Baues geschehen. Hier ist auf die Füllung der Decke und den Estrich zu achten, damit sie keine Stoffe enthalten, die Eisen angreifen (Säuren oder Schwefelverbindungen), denn sowohl Peschel- als Stahlpanzerrohre sind aus Eisen. Die Rohre müssen so weit sein, daß ein nachträgliches Auswechseln der Drähte keine Schwierigkeit bietet (Tafel Seite 66) und zugängliche Zwischenstücke sind reichlich vorzusehen, Bogen dagegen sparsam zu verwenden. Mit entzündlichen Gegenständen dürfen die Glühlampen nicht in Be-

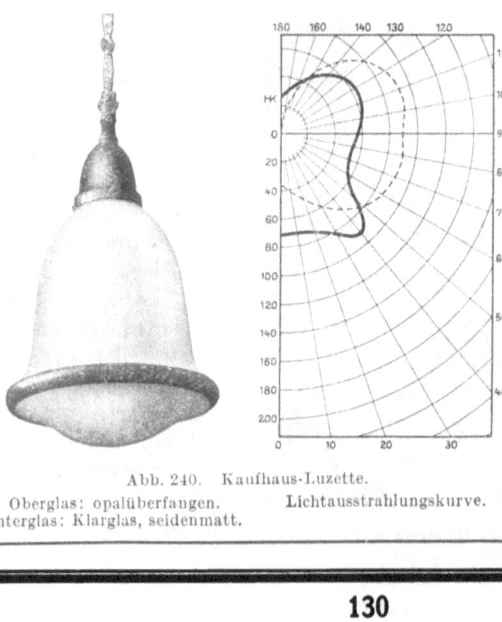

Abb. 240. Kaufhaus-Luzette.
Oberglas: opalüberfangen. Unterglas: Klarglas, seidenmatt. Lichtausstrahlungskurve.

Abb. 241. Wiskott-Tageslichtlampe für Farbenunterscheidung.

Abb. 242. Uzed-Verteilungsgruppe in einem Berliner Kaufhaus.

rührung sein. Als Handlampenleitung ist in Warenhäusern und Schaufenstern, in denen *leicht entzündliche Stoffe* aufgestapelt sind, mindestens Type NHK erforderlich. Schalter, Steckdosen und Sicherungen müssen

Abb. 243. Schaufensterbeleuchtung. Lampen über der Glasabdeckung des Schaufensters.

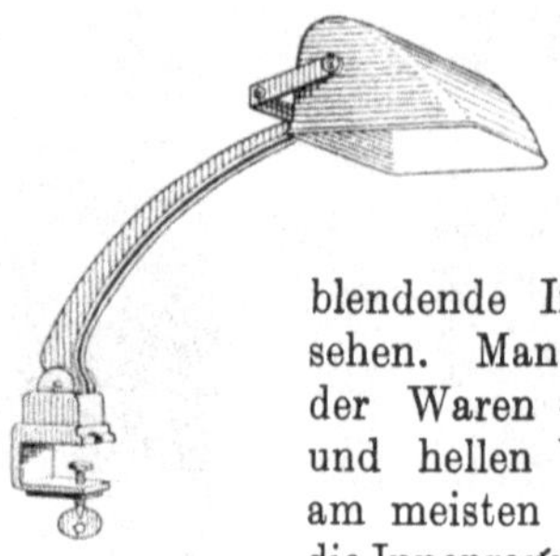

Abb. 44. Stehlampe für Kassenpulte.

in diesem Fall in Schutzkästen liegen oder gekapselt sein.

An die *Beleuchtung* stellen Geschäfts- und Kaufhäuser hohe Anforderungen. Es ist zunächst eine ausreichende aber nicht blendende Innenbeleuchtung der Verkaufsräume vorzusehen. Man fordert je nach Hell- oder Dunkelfarbigkeit der Waren 40—80 Lux. Bei weißen glatten Decken und hellen Wänden ist die halbindirekte Beleuchtung am meisten zu empfehlen. Hierfür eignet sich z. B. die Innenraum-Luzette (Abb. 20) oder die Kaufhaus-Luzette (Abb. 240). Bei blanken Metallgegenständen ist, der indirekten Blendung wegen, möglichst diffuse Beleuchtung zu wählen. In hohen Hallen und an besonderen Stellen (z. B. an Kassen) sind zusätzliche gut abgeschirmte Stehlampen beliebt (Abb. 244).

An einigen Stellen wird auf richtiges Erkennen der Farben auch bei künstlichem Licht Wert gelegt. Hierfür eignen sich die Wiskott-Tageslichtlampen (Abb. 241) oder Moorelicht (feste oder bewegliche Anlagen).

Die *Außenbeleuchtung* soll den Raum vor dem Hause gut erleuchten und gleichzeitig eindrucksvoll und anziehend, aber nicht blendend wirken. Man wähle also z. B. eine Beleuchtung der Schauseite des Hauses durch Schrägstrahler (Abb. 18) am Dach oder bei niedrigerer Anordnung (in Höhe des 1. Stocks) durch Freistrahler (Abb. 16)

Die *Schaufensterbeleuchtung* muß unter allen Umständen jede direkte oder indirekte Blendung vermeiden, wenn die ausgelegten Waren gut sichtbar sein sollen Nur wo dies absichtlich nicht gewünscht wird (z. B. in Schaufenstern mit falschen Edelsteinen) fügt man blendende Lampen zwischen die Waren. Die Beleuchtungsstärke muß unter Berücksichtigung der Reflexionsfähigkeit der ausgelegten Waren ausreichend sein, also je nachdem 80—150 Lux betragen.

Einige Ausführungsmöglichkeiten sind

1. Soffittenkörper mit gewöhnlichen oder Röhrenlampen am inneren Rande des Schaufensters entweder seitlich oder oben (Abb. 245),
2. Schrägstrahler, z. B. Wiskottspiegel-Reflektoren hinter dem abgedeckten oberen Rand des Schaufensters (Abb. 246),
3. Steilstrahl-Armaturen (Abb. 17) über wagerechter Glasabdeckung (Riffel-Glas) des Schaufensters (Abb. 247).

Ungünstigere Lichtwirkung ergibt

4. die Anordnung der Lampen sichtbar im Innern des Schaufensters (Abb. 248). In diesem Falle entsteht Verlust der Strahlung durch das Schaufenster. Damit blendende Helligkeitsunterschiede vermieden werden, sind die Lampen in lichtstreuende Gläser einzuschließen. Eine zweckmäßige Anordnung dieser Gläser weist die Kaufhaus-Luzette (Abb. 240) auf.
5. auf der Straße vor dem Schaufenster (Abb. 249), (Lichtverlust durch Spiegelung).

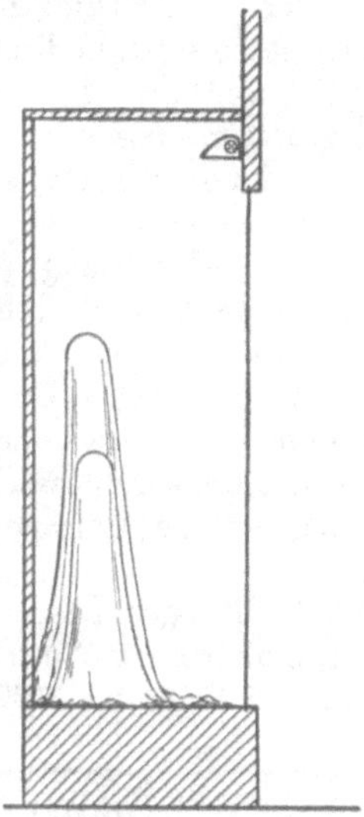

Abb. 245. Soffittenlampen hinter der Umrahmung.

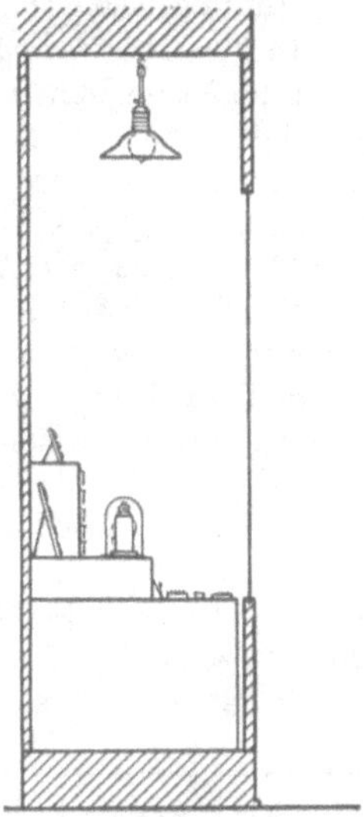

Abb. 246. Schrägstrahler hinter der oberen Vorderwand.

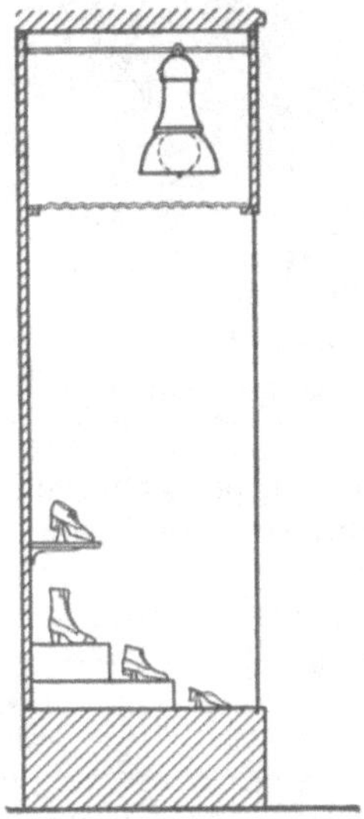

Abb. 247. Steilstrahler über Glasabdeckung.

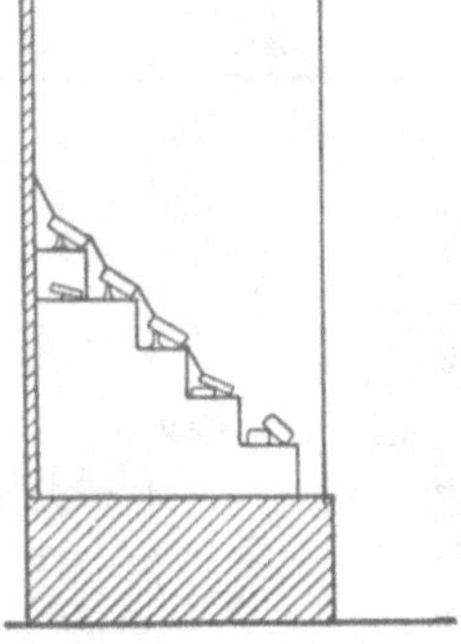

Abb. 248. Umhüllte Lampe im Schaufenster.

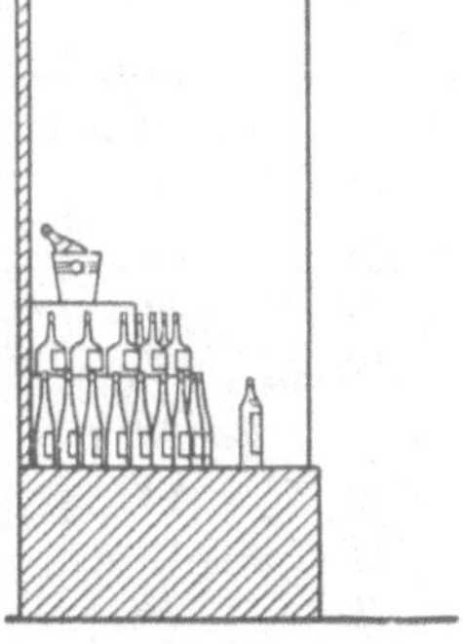

Abb. 249. Schrägstrahler vor dem Schaufenster.

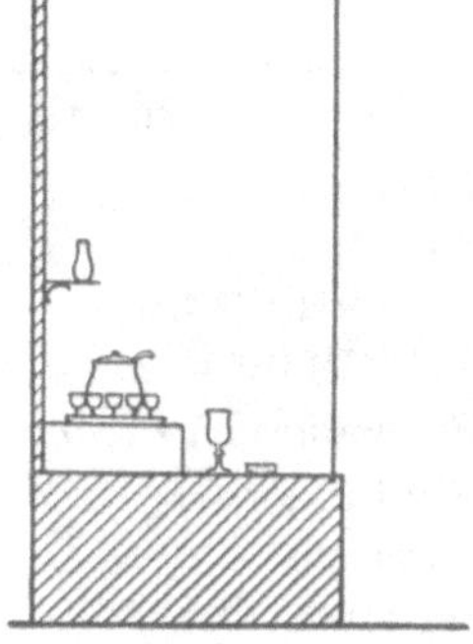

Abb. 250. Seitenstrahler vor dem Schaufenster.

Schaufensterbeleuchtungen.

Abb. 251. Nicht blendende Schreibtischlampe.

Bei flachen Schaukasten dagegen ist die Anordnung nach Abb. 250 öfters nicht zu umgehen. In *Verwaltungsgebäuden* ist die halbindirekte Innenraum-Luzette (Abb. 254) als allgemeine Beleuchtung großer Büroräume besonders geeignet. Eine nicht blendende Schreibtischlampe zeigt die Abb 251. Man rechnet mit 40—60 Lux als Allgemeinbeleuchtung und 60—90 Lux auf der Fläche des Schreibtisches. Für *Lichtpauserei* und *Photographie* finden in Verwaltungsgebäuden industrieller Unternehmungen Bogenlampen Verwendung. Für Lichtpauserei werden Sondermodelle gewählt mit eingeschlossenem Lichtbogen, die besonders reich an chemisch wirksamen („aktinischen") Strahlen sind.

Es sind Gleichstrom-Lampen mit etwa 80 oder 160 V Lichtbogenspannung, also einzeln bei 110 oder 220 V zu schalten. Man kann aber auch Wechselstromlampen von etwa 80 V Spannung einzeln bei 110 bis 120 V anschließen.

Mittlere Kopierzeit zur Herstellung von Lichtpausen mit Gleichstrom-Lampen 8 A 160 V Bogenspannung.[1])

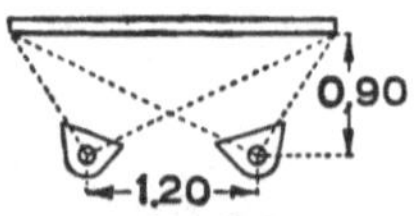

Abb. 252.

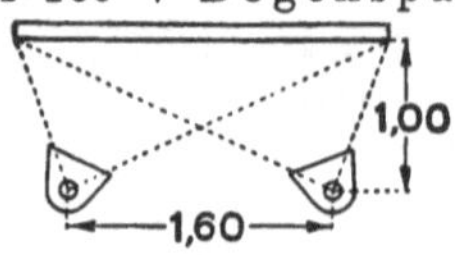

Abb. 253.

Original auf	Kopie auf				
	Blaupauspapier Min.	Blaupausleinen Min.	Sepia-Negativpapier Min.	Sepia-Positivpapier Min.	Eisengalluspapier Min.
Flachrahmen 1,60×1 m	Bei Anordnung nach Abb. 252				
Pausleinen	7	8	11	—	15
Pauspapier	9	13	18	—	20
Sepia-Negativ [2])	20	25	—	25	—
Sepia-Positiv [2])	13	19	30	—	36
Flachrahmen 2×1,20 m	Bei Anordnung nach Abb. 253				
Pausleinen	8	10	17	—	25
Pauspapier	11	15	24	—	30
Sepia-Negativ [2])	25	28	—	30	—
Sepia-Positiv [2])	15	21	35	—	50

[1]) Für Lampen 80 V Bogenspannung sind etwa die zwei- bis dreifachen Kopierzeiten erforderlich.
[2]) Auf Papier von 35 g Gewicht für den Quadratmeter.

Abb. 254. Beleuchtung eines Bureaus mit Innenraumluzetten.

Abb. 255. Scheinwerfer für photographische Reproduktion.

Bei Verwendung von Wechselstrom-Lampen mit 15 A und 80 V Lichtbogenspannung sind die Kopierzeiten zwei- bis dreimal so lang anzunehmen als in der Tafel für Gleichstrom, 8 A, 160 V, angegeben.
In vielen Fällen wird zu untersuchen sein, ob nicht an Stelle von Wechselstrom-Kopierlampen besser die Gleichstrom-Lampe und ein Wechselstrom-Gleichstrom-Umformer, sei es ein umlaufender oder ein Quecksilberdampf-Gleichrichter, verwendet werden. Im allgemeinen kann man annehmen, daß schon bei 4—6 Lampen diese Anordnung wirtschaftlicher ist als die Anwendung von Wechselstrom-Kopierlampen.
Für möglichst gleichmäßige und intensive Beleuchtung von Vorlagen, die auf *photographischem* Wege reproduziert werden sollen, sind Scheinwerfer mit Kreuzstreuer (Abb. 255) sehr geeignet.
Die Beleuchtungsintensität beträgt bei 50 A Stromstärke auf 5 m Entfernung etwas mehr als $^1/_3$ derjenigen des direkten Sonnenlichtes, auf 3 m Entfernung ist sie derjenigen des Sonnenlichtes gleich.
Auf größte Intensität und Gleichmäßigkeit eingestellt, beträgt bei Modell G 60 mit 50 A

für eine Entfernung der beleuchteten Fläche vom Kreuzstreuer in m	2,5	3	3,5	4	4,5	5
die Seitenlänge des erleuchteten Quadrates . . . . cm	88	103	116	130	144	158

In *Schulsälen* ist ebenfalls halbindirekte Beleuchtung zu empfehlen, Beleuchtungsstärke 50—70 Lux.
In *Krankenhäusern* ist für Krankensäle und Krankenzimmer eine möglichst milde diffuse Beleuchtung von 20—40 Lux unerläßlich. Für größere Krankensäle ist also die Innenraum-Luzette (Abb. 20) geeignet. Als Nachtbeleuchtung können blau-grün gefärbte Lampen von 10HK oder Lampen mit blaugrünen Überglocken oder Glimmlampen vorgesehen werden. Dunkelschalter sind weniger wirtschaftlich. In Krankenzimmern sind Anordnungen wie in Schlafzimmern (Seite 118) zu empfehlen. In Operationssälen ist sehr starke Beleuchtung erforderlich, aber die Anordnung

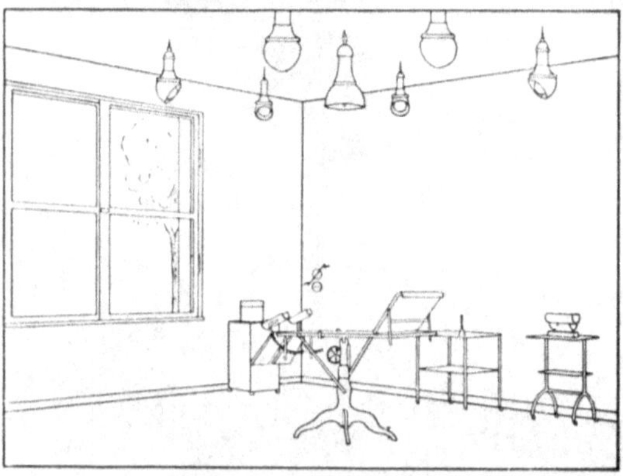

Abb. 256. Beleuchtung eines Operationstisches durch Stellstrahler bei Oberlicht-Decke.

muss so getroffen werden, daß der Chirurg nicht geblendet wird. Auf dem Operationstisch soll eine Helligkeit von 200—400 Lux erzeugt werden. Die Armaturen müssen so gebaut sein, daß sie das Abspritzen mit Wasser vertragen. — Je nach der Art der Decke sind 3 Ausführungsformen für die Beleuchtung des Operationstisches möglich.

Abb. 257. Beleuchtung eines Operationssaals durch Oberlicht. Es sind Kristallglasreflektoren gewählt, damit sie bei Tageslichtbeleuchtung nicht Schatten werfen.

a) Bei Oberlichtdekken aus Glas, Oberlicht-Beleuchtung durch über der Glasdecke angeordnete Lampen mit Reflektoren. (Abb. 257 u. 258),
b) Bei Oberlichtdekken aus Glas, Steilstrahler (Abb. 17) unterstützt durch 4—6 im Kreis darum angeordnete Seitenstrahler (Abb. 256).
c) bei glatter weißer Decke reichliche halbindirekte Beleuchtung, z. B. durch 4—8 Innenraum - Luzetten (Abb. 20).

Abb. 258. Operationssaal, durch Oberlicht beleuchtet.

Bei Installationen in Krankenhäusern, Heil- und Pflegeanstalten ist von vornherein auf den Anschluß von elektromedizinischen und Röntgenapparaten Rücksicht zu nehmen. Es empfiehlt sich, wegen der zu beachtenden Gesichtspunkte mit erfahrenen Spezialfachleuten Fühlung zu nehmen.

Auf die mannigfaltigen Anwendungen des elektrischen Stromes für Heilzwecke soll in diesem Zusammenhang nicht näher eingegangen werden (vgl. die Druckschrift der S. & H. A.-G. Nr. 179. Elektrische Anlagen für Krankenhäuser und Kuranstalten, sowie verschiedene Druckschriften über Elektrokardiographie, Diathermie, Lichttherapie und Röntgenologie.)

Abb. 259.
Beleuchtung der Auffahrt eines Gasthofes.

Für *Gasthöfe und Gastwirtschaften* gelten für die Beleuchtung der Schauseite des Hauses ähnliche Gesichtspunkte wie für Kaufhäuser. Meistens wird man über die Auffahrtsstelle ein oder mehrere Schrägstrahler (Abb. 259) in mäßiger Höhe aufhängen.

In den Speisesälen ist eine vielfach unterteilteBeleuchtung durch Kronen oder Wandarme üblich, bei denen durch zweckmäßige Anordnung diffuser Glocken und Schirme Blendung vermieden werden soll. Im übrigen muß gerade in solchen Räumen der Beleuchtungstechniker Hand in Hand mit dem Architekten arbeiten.

Die Fremdenzimmer sind als Schlafräume (Seite 118 Abb. 219) zu behandeln. Sie erhalten fast stets die Umschaltung 6 (Seite 106), von der Tür und vom Bett aus zu bedienen. Manchmal wird gewünscht (aus Sparsamkeit), daß der Gast nur *entweder* die Mittelkrone *oder* die Nachttischlampe brennen kann. Das erzielt die Schaltung 4 (Seite 106). Neben Schreibtischen und Ankleidetischen sind Steckdosen vorzusehen. In den Korridoren wählt man flache Deckenbeleuchtungen.

Auch die elektrischen *Heizapparate* werden in Kaufhäusern, Verwaltungsgebäuden, Krankenhäusern und Gasthöfen in ähnlicher Weise angewendet wie im Wohnhaus. Dazu treten aber in Geschäftshäusern noch elektrische Siegellackwärmer in den Postabfertigungsstellen, elektrische Schaufensterwärmer, die das Beschlagen der Schaufenster im Winter verhüten, sowie elektrische Brennscherenwärmer und Haartrockner in denFrisierräumen großer Gasthöfe und Kaufhäuser.

Der *Elektromotor* findet in den erwähnten großen Gebäuden ähnliche Anwendung wie im Wohnhaus als Wandventilator, Staubsauger, Bohnermaschine, Nähmaschinenantrieb und alsAufzugsmotor, auch als Speisen aufzug (Abb. 262), oder Aktenaufzug (Abb. 264). Bureaumaschinen, wie Brief-

Abb. 260. Brief-Kopiermaschine mit elektrischem Antrieb.

Kopiermaschinen, Brief-Falzmaschinen, Frankiermaschinen, Rechenmaschinen und Registrierkassen werden elektrisch angetrieben. In großen Gasthöfen sind elektrische Motoren für die Waschmaschine, Wringmaschine, Wäschezentrifuge, Geschirrspülmaschine, Kartoffelschälmaschine, Gemüseputzmaschine, Kohlschneidemaschine, Reibemaschine, Fleischwolf, Kaffeemühle, Mayonnaisenmaschine, Messerputzmaschine, Eismaschine usw. notwendig. Die Stiefel reinigt die elektromotorisch betriebene Stiefelputzmaschine. Besonders in warmen Gegenden wichtig ist der elektrische Kühlschrank mit eigener Kälteerzeugung. Es ist bekannt, daß in Räumen, in denen große Ansammlungen von Menschen stattfinden, infolge der Ausscheidungen durch Haut- und Lungenatmung, die Luft oft bis zur Unerträglichkeit verschlechtert wird. Elektromotorisch angetriebene Ventilationseinrichtungen können nicht in allen Fällen mit durchgreifendem Erfolg durch einfache Luftbewegung oder Frischluftzufuhr zur Verbesserung der Luft beitragen, besonders im Winter, wo überhaupt nach Möglichkeit aus rein wärmetechnischen Gründen mit Zuführung von Frischluft gespart werden muß.

Abb. 261. Elektr. angetriebene Haushaltungsmaschinen.
Brotschneidemaschine, Fleischwolf, Semmelreibemaschine, Kaffeemühle und Passiermaschine.

Abb. 262. Elektr. Speisenaufzug mit Druckknopfsteuerung.

Abb. 263. Elektr. angetriebene Kartoffelschälmaschine.

Abb. 264. Elektr. Akten-Aufzug in der Zentralpoststelle eines Verwaltungsgebäudes.

Abb. 265. Gesamtansicht einer elektr. Küche.

Abb. 266. Elektr. angetriebene Geschirrspülmaschine.

Arbeitsmaschine	Leistungsabgabe des Motors	
	etwa kW	etwa PS
Verwaltungsgebäude, Kaufhäuser		
Staubsauger, kleine tragbare	0,25	1/3
fahrbare	1—10	1 1/2—13 1/2
feststehende	1—10	1 1/2—13 1/2
Bohnermaschine	0,25	1/3
Aufzug für 3—4 Personen	2,57	3 1/2
Aufzug für 5—10 Personen	8,85	12
Brief-Kopiermaschine	0,09	1/8
Brieföffner	0,06	1/12
Brief-Falzmaschine	0,12	1/6
Frankiermaschine	0,06	1/12
Rechenmaschine	0,08	1/9
Registrierkasse	0,06	1/12
Adressiermaschine	0,06	1/12
Aktenaufzug	2,94	4
Gasthöfe		
Speisenaufzug	0,55	3/4
Waschmaschine	0,25—0,37	1/3—1/2
Wringmaschine	0,25—0,37	1/3—1/2
Wäschezentrifuge	0,74—3,68	1—5
Geschirrspülmaschine	0,37	1/2
Kartoffelschälmaschine	0,37—0,55	1/2—3/4
Gemüseputzmaschine	0,37—0,55	1/2—3/4
Kohlschneidemaschine		
Reibemaschine		
Fleischwolf		
Kaffeemühle		
Mayonnaisenmaschine	0,18—0,55	1/4—3/4
Messerputzmaschine		
Eismaschine		
Kühlschrank		
Stiefelputzmaschine		

In solchen Fällen zeigt sich als ein sehr wertvolles Ergänzungsmittel der einfachen Lüftung die Anwendung von Ozon in Verbindung mit Frischluftzuführung oder auch die einfache Ozonisierung der im Raume selbst umgewälzten Luft. Ozonapparate für Lüftungszwecke, wie sie das Wernerwerk der S. & H. A.-G. liefert, können in der verschiedensten Art entweder in bestehende Zentrallüftungsanlagen eingebaut oder auch in Räumen aufgestellt werden, in denen überhaupt

Abb. 267.
Zentral-Ozonlüftungsanlage. Deutsche Bank, Berlin.

keine zentrale Lüftung stattfindet. Der Kraftverbrauch solcher Ozonanlagen ist verhältnismäßig sehr gering. Man kann sie unmittelbar an Gleichstrom- oder Wechselstromnetze anschließen. Die Apparate lassen sich jederzeit sehr leicht auf die mit Rücksicht auf Raumgröße und Besetzung gewünschte Ozonmenge einstellen (Abb. 267). Auf die elektrischen Signalanlagen, Fernsprechanlagen, Uhrenanlagen und Feuermeldeanlagen in solchen großen Gebäuden soll an dieser Stelle nicht näher eingegangen werden vgl. die Druckschriften der S. &. H. A.-G.: Elektrische Schwachstromanlagen. Für Architekten und Bauherren. (Nr. 184). — Der Einfluß elektrischer Schwachstromanlagen auf die Wirtschaftlichkeit gewerblicher Betriebe (Nr. 187). Elektrische Sicherheits- und Zeitdienstanlagen (Nr. 192). Hauptuhren für elektrische Uhrenanlagen (Nr. 174). Feuermeldeanlagen nach dem Zeigerapparatsystem (Nr. 175). Selbsttätige Feuermelder (Nr. 169).

Installation in gewerblichen Betriebsstätten.

Die Verlegungsweise und die Ausbildung der elektrischen Apparate in gewerblichen Betriebsstätten weicht von der in Wohnräumen üblichen in dem Maße ab, in dem aus der Art des Betriebes Einflüsse erwachsen, die geeignet sind, die Leitungen oder Apparate zu schädigen oder die Unfall- oder Brandgefahr zu erhöhen.

Leichte Betriebe.

Es gibt Werkstätten, bei denen solche Einflüsse fast nicht auftreten, z. B. in der *Hausindustrie* leichter Waren, kleinen Schneiderwerkstätten, kleinen Schuhmacherwerkstätten. In solchen Werkstätten verlegt man ebenso wie in Wohnräumen Rohrdraht oder Peschelrohr und nackte Installationsmaterialien, (Abb. 269), für bewegliche Leitungen Gummischlauchleitungen LHZ. In anderen Werkstätten ist wenigstens mit gelegentlichen Stößen gegen die Leitungen und Apparate zu rechnen und diesen *mechanischen Beschädigungen* ist Rechnung zu tragen durch Verlegung der Leitungen in Peschelrohren, durch Schutzkragen

(Abb. 268) über den Schaltern und durch Verwendung gekapselter Schalter (z. B. Abb.192) und gekapselter Steckdosen. Für die Verteilungsgruppe findet man leicht einen Platz, wo sie vor Stößen sicher ist. Kleine Motorschalttafeln wählt man gekapselt, für Handlampenleitungen Werkstattschnüre NHK (Abb. S. 55), Handlampen mit Schutzkorb (Abb. 270).

Schwere Betriebe.

Andere Werkstätten, insbesondere in der Schwerindustrie, lassen sehr starke mechanische Beanspruchung erwarten, sie sind ausgesprochene sogenannte *rauhe Betriebe.* Hier erscheint manchmal nicht einmal Peschelrohr fest genug und man zieht Stahlpanzerrohr vor und nimmt nur eisengekapseltes Installationsmaterial. Auch Sicherungen wird man kapseln (Abb. 156 u. 157 oder Abb. 273), ebenso Verteilungsgruppen (Abb. 272). Aus diesen Verteilungsgruppen kann man größere eisengekapselte Verteilungsanlagen (Abb. 274) in Verbindung mit anderen gekapselten Apparaten zusammenbauen. Es sind eisengekapselte Steckdosen (z. B. Abb. 206) oder in Verbindung mit Ausschaltern die blockierbaren Typen (Abb. 207) vorzusehen. Als bewegliche Leitungen zum Anschluss an die Stecker dienen die biegsamen Werkstattschnüre NWK (Abb. S. 55). Handlampen müssen mit einem Schutzkorb versehen sein (Abb. 271).

Feuergefährliche und explosionsgefährliche Betriebsstätten und Lagerräume.

Als *feuergefährliche Betriebsstätten und Lagerräume* gelten Räume, in denen leicht entzündliche Gegenstände hergestellt, verarbeitet oder angehäuft werden, sowie solche, in denen sich betriebsmäßig entzündliche Gemische von Gasen, Dämpfen, Staub oder Fasern bilden können.

Unter leicht entzündlichen Gegenständen im Sinne der Vorschriften des V.D.E. sind solche zu verstehen, die schon durch kleine elektrische Lichtbogen, kurzdauernde kleine elektrische Funkenentladung, durch herausfallende glühende Teilchen von Bogenlampenkohlen oder durch brennende und glimmende Teile der Drahtisolierung eine fortpflanzungsfähige Entzündung unter den im jeweils vorliegenden Falle herrschenden Verhältnissen erfahren können.

Derartige leicht entzündliche Gegenstände sind nun zwar fast in jedem Raum vorhanden, z. B. Gardinen, Streichhölzer usw.

Besondere Vorschriften gelten deshalb mit Recht nur für solche Räume, wo derartige leicht entzündliche Gegenstände „hergestellt, verarbeitet oder angehäuft" werden.

Unter der „Herstellung und Verarbeitung" von leicht entzündlichen Gegenständen ist jede Zustandsänderung zu verstehen, die an den betreffenden Gegenständen vorgenommen wird (also auch z. B. die Verpackung). Unter der „Anhäufung" versteht man die Vereinigung einer für die vorliegenden Verhältnisse wesentlichen Menge der betreffenden Gegen-

Abb. 268. Zetaschalter mit Schutzkragen.

Abb. 269. Kleine Motorschalttafel aus Porzellan für leichte Betriebe.

Abb. 270. Handlampe, mit Schutzkorb für leichte Betriebe.

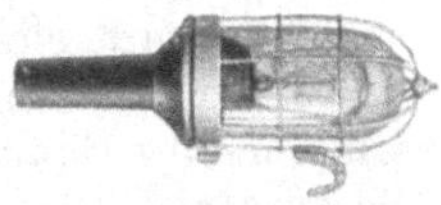

Abb. 271. Handlampe mit Schutzglas u. Schutzkorb für rauhe Betriebe und feuergefährliche Räume.

Abb. 272. Gusseisen-gekapselte Zweileiter-Verteilung, geöffnet.

Abb. 273. Dreipolige gekapselte T-Abzweigsicherungen für 25 bzw. 60 A.

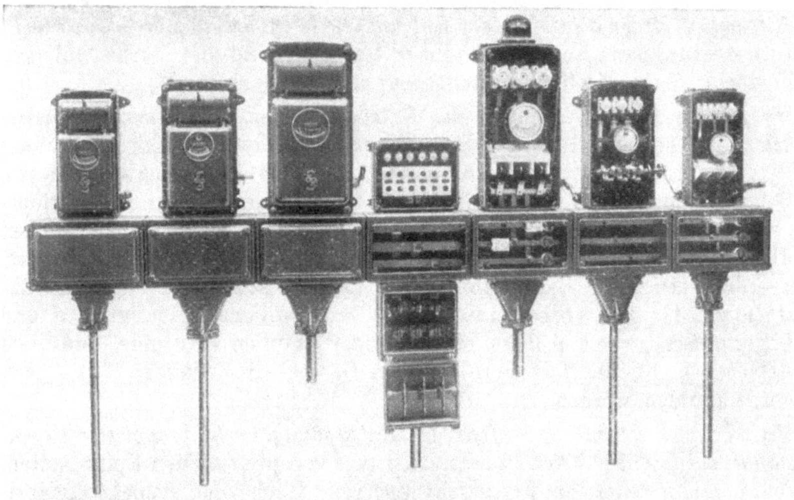

Abb. 274. Schaltgruppe, bestehend aus: 7 Schienenkästen, einem in der Mitte ankommenden Zuleitungskabel mit Trennschalterkasten, einem Sicherungsverteilungskasten, rechts und links je 3 Kraftabzweigen mit Schaltkasten, enthaltend Schalter, Stromzeiger und Sicherungen.

stände. (Einige Pakete Zündhölzer bilden also noch keine Anhäufung). Das Vorhandensein unwesentlicher Mengen leicht entzündlicher Gegenstände in einem Raume bietet also noch keine Veranlassung zur Anwendung verschärfter Installationsvorschriften.

Sind Vorkehrungen getroffen, die verhüten, daß sich leicht entzündliches Material in wesentlichen Mengen im betreffenden Raum ansammeln kann, so wird eine derartige häufige Reinigung die Feuergefährlichkeit des Raumes wesentlich herabsetzen. Dies gilt insbesondere für die betriebsmäßige Bildung „entzündlicher Gemische von Staub oder Fasern". So wird z. B. in Bleistiftfabriken der feine Holzstaub, den die Bleistiftspitzmaschine erzeugt, sofort von der Maschine durch eine kräftige Ventilation abgesaugt. Dasselbe geschieht in neuzeitlichen Holzbearbeitungswerkstätten (Abb. 325.)

Handelt es sich um „entzündliche Gemische von Gasen oder Dämpfen", so spielt besonders die Häufigkeit und Gründlichkeit der Lüftung eine bedeutende Rolle. Man wird eine auf einer Seite völlig offene Halle nicht als ebenso feuergefährlich betrachten, falls darin Benzin in Ballons lagert oder verarbeitet wird, wie einen geschlossenen Raum.

Eine kräftige, künstliche Ventilation, die betriebssicher und dauernd arbeitet, hat ähnlichen Einfluß.

Feuergefährliche Räume finden sich z. B. in folgenden Betrieben:

Betriebe, in denen die Gefahr von Staubentzündungen vorliegt: Braunkohlen- und Steinkohlen-Brikettfabriken; Braunkohlen- und Steinkohlen-Mahlmühlen; Torfstreufabriken; Korkmühlen (siehe auch unter staubige Betriebsstätten Seite 151).

Betriebe, in denen die Gefahr der Entzündung leicht brennbarer Gase vorliegt: Gasbereitungsanlagen für brennbare Gase; ortsfest betriebene Anlagen, in denen Wasserstoff hergestellt oder komprimiert wird.

Betriebe, in denen die Gefahr der Entzündung leicht brennbarer Flüssigkeiten vorliegt: Fabriken zur Herstellung von Äther; Erdöldestillationen; Petroleumraffinerien; Benzinraffinerien; Fabriken, in denen Äther, Benzin, Benzol, Rohnaphtha, Schwefelkohlenstoff zu Lösungs- oder Extraktionszwecken benutzt werden; Imprägnieranstalten, die mit feuergefährlichen Flüssigkeiten arbeiten; Lackfabriken, Firnissiedereien; Wachstuchfabriken; Teerdestillationen; Benzolfabriken; Fabriken ätherischer Öle; Abfüllstationen für alle vorgenannten leicht entzündlichen Flüssigkeiten und Lagerhäuser, soweit in ihnen ein Um- oder Abfüllen stattfindet und diese Arbeiten nicht mit flammenstickenden Gasen unter Ausschluß von Luft vorgenommen werden.

Betriebe, in denen die Gefahr der Entzündung leicht brennbarer Gegenstände vorliegt: Fabriken zur Verarbeitung von pflanzlichen Spinnstoffen, Spinnereien, Seilereien, Flachsschwingereien, Hecheleien, Kunstwollefabriken, Wattefabriken, Haarverarbeitungsfabriken, Linoleumfabriken, Paraffinfabriken, Kerzenfabriken, Zeresinfabriken, Wachsfabriken, Harzdestillationen, Kolophoniumschmelzereien, Schellack- und Siegellackfabriken; Pech- und Pechfackelfabriken; Schwefelraffinerien, Zelluloid- und Zelluloidwarenfabriken [1]); Strohhut- und Strohwarenfabriken; Holzwollefabriken, Holzbearbeitungsfabriken, soweit nicht bei der Bearbeitung durch mechanische Absaugung für Beseitigung der brennbaren Abfälle und des Staubes an der Entstehungsstelle gesorgt wird; Zündholz- und Zündwarenfabriken; Zündschnurfabriken; Schallplattenfabriken für Grammophone; Lager für Heu, Stroh und dgl. (auch Scheunen).

Verlegung in feuergefährlichen Räumen.

In feuergefährlichen Räumen ist auf Schutz der Leitungen gegen mechanische Beschädigung besonders zu achten (Rohrverlegung). Sicherungen, Schalter und andere funkenbildende Apparate sind in feuersicheren Schutzhüllen unterzubringen (eisengekapselt). Blanke Leitungen und Spannungen über 1000 V sind verboten. Von Maschinen, Motoren, Umformern und Widerständen ist entzündliches Material fernzuhalten. Man verlegt also Gummiaderleitungen in überlappten Peschelrohren. Bewegliche Leitungen sind mit Metallschlauch zu überziehen, wenn sie nicht zu vermeiden sind. Handlampen müssen Schutzkorb oder Schutzglas haben. Auch die Zuleitungen zu Beleuchtungskörpern dürfen nicht frei hängen. Es sind also z. B. Zeta-Pendeldosen mit Metallschlauch (Abb.208) zu wählen. Schnurpendel und Schnurzugpendel sind unzulässig. Für Installationsapparate wie Schalter, Sicherungen und Steckdosen sind nur gekapselte Ausführungen zulässig.

Abb. 275. Leimwärmer mit Wasserbad.

Abb. 276. Schlagwettergeschützter Schaltkasten.

Abb. 277. Drehstrommotor PRV mit Schlagwetterschutz.

Heizapparate sollen keine offen liegenden glühenden Teile haben, Anlaß- und Regelwiderstände sind in gekapselter Ausführung zu wählen. Geeignete Ausführung zeigt die Abb. 45.

[1]) Dazu gehören auch die Fabriken für Filme und Vorführungsräume der Filmtheater.

In solchen Räumen ist es häufig zweckmäßig, selbsttätige Feuermelder (vgl. Druckschrift der S. & H. A. G. Nr. 169) anzuordnen.

Als *explosionsgefährliche Betriebsstätten und Lagerräume* gelten Räume, in denen explosible Stoffe hergestellt, verarbeitet oder gelagert werden. Unter explosiblen Stoffen sind zunächst diejenigen stofflichen Verbindungen oder Gemenge verstanden, die das Sprengstoffgesetz vom 9. Juni 1884 als „explosive Stoffe" bezeichnet (vgl. auch die Berliner Polizeiverordnung vom 19. Oktober 1893). Es gibt aber noch andere explosible Stoffe, z. B. explosible Gemische von Gasen, Dämpfen, Staub oder Fasern. Wenn diese Gemische *betriebsmäßig* hergestellt, verarbeitet oder gelagert werden, gilt der betreffende Raum als explosionsgefährlich, nicht aber wenn sie sich nur zufällig bilden *können*. Im letzten Fall ist der Raum aber „feuergefährlich".

In explosionsgefährlichen Räumen gilt dasselbe wie für feuergefährliche; außerdem müssen alle Maschinen und Apparate *außerhalb* des gefährlichen Raumes angeordnet sein oder explosionssichere Bauart haben. Am besten verlegt man armierte Bleikabel. Als Drehschalter sind allenfalls gekapselte Paccoschalter, als Steckdosen blockierbare Steckdosen und als Sicherungen und Verteilungen die „schlagwettergeschützte" Ausführung (Abb. 276) zulässig.

Motoren und Anlasser sind nur im äußersten Notfalle in explosionsgefährlichen Räumen aufzustellen, dann aber Motoren in der Ausführung „mit Schlagwetterschutz" (Abb. 277) und Anlaßvorrichtungen in Ölschaltkasten.

Meistens ist es möglich, Anlasser und Motor in einem anderen Raume aufzustellen und nur die Welle durch eine gut geschmierte Stopfbüchse in der Mauer einzuführen.

Einen Überblick über die in Frage kommenden Betriebe gibt die folgende Aufstellung.

Betriebe, in denen die Gefahr der Entzündung explosionsgefährlicher Stoffe vorliegt: Alle Sprengstoffabriken; chemische Fabriken, die der Explosion unterworfene chemische Produkte wie Pikrinsäure und Nitrokörper herstellen; Munitionsfabriken; Anlagen zur Herstellung von Feuerwerkskörpern; Lagerhäuser für Sprengstoffe, Munition und Feuerwerkskörper außerhalb der Fabrikationsstätten.

Feuchte Räume, durchtränkte Betriebsstätten und Lagerräume, Betriebsstätten und Lagerräume mit ätzenden Dünsten, staubige Betriebsstätten.

Keller, große Küchen, Waschküchen und Klosetts sind häufig feucht. Es gibt zwar solche Räume, die nicht stets feucht sind, z. B. gewöhnliche Hausküchen, Klosetts und Badezimmer in Privatwohnungen, Arbeiter-Baderäume in industriellen Anlagen, in denen es aber trotzdem zweckmäßig ist, einzelne der für feuchte Räume vorgeschriebenen Sonderbestimmungen einzuhalten, z. B. die Wahl von Schaltern und Beleuchtungskörpern mit sorgfältiger Isolierung oder die Erdung im Handbereich befindlicher metallischer Beleuchtungskörper und Schalter. In Badewannen sind mehrfach Todesfälle durch Berührung Niederspannung führender Teile vorgekommen. Schalter und Beleuchtungskörper sollen deshalb von der Badewanne aus nicht erreichbar sein.

Feuchte und durchtränkte Räume sollen allpolig abschaltbar sein. Man verlege NGA-Leitungen auf Kellerisolatoren oder Rollen (vgl. Seite 60), im Handbereich in Stahlpanzerrohr. Drähte (auch isolierte) sind in feuchten Räumen stets der Berührung durch ihre Lage oder durch Schutzverkleidung zu entziehen. Bewegliche Mehrfachleitungen bedürfen einer besonderen Schutzhülle (am besten imprägnierte Hanfgarnumklöpplung oder es sind Gummischlauchleitungen LHZ und VHZ (Abb. S. 55) zu wählen. Die nicht spannungführenden der Berührung zugänglichen Metallteile an Motoren und Apparaten sind gut zu erden, ist die Erdung nach Maßgabe der örtlichen Verhältnisse nicht zuverlässig ausführbar, so ist für einen Isolierstand zu sorgen.

Gußeisengekapselte Sicherungen (Abb.157), gekapselte Schalter (Abb.198) gekapselte Steckdosen und Hebelschalter, gekapselte Schaltkästen und Verteilungen (Abb. 272) sind nötig.

Beleuchtungskörper sollen kräftige Porzellanfassungen haben. Hahnfassungen sind unzulässig.

Ganz besondere Aufmerksamkeit ist den *Handlampen* zu schenken. Eine bedeutende Zahl der tödlichen Unfälle infolge Niederspannung ist auf Handlampen zurückzuführen, die Körperschluß hatten. Werden gar entgegen den Sicherheitsvorschriften gewöhnliche Metallfassungen mit Holzgriff als bewegliche Lampen verwendet, so genügt ein Bruch des leider so zerbrechlichen Fassungsringes, um Körperschluß zu verursachen. Handlampen müssen unbedingt entweder einen Isoliergriff oder ein geerdetes Gehäuse haben. Die wasserdichten Handlampen mit Metallarmatur sind also durch eine besondere dritte Leitung zu erden.

Motoren bedürfen einer „Sonderisolation" oder sind „gekapselt" zu wählen. Anlasser sind Ölanlasser.

Als *„durchtränkte Betriebsstätten und Lagerräume"* werden „diejenigen Teile von industriellen und gewerblichen Betrieben" bezeichnet, „in denen erfahrungsgemäß durch die chemische Beschaffenheit vorhandener Niederschläge oder Verunreinigungen die dauernde Erhaltung normaler Isolation erschwert und der Widerstand des Körpers der darin beschäftigten Personen gegen Erde erheblich vermindert wird". Auch wenn die betreffende Feuchtigkeit gut leitende Säuren, Laugen oder Salze gelöst nicht enthält, sondern auch wo gewöhnliches Leitungswasser durch Verunreinigungen gute Leitfähigkeit erhält (in Faßspülhallen, in Brauereikellern, in großen Waschanstalten, in Filzhutfabriken usw.), hat man es mit durchtränkten Räumen zu tun.

Abb. 278.

Für durchtränkte Räume sind außer besonders sorgfältiger Beobachtung der Regeln für feuchte Räume Warnungstafeln (Abb. 278) vorgeschrieben.

Betriebsstätten und Lagerräume mit ätzenden Dünsten, ätzendem Staub oder ätzenden Flüssigkeiten erfordern neben den für feuchte bzw. durchtränkte Räume geltenden Regeln noch Rücksicht auf die zu erwartenden chemischen Einflüsse. Als erster Anhalt möge die nachstehende Aufstellung dienen:

Verlegung von Leitungen in Räumen, die Dünste von Säuren und Laugen enthalten.	
Allgemein:	Leitungen möglichst außerhalb, allpolig abschaltbar. Warnungstafeln. Schutz zugänglicher spannungführender Teile gegen Berührung. Beleuchtung möglichst von außen. Beleuchtungskörper: Wasserdichte Porzellan-Armaturen, gußeiserne Armaturen (nicht Blech-Armaturen); die Gummidichtungsringe mit Paraffin überziehen. Motoren, Schalter u. Sicherungen möglichst außerhalb unterbringen, sonst gut abdichten und mit dauerhaftem Anstrich versehen.
Räume, in denen *Salzsäure, Schwefelsäure, Salpetersäure, Essigsäure, kalkhaltige Laugen* verarbeitet werden, oder in denen *Ammoniak-Chlor-Schwefeldünste* auftreten oder in denen sich organische Zersetzungsprodukte befinden. (Viehställe s. S.178 bis 182)	NGA-Leitungen oder Spezialleitungen in Stahlpanzerrohr mit Teeranstrich, auf Rohrschappel mit Abstand von der Wand verlegt. Rohre gut verdichten oder in Verbindung mit reiner Luft. Blanke Leitungen mit Teeranstrich auf Isolatoren mit in Teer gekochter Hanfschnur abgebunden. Die Isolatorenstützen auch mit Teeranstrich versehen. Wetterfeste Leitung oder Spezialleitung auf Isolatoren, wie oben. Am besten Kabel. (In Salpetersäurefabriken auch Kabel mit Aluminiumleiter verwendbar). Kabel und Kabel-Armaturen mit Teeranstrich.

Durchtränkte Räume und Räume mit ätzenden Dünsten kommen vor allem in folgenden Betrieben in Frage:

Betriebe, in denen elektrisch leitende Flüssigkeiten oder Feuchtigkeit in dem Maße auftreten, daß dadurch der Widerstand des menschlichen Körpers in gefährlicher Weise herabgesetzt werden kann (feuchte und sogenannte schmierige Betriebe): Brauereien; Brennereien; Stärkefabriken; Metallbeizereien; mechanisch betriebene Waschanstalten; Lichtbadeanstalten; Papierfabriken; Zellulosefabriken; Pergamentpapierfabriken; Rauhereien; Walkereien; Bleichereien; Färbereien; Gerbereien; Superphosphat-Düngerfabriken; Alaunfabriken; Sodafabriken; Ätzalkalienfabriken; Essigfabriken; Salzsäurefabriken; Schwefelsäurefabriken; Salpetersäurefabriken; Tonerdefabriken; Kleesalzfabriken; Ultramarinfabriken; Karbolsäurefabriken; Teerfarbenfabriken; Zuckerfabriken; Zuckerraffinerien; Viehstallungen in landwirtschaftlichen Betrieben; Viehfutterküchen.

Staubige Betriebsstätten sind je nach der Art des auftretenden Staubes zu behandeln, entweder wie feuergefährliche Räume (wenn der Staub brennbar ist, z. B. in Tischlereien, Sägewerken, Kohlenscheunen, Kornböden, Mahlmühlen (insbesondere solche älterer Bauart), Aluminiummühlen), oder wie durchtränkte Räume (wenn er ätzend ist, z. B. in Zementfabriken und Düngemittelfabriken), sonst wie Betriebsstätten, in denen mechanische Beschädigungen zu erwarten sind, z. B. in Porzellanfabriken. Wo staubförmige Explosivstoffe hergestellt werden, bestehen natürlich explosionsgefährliche Betriebsstätten (Pulvermühlen).

Elektrische Beleuchtung in gewerblichen Betriebsstätten.

Die allgemeinen Gesichtspunkte für eine zweckmäßige Beleuchtung (Seite 1 bis 18) sind in gewerblichen Betriebsstätten noch sorgfältiger zu berücksichtigen als in Wohnungen, weil der Arbeiter meistens stundenlang an seinem Arbeitsplatz unter der gleichen Beleuchtung zu arbeiten hat. Wichtig ist vor allem die Vermeidung *blendender* Lichtquellen (vgl. Seite 2). Leider ist dieser Forderung nicht überall richtig Rechnung getragen. Lichtverluste werden erspart durch weiße Wände und Decken und hellen Anstrich der Maschinen, desgleichen durch regelmäßige Reinigung verstaubter Lampen und Reflektoren.

Man hat zu unterscheiden zwischen der Allgemeinbeleuchtung und der Arbeitsplatzbeleuchtung.

Für die *Allgemeinbeleuchtung* kann man direkt oder halbindirekt strahlende Lichtquellen wählen. Halbindirekte Beleuchtung hat zur Voraussetzung weiße glatte Decken und Wände. Aber auch bei Glasdächern in Shedbauten kann man halbindirekte Beleuchtung anordnen, wenn ein geeignet gebauter Reflektor über der Lampe angebracht ist (Abb. 279 und 295). In mehr als 10 m hohen Hallen (z. B. Montagehallen, Gießereien) ist direkte Beleuchtung, z. B. durch Schrägstrahler (Abb. 18) nötig, schon deswegen, weil in solchen Hallen weder Decken noch Wände weiß und glatt sind.

Eine vollständig schattenlose Beleuchtung (vergl. S. 1) ist für Werkstätten nicht erforderlich, aber für feinmechanische und ähnliche Arbeiten in der Maschinenindustrie sind allzu starke Schatten störend. Dagegen ist für andere Arbeiten, z. B. für solche in einfarbigem Material, stärkere Schattenbildung vorteilhaft (z. B. beim Nähen, Weben, Gravieren, Setzerarbeit und Buchdruckerei). Man wird in solchen Fällen aber meistens noch eine örtliche Arbeitsplatzbeleuchtung so anordnen, daß die gewünschte Schattenbildung eintritt. Größere Aufhängehöhe ergibt neben kleineren Schatten gleichmäßigere Beleuchtung und geringere Blendung. In vielen

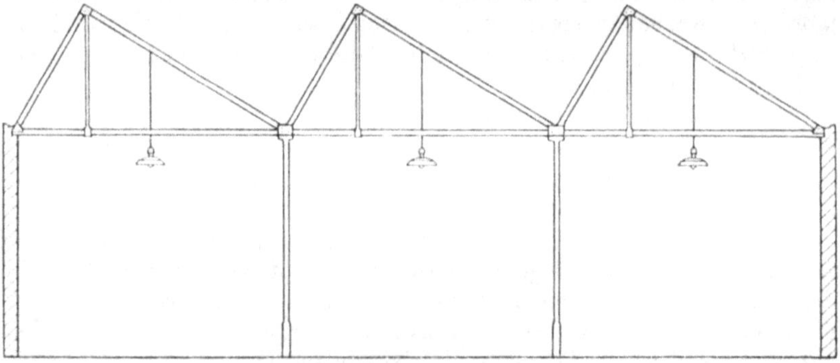

Abb. 279. Halbindirekt beleuchtende Armaturen mit Deckenreflektor für Oberlichträume in Shedbauten.

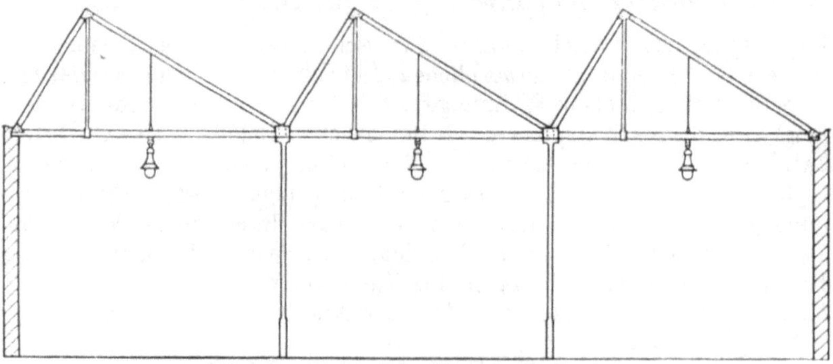

Abb. 280. Direkte Beleuchtung in Shedbauten.

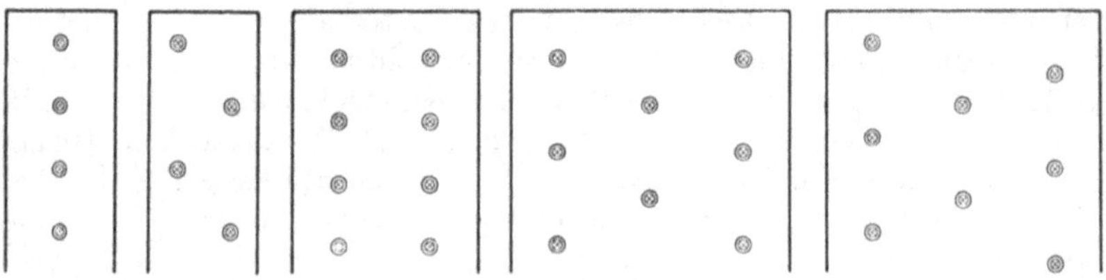

Anordnung der Lampen.

Abb. 281. In einer Reihe.

Abb. 282. In zwei Reihen versetzt.

Abb. 283. In zwei Reihen in gleicher Stellung.

Abb. 284. In drei Reihen, eine Reihe versetzt.

Abb. 285. In drei Reihen, zwei Reihen versetzt.

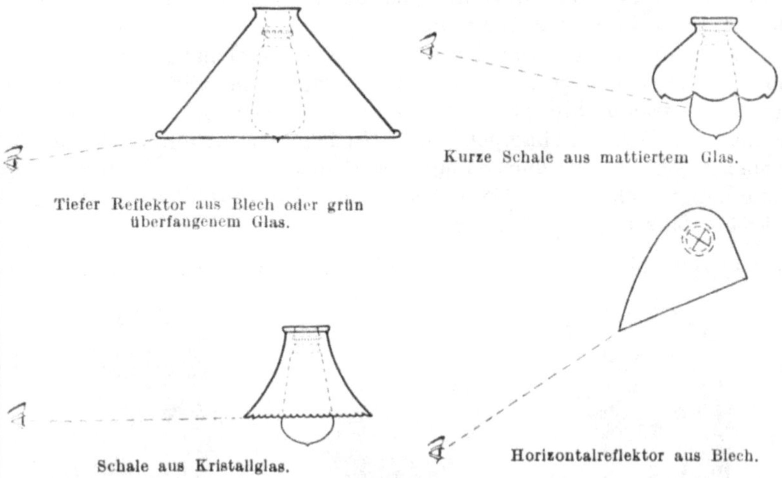

Abb. 286. Stellung verschiedener Schirme zwischen Auge und Lampe, wenn Blendung vermieden sein soll.

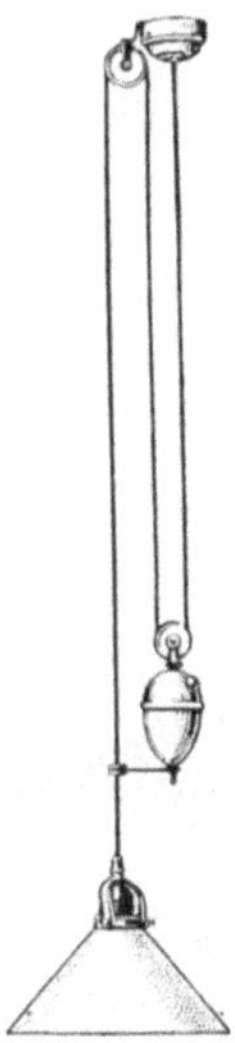

Abb. 287. Schnurzugpendel für Arbeitsplatzbeleuchtung.

Abb. 288. Verstellbare Stehlampen für Arbeitsplatzbeleuchtung.

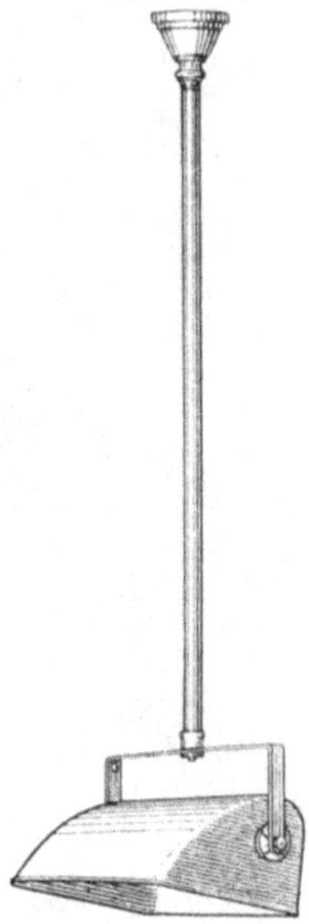

Abb. 289. Rohrpendel mit verstellbarem Reflektor für Arbeitsplatzbeleuchtung.

Fällen der Praxis legt man die Lichtpunkte der Allgemeinbeleuchtung deshalb in etwa $^4/_5$ der Raumhöhe.

Die Verteilung der Lichtquellen an der Deckenfläche hat öfters Rücksicht auf die Konstruktion der Decke zu nehmen. Im allgemeinen genügt für Betriebsräume bis etwa 8 m Breite eine Reihe (Abb. 281) oder zwei Reihen mit versetzten Lampen (Abb.282). Für größere Breiten kommen die Anordnungen Abb. 284 und 285 mit drei Reihen in Frage. Die zweireihige Anordnung nach Abb. 283 gibt bei gleicher Lampenzahl etwas geringere Gleichmäßigkeit der Beleuchtung.

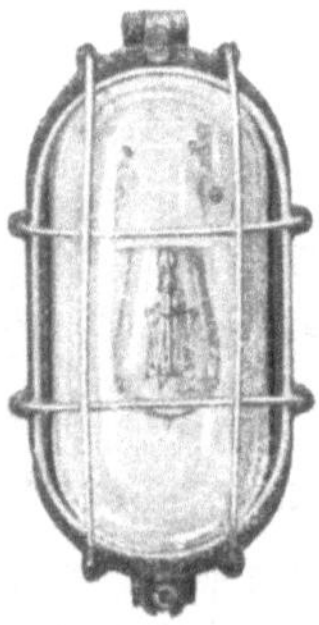

Abb. 290. Gußeiserne Armatur für rauhe Betriebe.

Abb. 291. Schlagwettersichere Grubenarmatur.

Abb. 292. Gußeiserne Armatur für rauhe Betriebe.

Abb. 293. Staubdichte Armatur.

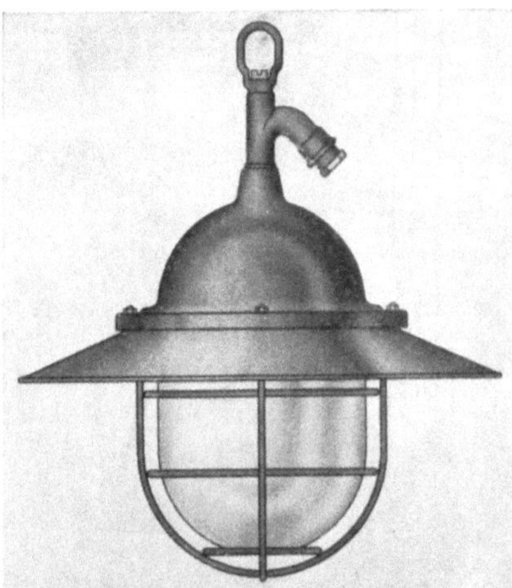

Abb. 294. Gasdichte Gußeisen-Amatur.

Die Anforderungen an die mittlere Stärke der *Allgemein*beleuchtung richten sich nach der Art der ausführenden Arbeiten. Man kann zunächst vorsehen

für Lagerräume	10—25 Lux	(Allgemeinbeleuchtung)
für grobe Arbeiten (Walzwerke, Gießerei, Schmiede, Bauschreinerei, Spinnerei)	20—40 „	„
für genauere Arbeiten (Tischlerei, Schlosserei, Formerei, Montagehallen, Weberei, kaufmännische Büros, Maschinenhäuser u. dgl.)	40—60 „	„
für feine Arbeiten (Feinmechanik, Setzerei, Weben sehr feiner oder dunkler Stoffe, Zeichenbüros) .	70—120 „	„

In rauhen Betrieben sind u. U. (wenn sie in erreichbarer Höhe angebracht sind) gußeiserne Armaturen mit Schutzkorb erforderlich (Abb. 290 und 292). In sehr staubigen Räumen werden staubdichte Armaturen (Abb. 293) erforderlich. In Räumen, die explosible Gase enthalten, sollen gar keine Glühlampen sein. Am besten ist Beleuchtung von außen mit Seitenstrahlern. Es können aber auch gasdichte Gußeisenarmaturen (Abb. 294) geliefert werden.

Abb. 295.
Innenraum-Luzette für Oberlichträume.

Die *Arbeitsplatzbeleuchtung* muß vor allem so gewählt sein, daß sie das Auge des Arbeiters nicht blendet (Abb. 286) und keine störenden Schatten wirft (Anordnung so, daß das Licht von links kommt). Ferner ist die Lampe so nahe wie möglich an das Werkstück heranzubringen. Es ist dann meistens eine Lampe von 16—25 HK ausreichend. Nur für sehr feine Arbeiten, z. B. Uhrmacherei, Juwelierarbeit, Gravieren, Holzschneiden, Nähen und Sticken und dgl. muß man bis zu 50 HK gehen. Man lasse nicht zwei Arbeiter an einer Lampe arbeiten, weil es dann nicht leicht ist, sie so zu stellen, daß beide günstiges Licht erhalten.

Für Arbeitsplatzbeleuchtung sind die Schnurzugpendel (Abb. 287) beliebt, aber sie haben starken Verschleiß. Rohrpendel (Abb. 289) mit verstellbarem Reflektor sind dauerhafter. Am beweglichsten sind verstellbare Stehlampen (Abb. 288). Deren Zuleitungen sollen aber Werkstattschnüre sein und die Bohrungen für deren Einführung ausreichen.

Elektrische Motoren und Heizapparate in gewerblichen Betrieben.

Bei *Gruppenantrieb* werden verschiedene Arbeitsmaschinen von einer gemeinsamen Transmission angetrieben, diese wieder von einem Elektromotor. Die Leistungs-Verluste in den Wellenleitungen und Transmissionen sind praktisch bei allen Belastungen fast gleich groß und daher wird der Gesamtwirkungsgrad der Kraftübertragung um so mehr durch die Transmissionsverluste herabgedrückt, je weniger die Arbeitsmaschinen belastet sind. Deshalb ergibt der Gruppenantrieb nur dann noch günstigen Wirkungsgrad, wenn alle an der Transmission hängenden Arbeitsmaschinen möglichst zu gleichen Zeiten und möglichst voll belastet arbeiten.

Der *Einzelantrieb*, bei dem jede Arbeitsmaschine ihren eigenen Elektromotor hat, vermeidet die Arbeitsverluste in der Transmission und hat daher grundsätzlich günstigere Wirkungsgrade. Der Einzelantrieb ist insbesondere notwendig für sehr schnellaufende Arbeitsmaschinen und für solche, die sehr häufig ein- und ausgerückt werden. Bei der Aufstellung der Maschinen macht er diese unabhängig von der Lage der Wellenleitungen. Er hat geringeren Raumbedarf, gibt übersichtlicheren Betrieb und die Verdunkelung des Raumes durch die Wellen und Riemenleitungen fällt fort.

Für den *wirtschaftlichen Vergleich* sind die *Anlagekosten* in Rechnung zu setzen, bei Gruppenantrieb für den großen Motor und die Transmissionsteile und bei Einzelantrieb für mehrere kleine Motoren, sowie die *Stromkosten*, die bei dem ungünstigeren Wirkungsgrad des Gruppenantriebs höher werden. Dabei ist die *Benutzungsdauer* der Maschinen zu berücksichtigen. Die Anlagekosten des Einzelantriebes sind etwas höher als die des Gruppenantriebes. Die Verzinsung und Amortisation dieses Mehrpreises wird durch die Stromersparnis und die sonstigen Vorteile des Einzelantriebes bei normalem Strompreis und mittlerer Benutzungsdauer überwogen. Nur in Gewerben, in denen die jährliche Benutzungsdauer *sämtlicher Maschinen* gering ist, z. B. in kleinen Fleischereien, ist die Amortisation dieses Mehrpreises durch die Stromersparnis ziemlich langsam und die Besteller ziehen deshalb vielfach noch Gruppenantrieb vor. Für die jährliche Benutzungsdauer von Motoren in verschiedenen Gewerben bietet die nebenstehende Aufstellung einen Anhalt.

Bäckerei, Fleischerei, Schneiderei, Schuhmacherei, Sattlerei.

In *Bäckereien* hängt die Art der Ausnutzung des Elektromotors von dem Umfang und der Eigenart des Betriebes (Brotbäckerei, Konditorei oder Keksfabrik) ab. In kleineren Bäckereien beträgt die jährliche Benutzungsdauer der Motoren etwa 150 Stunden und dort sind im allgemeinen

Abb. 296. Teig-Knetmaschine mit Antrieb durch 1,5-PS-Motor. Der Motor ist hinter dem Rühr bottich eingebaut.

Abb. 297. Wirk- und Wiegemaschine für Brotteig, angetrieben durch 4-PS-Motor.

Art der Betriebe	Jährliche Benutzungsdauer der Motoren durchschittlich
Bäckereien	150— 250 Stunden
Fleischereien	100— 200 „
Metallbearbeitung	300— 400 „
Holzbearbeitung	300—1000 „

alle Arbeitsmaschinen fast gleichzeitig im Betrieb, so daß hier Gruppenantrieb am Platze ist. In größeren, fabrikmäßig organisierten Betrieben ist Einzelantrieb zu empfehlen. In beiden Fällen ist aber die Ersparnis an menschlichen Arbeitskräften gegenüber dem Handbetrieb sehr groß. Am wichtigsten ist die Knetmaschine (Abb. 296). Sie erfordert je nach ihrer Größe $^1/_4$—5 PS, der ganze Inhalt ist aber in 3—5 Minuten durchgeknetet. In mittleren Betrieben sind der Sackaufzug, die Sackausklopfmaschine mit dem Exhaustor zum Absaugen des Mehlstaubes, der Mehlelevator, Siebmaschine und Mischtrommel elektromotorisch betrieben. In größeren Betrieben lohnt auch die motorisch betriebene Teigteilmaschine und Brötchen-Massenwirkmaschine (Abb. 297). Letztere leistet in 1 Stunde bis zu 6000 Brötchen. In Konditoreibetrieben bildet der elektrische Antrieb von Schneeschlag-, Massenschlag- und Rühr-

Angetriebene Bäckerei-Maschinen	Leistungsabgabe des Motors	
	etwa kW	etwa PS
Kleine Wirkmaschine für Brötchen	$^3/_4$	1
Kleine Teigteilmaschine für Brötchen	$^3/_4$	1
Große Wirk- und Wiegemaschine für 700 Brote in der Stunde	2,5	3,5
Sackausklopfmaschine	1,5—$2^1/_4$	2—3
Kleine Teigknetmaschine	0,2—0,4	$^1/_4$—$^1/_2$
Teigknetmaschine zum Kneten und Mischen, 50—100 l Fassungsraum	$^3/_4$—3	1—4
100—200 l „	1,5—4	2—5

maschinen eine große Erleichterung, trotz ihres ganz unbedeutenden (unter $^1/_4$ PS) Kraftbedarfes. Ferner werden Reibmaschinen für Semmeln Mandeln, usw., Fruchtpressen usw. bequem von kleinen Motoren betätigt. Eine große Rolle spielen auch Maschinen zur Herstellung von Speiseeis. Der *elektrische Backofen* (Abb. 298) findet steigende Anwendung, weil er die feinste Regelung der Ober- und Unterhitze ermöglicht. Für 1 kg fertig gebackenen Brotes sind 0,3 bis 0,5 kWh aufzuwenden, also kann auch hier die elektrische Beheizung mit der Kohlenbeheizung nur dann in Wettbewerb treten, wenn die Strompreise entsprechend günstig sind. Dagegen ist die Anwendung der elektrischen Heizung bei den sogenannten Überziehapparaten in Konditoreibetrieben allgemein wirtschaftlicher als ältere Verfahren. Für diesen Zweck sind die *„Menotherm"-Überziehapparate* mit selbsttätiger Wärmeregelung (Abb. 299) gebräuchlich. Ein solcher Apparat für 12 Liter Inhalt hat 200 Watt Anschlußwert und durchschnittlich 144 kWh Jahresverbrauch bei achtstündiger Arbeitszeit.

Angetriebene Fleischerei-Maschinen	Leistungsabgabe des Motors	
	etwa kW	etwa PS
Fleischschneidemaschine (200—1200 kg Grobschnitt in der Stunde)	$^3/_4$—4,5	1—6
Gewürzmühle	0,55	$^3/_4$
Knochensäge	$^1/_4$	$^1/_3$
Mengmaschine (60—100 kg in der Stunde)	$^1/_3$—$^3/_4$	$^1/_2$—1
Wiegemaschine	$^3/_4$	1
Schleifstein	$^1/_4$	$^1/_3$

Auch in der *Fleischerei* spart der Elektromotor meistens einen Gehilfen. Da die Betriebsdauer der Maschinen nur sehr kurz zu sein pflegt, so ist in den meisten Fällen gemeinsamer Antrieb durch einen Motor von 2–6 PS und durch Transmissionswelle zweckmäßig (Abb. 300).

Abb. 298. Elektrischer Backofen.

Abb. 299. „Menotherm“-Überziehapparate für Schokoladenüberzüge.

In der *Schneiderei* und Wäschefabrikation ist bisher der elektrische Antrieb von Nähmaschinen (Abb. 234) nur im Großbetrieb üblich gewesen. Da aber der elektrische Betrieb die Leistungsfähigkeit bedeutend steigert und viel gesünder ist als Fußbetrieb, so ist seine weitere Ausdehnung auch auf kleinere Werkstätten mit Sicherheit zu erwarten. Die Leistungsabgabe der betreffenden Motoren ist ganz unbedeutend (etwa $^1/_{32}$ bis $^1/_{16}$ PS), wenn es sich um neuzeitliche Nähmaschinen handelt.

Abb. 300. Elektrisch angetriebene Fleischereimaschinen.

Im Großbetrieb sind elektrisch betriebene Zuschneidemaschinen und mit besonderem Erfolg elektrisch betriebene Waschmaschinen eingeführt.

Abb. 301. Elektrisch beheizte Plissiermaschinen.

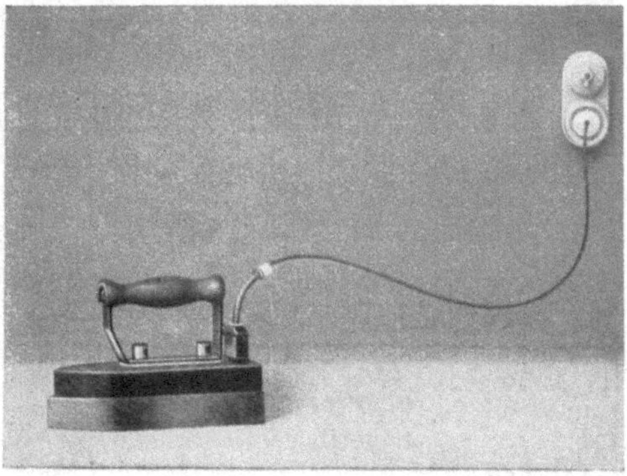
Abb. 302. Elektr. Plätteisen an einem Steckdosen-Schalter.

Die Hauptrolle aber spielt *das elektrische Plätteisen* (Abb. 224 u. 302). Die Leistungsfähigkeit des Personals in großen Plättstuben reicht beim Gasplätten oder bei Ofenerhitzung nicht aus, weil die Luft im Plättraum so schlecht wird, daß bei angestrengter Arbeit in der Hochsaison, insbesondere im Sommer Ohnmachtsanfälle nichts Ungewöhnliches sind. Dagegen ist das elektrische Plätten keineswegs teurer bei rationellem Betrieb und viel sauberer (vgl. Seite 120). Die Leistungsaufnahme schwerer Konfektionseisen beträgt bei einem Plätteisengewicht

von 6 kg 660 W
„ 8 „ 770 „
„ 10 „ 880 „

Elektrisch geheizte Plissiermaschinen (Abb. 301) haben 0,6 bis 2 kW Leistungsaufnahme. Ähnlich liegen die Verhältnisse in der *Schuh- und Lederindustrie*, Sattlerei usw. Auch hier empfiehlt sich elektrischer Betrieb der Näh- und Steppmaschinen, die Anwendung elektrischer Plätteisen teils der üblichen Form, teils in Sonderausführungen (Abb. 303) und elektrischer Antrieb aller Maschinen in der Gerberei und Zurichterei.

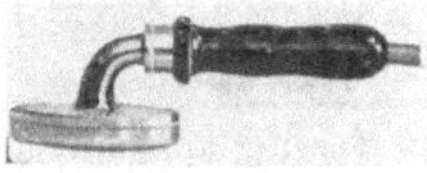
Abb. 303. Leder-Bügeleisen für Schuhfabriken.

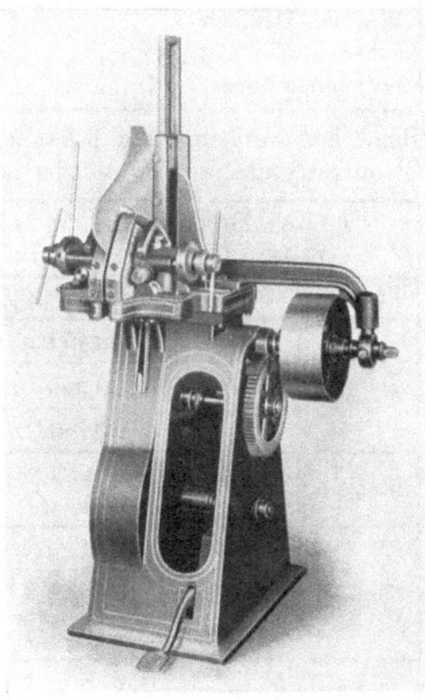
Abb. 304. Schuhmaschine mit elektrisch beheizten Werkzeugen.

Elektrizität für Metallbearbeitung.

In *kleinen* Betrieben der Schlosserei und Feinmechanik, der Gürtlerei sowie der Erzeugung von Blechspielwaren und Haushaltungsgegenständen aus Metall ist meistens Antrieb aller Arbeitsmaschinen durch einen Motor, also Gruppenantrieb, in Anwendung, weil die Transmission klein und daher die Transmissionsverluste gering (etwa 0,5 PS) ausfallen. In kleinen und mittleren Schlossereien genügt dann ein Motor von 2—3 PS zum Antrieb einer Drehbank und einer Bohrmaschine, eines Gebläses und einer Schleifscheibe, die nie alle gleichzeitig in Betrieb sind. Für mittlere und größere Betriebe wird man für die Arbeitsmaschine Einzelantrieb oder kleinere Gruppen von gleichzeitig arbeitenden Maschinen wählen. Man kann dabei mit folgenden Zahlen rechnen:

Angetriebene Metallbearbeitungs-Maschinen	Leistungsabgabe des Motors etwa kW	etwa PS
Fräsmaschine Universalfräser	$^3/_4$	1
„ Planfräser	$2^1/_4$—4	3—5
„ Räderfräsmaschine	1,5—$2^1/_4$	2—3
Kaltsäge	$^3/_4$—6	1—8
Leitspindel- und Zugdrehbänke	0,2—2	$^1/_4$—2,5
Plandrehbänke	1,5—11	2—15
Revolver-Drehbänke	$^1/_3$—4	$^1/_2$—5
Scheren	$^3/_4$—4	1—5
Schleifmaschinen	$^1/_3$—2	$^1/_2$—2,5

Bemerkenswert sind die praktisch erzielten Ergebnisse hinsichtlich des Stromverbrauches. So wurden angegeben:

Arbeitsergebnisse erzielt mit 1 kWh bei elektromotorischem Antrieb von Werkzeugmaschinen

Arbeit	Ausbringen	Verbrauch
Bohren	1200 Löcher von 5 mm Dmr. in 5 mm starkem Blech	1 kWh
	87 Löcher von 20 mm Dmr. in 10 mm starkem Eisenblech	„
	750 Löcher von 5 mm Dmr. in 10 mm starkem Flacheisen	„
Stanzen	54 000 Ausschnitte 20×4 mm in 0,5 mm starkem Ankerblech eingestanzt	„
Drehen	66 Schrauben $^3/_8$“, 3 cm lang hergestellt	„
	100 Stehbolzen $^3/_8$“, 5 cm lang hergestellt	„
	400 mm Rundeisen von 45 auf 24 mm abgedreht	„
Fräsen	58 240 Zähne, d. h. je 112 Zähne in 520 Messingzahnräder von je 280 mm Dmr. und 1 mm Blechstärke in Sätzen von je 30 Stück geschnitten	„
	4000 Zähne, d. h. je 20 Zähne in 200 Messingzahnräder je 5 mm Dmr. und 19 mm Stärke geschnitten	„
	67 000 Zähne, d. h. je 100 Zähne in 670 Messingzahnrädern von je 39 mm Dmr. und 0,5 mm Stärke in Sätzen von je 15 Stück geschnitten	„

Besonders vorteilhaft sind die nachstehend besprochenen Sondermaschinen mit unmittelbar eingebautem elektrischen Antrieb, weil sie in kürzester Zeit leicht an jede beliebige Stelle gebracht werden können und sofort wieder betriebsbereit sind.

Abb. 305. Elmo-Tischbohrmaschine mit Fuß, zur Montage auf der Werkbank, für 23 mm Lochdurchmesser in Maschinenstahl, verwendbar für Gleich- u. Wechselstrom.

Die *Elmo-Tischbohrmaschinen* können sowohl an Gleichstrom-, Einphasenstrom- als auch Mehrphasenstrom-Netze (bei letzteren zwischen 2 Leitungen) angeschlossen werden, ungefähr gleiche Betriebsspannung vorausgesetzt. Sie sind zum Bohren von Löchern bis etwa 23 mm Dmr. verwendbar. Die Maschinen für 10 und 23 mm Lochdurchmesser sind mit einem umschaltbaren Vorgelege für 2 Geschwindigkeiten ausgestattet, wobei immer die niedrigere Drehzahl für die größere Bohrleistung zu wählen ist. Die Bohrspindel ist in senkrechter Richtung verschiebbar. Durch einen Stellring kann jede innerhalb des Bereiches des Bohrvorschubes gewünschte Lochtiefe eingestellt werden. Der Vorschub selbst geschieht bei den kleineren Modellen durch einen Handhebel, bei denen für größeren Lochdurchmesser außerdem noch mittels Handrad. Die Maschinen können entweder, wie Abb. 305 zeigt, mit Grundplatte zum Aufbau auf der Werkbank oder mit Säule zum

Elmo-Tischbohrmaschinen zum Bohren in Metall

Arbeitsbereich bei dauerndem Bohren in Maschinenstahl v. 60 kg Festigkeit		Drehzahl	Während einer Stunde abgegeben
Größter Lochdurchmesser mm	Bohrhalter	etwa	etwa Watt
Für Gleich- und Wechselstrom			
2	Bohrfutter	3000	70
4	Bohrfutter	2000	70
6	Bohrfutter	1200	70
10	Bohrfutter	500/1000	100
23	Morsekonus	180/300	225
Nur für Gleichstrom			
23	Morsekonus	180/300	325
Nur für Drehstrom			
23	Morsekonus	180/300	375

Aufstellen auf dem Fußboden geliefert werden. Als Bohrauflage ist ein ausschwenkbarer und in senkrechter Richtung verschiebbarer Bohrtisch vorgesehen.

Abb. 306. Elmo-Handbohrmaschinen.

Elmo-Handbohrmaschinen (Abb. 306) können ebenfalls sowohl an Gleichstromnetzen als auch an Wechselstromnetzen arbeiten. Es ist nur noch erforderlich, daß die Netzspannungen wenigstens annähernd übereinstimmen. Bei den kleinen Modellen bis 10 mm Lochdurchmesser ist die Bohrspindel seitlich der Motorwelle gelagert, so daß der Abstand von Mitte Bohrer bis zur Außenkante des Gehäuses nur gering ist. Mit den Maschinen kann daher auch in Ecken und an sonstigen schwer zugänglichen Stellen gearbeitet werden.

Für Bohrungen von 15—80 mm Lochdurchmesser dienen die Elmo-Hochleistungs-Bohrmaschinen. Auch als *Schleifapparate* können die Bohrmaschinen verwendet werden. Im übrigen werden derartige Arbeiten

Elmo-Handbohrmaschinen zum Bohren in Metall

Arbeitsbereich bei dauerndem Bohren in Maschinenstahl von 60 kg Festigkeit	Eingerichtet für Bohrfutter oder Morsekonus	Drehzahl der Bohrspindel		Während einer Stunde abgegeben bei		Gewicht
Größter Lochdurchmesser mm		Gleichstrom etwa	Wechselstrom etwa	Gleichstrom etwa Watt	Wechselstrom etwa Watt	netto kg
4	Bohrfutter	3000	2500	—	—	1,6
6	Bohrfutter	1200	1000	75	65	2,5
10	Bohrfutter	500	400	110	85	4,5
15	I	250	225	250	200	10
23	II	120	110	250	200	12

von den Elmo-Handschleifmaschinen (Abb. 307 u. 308), Elmo-Bankschleifmaschinen, Elmo-Support-Schleifmaschinen und Elmo-Polier- und Schleifmaschinen (Abb. 309) ausgeführt.

Schmiedefeuergebläse (Abb. 310) mit eingebautem elektrischen Antrieb werden für Gleich- und Wechselstrom gebaut. Für Kleinbetriebe genügt also das kleinste Modell. Das Verfah-

Abb. 307. Elmo-Handschleifmaschine.

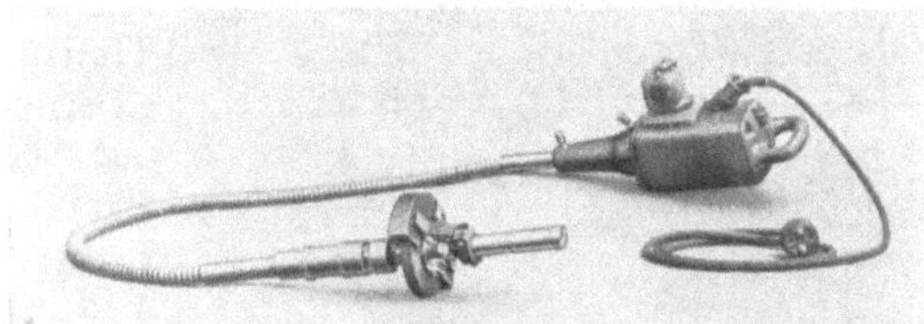

Abb. 308. Elmo-Handschleifmaschine mit biegsamer Welle.

Abb. 309. Elmo-Polier- und Schleifmaschine.

Schmiedefeuergebläse für 1 bis 10 Feuer				
Zahl der Feuer bei einem Düsen-Dmr. von 30 mm	40 mm	Aufgenommen etwa Watt	Anzuschließende Rohrleitung Größte Länge m	bei kleinstem Dmr. mm
1	—	70	—	—
1—2	1	150	10	80
3—4	2	240	15	100
5—7	3—4	500	20	125
8—10	5—6	750	25	150

Abb. 310.
Schmiedefeuergebläse mit elektr. Antrieb.

ren, durch elektrische *Punkt- und Naht - Schweißmaschinen* (Abb. 311) an Stelle der bisher üblichen Nietung oder autogenen Schweißung Metallteile, z. B. Eisen- oder Messingteile miteinander zu verbinden, hat vor den anderen Arbeitsweisen den Vorzug der Billigkeit und einfachen Ausführung, wobei größte Festigkeit der Verbindungsstelle erreicht wird. Die einem Einphasen-Transformator primär zugeführte Leistung wird bei Übertragung auf den sekundären Schweißstromkreis auf die übliche Schweißspannung von wenigen Volt bei entsprechend hoher Stromstärke umgewandelt. Die infolge der hohen Stromstärken auftretende Erwärmung der Elektroden und Verbindungsteile wird durch eine Wasserkühlung auf ein Mindestmaß zurückgeführt. Zur Betätigung der Elektroden genügt ein Tritt auf den Fußhebel. Hierdurch wird zunächst die obere bewegliche Elektrode gegen die untere feststehende gepreßt und dann erst bei weiterem Druck auf den gleichen Fußhebel der Stromdurchgang geschlossen. Beim Loslassen des Fußhebels tritt der Vorgang in umgekehrter Reihenfolge ein. Durch das Anpressen bzw. Abheben der Elektroden bei *abgeschaltetem* Strom wird eine saubere Schweißung erzielt.

Der Schweißvorgang dauert nur wenige Sekunden, je nach der Materialstärke des zu schweißenden Gegenstandes. Die in untenstehender Leistungstafel angegebenen kürzesten Zeiten gelten für die geringsten Materialstärken bei kleinstem Kraftverbrauch.

Schweißmaschine bis 24 mm Materialstärke.			
Leistungs-Aufnahme kVA	Gesamt-Materialstärke mm	Schweißdauer je Punkt s	Größter Kühlwasserverbrauch l/h
3—12,5	0,4—10	2—10	120
6—25	1,6—16	2—12	180
12,5—50	5—24	3—15	270

Abb. 311.
Punkt-Schweißmaschine für 50 kVA.

Durch einfaches Auswechseln der Punktelektroden gegen Rollenelektroden können die Punktschweißmaschinen in Nahtschweißmaschinen für Längsnahtschweißung oder auch in solche für Rundnahtschweißung umgewandelt werden.

Auch eine Einrichtung für *Galvanostegie,* insbesondere für galvanische Vernickelung ist in manchen Werkstätten erwünscht. Die galvanischen Bäder werden mit Gleichstrom niedrigerer Spannung betrieben, und es ist deshalb ein besonderer Umformer erforderlich.

Spannung und Stromstärke eines Vernickelungsbades richten sich nach der Zusammensetzung der Badflüssigkeit, der Elektrodenentfernung und der Art des zu vernickelnden Metalles. Ein Bad z. B. zur Vernickelung von Eisen und Messing erfordert im Durchschnitt bei der üblichen Elektrodenentfernung von 15 cm eine Klemmenspannung von 3—3,5 V. und eine Stromstärke von etwa 0,5 A für den Quadratdezimeter Warenoberfläche. Meist werden mehrere Bäder parallel geschaltet. Man braucht also einen Gleichstromgenerator von 4 V Spannung und einer den einzelnen Badgrößen entsprechenden Gesamtstromstärke. Je nach der Besetzung des Bades mit Waren wird dessen Stromstärke mit Hilfe eines Badstromreglers eingestellt.

Apparate für Massengalvanisierung, die mit Hilfe eines besonderen Antriebsmotors einzeln oder in Gruppen in drehende oder schaukelnde Bewegung versetzt werden, erfordern eine höhere Spannung von etwa 8 V. Vollständige galvanische Anlagen liefert die S. & H. A.-G., Abteilung für Elektrochemie.

Auch Einrichtungen zum *Laden kleiner Akkumulatoren* für Musikinstrumente und Kraftwagen sind häufig in Mechanikerwerkstätten vorhanden. In Wechselstromnetzen ist dann ein Umformer oder ein Quecksilberdampf-Gleichrichter nötig. Solche Gleichrichteranlagen für Batterieladung werden vollständig für 60, 115 und 230 V Gleichstrom-Spannung mit Spannungsregelung (+ 40 vH — 10 vH) und für die gebräuchlichen Wechselstromspannungen 120, 220 und 380 V geliefert. Die dauernd abgegebene Gleichstromstärke ist je nach Größe 6, 10, 25, 40, 60, 100 A. Großgleichrichter werden bis zu 600 A und 600 V gebaut.

Elektrizität für Holzbearbeitung.

Tragbare Holzbearbeitungs-Maschinen.

Bei Tischlereien, Modelltischlereien, Bautischlereien, Stellmachern, Waggonfabriken, auf Zimmerplätzen, in Bootswerften, zum Schwellenbohren bei Eisenbahn-Verlegungsarbeiten sind *Elmo-Hand-Bohrmaschinen für Holzbearbeitung* (Abb. 306) schnell beliebt geworden. Die Abb. 312 zeigt z. B. die Anwendung auf dem Zimmerplatz beim Bohren von 30 mm-Löchern in Balken aus Kiefernholz.

Abb. 312. Bohren mit einer Elmo-Hochleistungs-Bohrmaschine auf einem Zimmerplatz.

Die Maschinen bis 30 mm Lochdurchmesser können sowohl an Gleichstrom- als auch an Wechselstromleitungen angeschlossen werden. Es ist beispielsweise ohne weiteres zulässig, das Modell für 5 mm Lochdurchmesser an 110 V Gleichstrom oder an 125 V Wechselstrom anzuschließen. Die Maschinen für 35 bis 100 mm Lochdurchmesser werden für Gleichstrom und Drehstrom gebaut. — Als Bohrer werden am besten die allgemein bekannten Schlangenbohrer mit Gewindespitze System Irwin (Abb. 313) oder auch gewöhnliche Spiralbohrer verwendet. Die Irwinbohrer fördern mit Hilfe des gewundenen Schaftes vorzüglich die Bohrspäne aus dem Bohrloch, so daß, besonders bei tiefen Löchern, ein Klemmen oder Festsetzen des Bohrers verhindert wird.

Abb. 313. Schlangenbohrer mit Gewindespitze System Irwin bis 430 mm ganze Länge. Durchmesser 6 bis 50 mm für Bohren in Holz.

Elmo-Drehstühle (Abb. 314) für Gleichstrom, Drehstrom oder Einphasenstrom finden für Drechsler-Arbeiten, zum Bohren, Sägen usw. Verwendung.

Die *tragbare Elmo-Holzbearbeitungsmaschine* ist für höhere Drehzahlen gebaut als die Elmo-Handbohrmaschine, weil sie bei der Holzbearbeitung in erster Linie als Handkreissäge, Gratsäge (Abb. 317), ortsfeste Kreissäge, Fräsmaschine, Drehbank (Elmo-Drehstuhl) für Holzdrechslerei usw. dient, sie kann aber auch als Bohrmaschine Verwendung finden. Die Elmo-Holzbearbeitungsmaschinen sind für Gleichstrom *und* Wechselstrom verwendbar.

Abb. 314. Elmo-Drehstuhl.

Elmo-Handbohrmaschinen zum Bohren in Holz.

Bohren in Hartholz (trocken), größter Lochdurchmesser mm	Bohrfutter, Morsekonus oder metrischer Konus	Drehzahl etwa	Während einer Std. abgegeben bei Gleichst. Watt	Wechselst. Watt	Gewicht netto kg
Für Gleich- und Wechselstrom verwendbar					
5	Bohrfutter	3000	—	—	1,6
10	„	1200	75	65	2,5
15	„	500	110	85	4.5
20	I	250	250	200	10
30	II	120	250	200	12
Nur für Gleichstrom					
35	I	540	325	—	16
40	II	200	325	—	16
60	II	160	650	—	27
80	III	120	600	—	30
100	IV	70	600	—	31
Nur für Drehstrom					
35	I	540	—	375	16
40	II	200	—	375	16
60	II	160	—	750	27
80	III	120	—	700	30
100	IV	170	—	700	31

Tragbare Elmo-Holzbearbeitungsmaschinen.					
Bohrfutter spannend bis	Bohrt Löcher bis	Schneidet Holz bis	Während einer Stunde abgegeben bei		Sägeblatt-durchmesser
			Gleichstrom	Wechelstrom	etwa
mm	mm	mm	Watt	Watt	mm
6	8	6—8	75	65	115
10	10	15—23	110	85	150
15	15	30—40	250	200	200

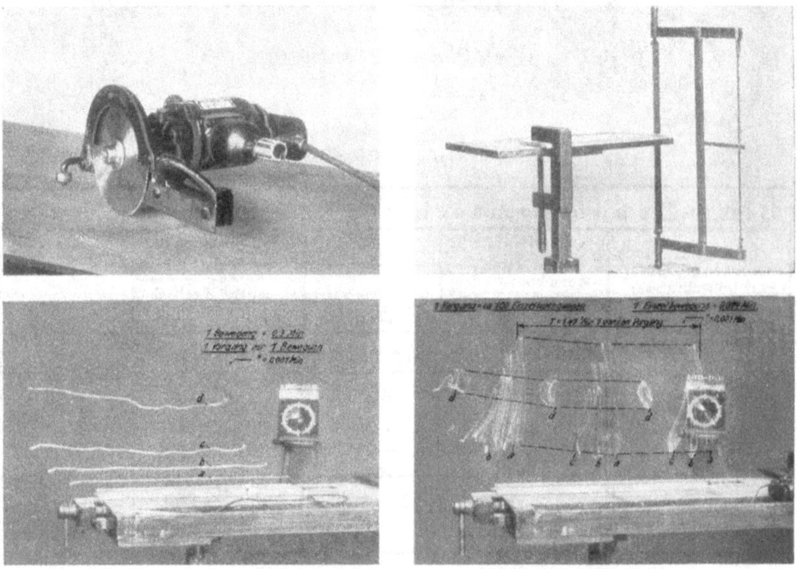

Trennsägen: 20 Bretter 1250×30 mm je ein Schnitt.

Elmo-Trennsäge.

a. Elmo-Trennsäge von Hand geführt. Schnittzeit für 20 Schnitte = 8,06 min., Mittelwert für 1 Schnitt = 0,40 min. Leistungssteigerung = 303 v.H.

b. Elmo-Trennsäge festgeschraubt, Brett von Hand geführt. Schnittzeit für 20 Schnitte = 6,25 min., Mittelwert für 1 Schnitt = 0,31 min. Leistungssteigerung = 418 v.H.

Hand-Trennsäge.

Schnittzeit für 20 Schnitte = 32,45 min. Mittelwert für 1 Schnitt = 1,62 min.

Schnittzeit = $\frac{\text{4,03fach}}{\text{5,18fach}}$ gegenüber Elmo-Trennsäge $\frac{\text{nach „a."}}{\text{nach „b"}}$.

Kurve a. Mittelfingergelenk rechter Arm.
„ b. Handgelenk „ „
„ c. Ellenbogengelenk „ „
„ d. Schultergelenk „ „

Abb. 315. Zeitstudien über Verbesserung des Arbeitsverfahrens durch Elmo-Trennsäge

In Abb. 315 ist das Durchsägen von Brettern, einmal mit der Elmo-Trennsäge und im Vergleich dazu auf die bisher übliche handwerksmäßige Weise ausgeführt, zu sehen. Die Bewegungskurven zeigen deutlich, welche Bewegungen des rechten Armes und der Schulter beim Sägen von Hand unvermeidlich auftreten. Für den Vorgang des Durchsägens eines 1250 mm langen und 30 mm dicken Brettes waren insgesamt rd. 200 Einzelbewegungen des Armes erforderlich. Jede dieser Einzelbewegungen erfordert eine Zeit von etwa 0,42 s = 0,007 min. Die einzelne Schnittleistung benötigte im Mittel von 20 Schnitten für ein Brett 1,62 min. Die gleiche Arbeit wurde unter Verwendung einer Elmo-Trennsäge ausgeführt. Die Bewegungskurven zeigen eine nahezu gerade Linie; eine weitere Verbesserung dieser Arbeitsbewegung ist in-

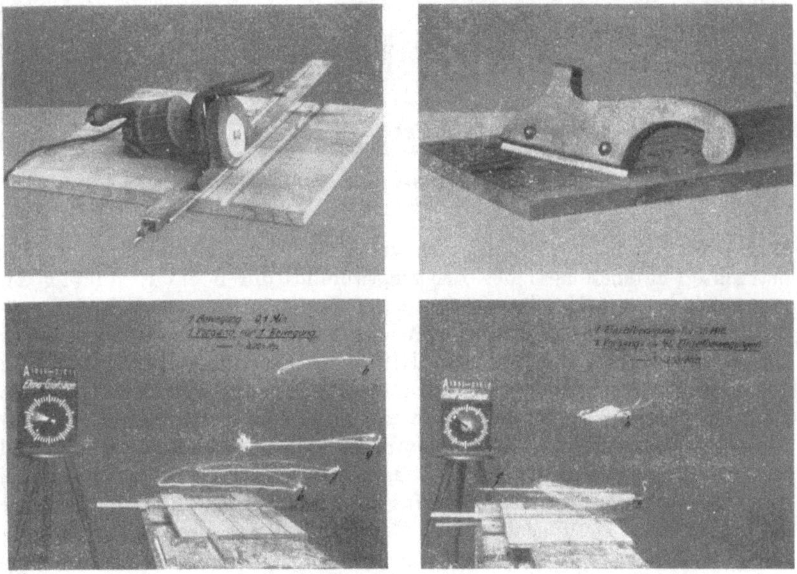

Einsägen schräger Quernuten 240 × 5 × 5 mm in Bretter. (150 Nuten.)

Elmo-Gratsäge.	Hand-Gratsäge.
Schnittzeit für das 1 Brett = 5,74 min.	Schnittzeit für das 1. Brett = 15,5 min.
Schnittzeit für das 5. Brett = 4,82 min.	Schnittzeit für das 5. Brett = 23 min.
Gesamt-Schnittzeit für d. 1.-5. Brett = 27,6 min.	Gesamt-Schnittzeit für d. 1.-5. Brett = 117,4 min.
Mittelwert aus 150 Beobachtungen für 1 Nut = 0,18 min.	Mittelwert aus 150 Beobachtungen für 1 Nut = 0,79 min.
Leistung gesteigert um 340 v.H. ohne merkbare Ermüdung. Bei 10 Brettern werden 4 Arbeitsstunden gespart = 80 v.H.	Schnittzeit = 4,4fach gegenüber der Elmo-Gratsäge. Leistungsabfall durch Ermüdung 50 v.H.

Kurve e. Mittelfingergelenk linker Arm.
„ f. Handgelenk „ „
„ g. Ellenbogengelenk „ „
„ h. Schultergelenk „ „

Abb. 316. Zeitstudien über Verbesserung des Arbeitsverfahrens durch Elmo-Gratsäge.

folgedessen praktisch nicht möglich. Vergleicht man nun die erforderlichen Zeiten, so ergibt sich als Mittelwert aus 20 Schnitten für ein Brett die Gesamtzeit von 0,40 min. Hier liegt sonach eine Leistungssteigerung auf das Vierfache vor.

Abb. 317. Elmo-Gratsäge beim Einschneiden breiter Grate. Im Hintergrunde des Bildes Herstellung solcher Grate von Hand.

Man kann die Sache jedoch noch von einem anderen Standpunkte aus betrachten nämlich dem des Leistungsabfalles durch die Ermüdung der Armmuskeln beim Handsägen gegenüber dem Sägen mit der Elmo-Trennsäge. Die genauen Beobachtungen ergaben, daß der erste Schnitt der Länge von 1,25 m die Zeit von 1,10 min. brauchte, während z. B. für den Schnitt durch das zehnte Brett bereits eine Zeit von 1,75 min. benötigt wurde. Demgegenüber wurden für den ersten Schnitt mit der Elmo-Trennsäge durch das gleiche Brett 0,38 min. gebraucht, während für das zwanzigste Brett an Zeit 0,40 min erforderlich waren. Dabei war der Arbeiter nicht im geringsten angestrengt und hätte ohne nennenswerten Leistungsabfall ein Vielfaches dieser Leistung noch vollbringen können, während er beim Handsägen eine kurze Erholungspause einzulegen gezwungen war. Nun werden selbst in größeren Betrieben, die genügend große Maschinen zur Verfügung haben, täglich noch viele Hunderte von Malen Bretter von Hand zerschnitten, weil es sich nach Ansicht des Arbeiters nicht lohnt, erst den langen Weg zur Bandsäge zurückzulegen. Wird jedoch, wie im vorliegenden Falle, das Werkzeug so ausgebildet, daß es sich ständig am Werkplatze des Arbeiters benutzungsbereit befindet, so wird im Laufe einer Woche eine nicht unbeträchtliche Muskelarbeit zugunsten des Arbeiters bei wesentlicher Leistungssteigerung zugunsten des Werkes erspart.

In ähnlicher Weise ist in Abb. 316 der Vorgang des Einschneidens von Nuten in Bretter gezeigt, der bisher allgemein handwerksmäßig mit der auf der rechten Seite der Abbildung wiedergegebenen Handgratsäge ausgeführt wurde.

Beim Einschneiden der Nuten von Hand verhält sich dabei die Schnittzeit für das Nuten des ersten Brettes zum Nuten des fünften Brettes

Abb. 318. Elmo-Holzbearbeitungsmaschine als Fräsmaschine.

Abb. 319. Mit einer Elmo-Holzbearbeitungsmaschine als Fräsmaschine hergestellte Rahmenstücke, Profile und Leisten.

wie 15,5 : 23 min.; der Leistungsabfall durch Muskelermüdung beträgt also 50 vH. Dieses wird auch erklärlich, wenn man bedenkt, daß zum Einsägen einer Nute rd. 110 Einzelbewegungen des Armes ausgeführt werden müssen. Während der Mann für das Nuten von 5 Brettern von Hand insgesamt 117 min. benötigt, braucht er für die gleiche Arbeitsleistung mit der auf der linken Seite der Abb. 316 gezeigten Elmo - Gratsäge nur 27 min.; beim Nuten von 10 Brettern steigt also die Leistung in der gleichen Arbeitszeit auf mehr als das Vierfache. Ihre Schnittiefe kann eingestellt werden bis auf 8 bzw. 15 mm. Diese Tiefe genügt sowohl für Holzverbindungen als auch für das Einschneiden von Leiterstufen, Treppenwangen, Regal- und Aktenböden. Das Hauptlager der Elmo-Holzbearbeitungsmaschine wird umfaßt von einem Handgriff, an dem der als Schutzhaube ausgebildete Führungsschlitten schwenkbar befestigt ist, der die Einstellung der Schnittiefe und die Führung erzielt.

Beim Nutsägen, d. h. beim Herstellen nicht schrägstehender, schwalbenschwanzförmiger, sondern gerader Einschnitte können 2 Sägeblätter nebeneinander benutzt werden für einen parallelen Doppelschnitt von 3 bis etwa 20 mm Schnittbreite. Die Schnittbreite wird eingestellt durch Zwischenscheiben, die mitgeliefert werden. Nach dem Einschneiden wird dann die Nut ausgestoßen.

Bohrmaschine. Nach Abnahme des Sägeblattes und des Handgriffes mit dem Führungsschlitten kann die Elmo-Holzbearbeitungsmaschine zum Bohren von Löchern in Holz bis zu 8 mm Durchmesser verwendet werden. Hierzu eignen sich Spiralbohrer. Schlangenbohrer sind nicht zu empfehlen, weil sie bei der hohen Umdrehungszahl leicht ausglühen. Das kleinste Modell der Elmo-Holzbearbeitungsmaschine dient gleichzeitig als Gratsäge, Kreissäge, Bohrmaschine und Spindelstock für den Drehstuhl. *Elmo-Fräsmaschine.* Wird das größere Modell der Elmo-Holzbearbeitungsmaschinen in senkrechter Lage an einem Tisch befestigt, so entsteht die Elmo-Fräsmaschine (Abb. 318). Durch Aufsetzen eines Achsverlängerungsstückes (Frässpindel) auf den vorhandenen Stumpf der Antriebswelle wird das Einspannen eines beliebigen Kronenfräsers ermöglicht. Zur Feineinstellung des Fräsers ist die Platte, an der die Elmo-Holzbearbeitungsmaschine befestigt ist, in der Höhe verschiebbar. Zum Fräsen geschweifter Holzteile kann man die Maschine rechts- oder linksherum laufen lassen, wodurch ein stets glatter, mit der Holzfaser verlaufender Schnitt entsteht. Durch einfaches Drehen des Schaltergriffes an der Maschine wird die Umkehrung der Drehrichtung bewirkt. Abb. 319 zeigt eine Anzahl mit der Elmo-Fräsmaschine hergestellter Holzteile.

Wasserschenkel		Kehlstoß
Sprosse	Für	Türbekleidung
Gerades Rahmenstück	Fenster	Pilaster
Bogenrahmenstück		Schlagleiste
Gesimsleiste		Gesimsleiste

Auch als *ortsfeste Kreissäge* läßt sich das größere Modell der Elmo-Holzbearbeitungsmaschine in kleinen Werkstätten oder auf Montagen mit Vorteil da verwenden, wo die Säge nicht dauernd in Betrieb ist. Für diesen Zweck wird sie mit wagrechter Welle unter einem Tisch oder an der Hobelbank befestigt (Abb. 320).

Antrieb von ortsfesten und fahrbaren Holzbearbeitungsmaschinen.

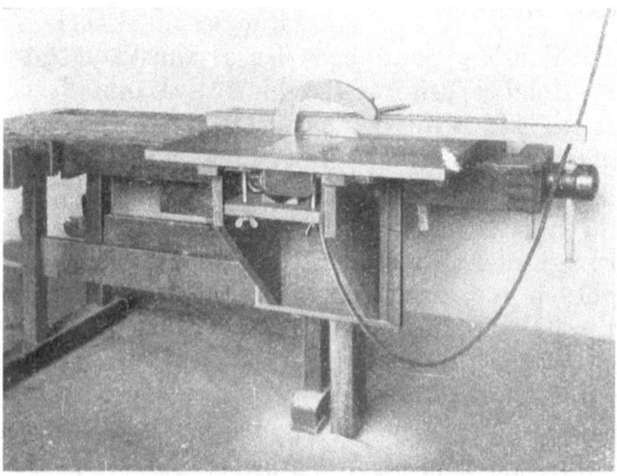

Abb. 320.
Elmo-Holzbearbeitungsmaschine als ortsfeste Kreissäge.

Da die ortsfesten Holzbearbeitungsmaschinen, wie Kreis- und Bandsägen, Hobel- und Abrichtmaschinen, Universalmaschinen, Stemm- und Bohrmaschinen in kleineren und mittleren Werkstätten oft nur für kurze Zeit benutzt werden und dann wieder längere Zeit außer Betrieb sind, so ist die durchschnittliche tägliche Benutzungsdauer sehr gering. Sie be-

Abb. 321. Pendelsäge auf einem Gut, angetrieben durch Elektromotor von 3 PS.

Abb. 322. Stemm- und Bohrmaschine in einer Flügel- und Pianofortefabrik.

Abb. 323. Bandsäge, Abrichtmaschine und Drehbank in einer Stellmacherei.

trägt, wie die Erfahrung ergeben hat, kaum mehr als 2 Stunden. In kleineren Betrieben werden deshalb meist sämtliche Maschinen mit Hilfe einer Transmission von einem einzigen Elektromotor angetrieben. So treibt der Motor in der Stellmacherei (Abb. 323) außer der Bandsäge und Abrichtmaschine noch eine Drehbank an.

Für derartige kleinere Werkstätten mit Gruppenantrieb wird in der Regel ein Motor von etwa 3 bis 7,5 PS aufgestellt. Auch in größeren Werkstätten für Holzbearbeitung ergeben sich sehr wesentliche Vorteile des elektrischen Antriebes. Man vereinigt dann entweder mehrere räumlich benachbarte Maschinen zu einer Gruppe, die gemeinsam von einem Elektromotor angetrieben werden oder Einzelantrieb wird unter anderem besonders für solche Maschinen in Frage kommen, die dauernd im Betrieb sind oder räumlich getrennt stehen. Abb. 322 zeigt einen derartigen Einzelantrieb in einer Flügel- und Pianofortefabrik, Abb. 321 den Einzelantrieb einer Pendelsäge auf einem Gut.

Angetriebene Holzbearbeitungsmaschinen	Leistungsabgabe des Motors	
	etwa kW	etwa PS
Holzdrehbank	$^1/_3$—1,5	$^1/_2$—2
Kreissäge, einfach	4	5
„ zweifach	5,5—12	7,5—16
Horizontalgatter	4	5
Vollgatter	11—15	15—20
Bandsäge	1,5—4	2—5
Holzhobelmaschine	3—12	4—16
Kehlleistenfräsmaschine	9	12
Zapfenschneider	4—5,5	5—7,5

Entstäubungs- und Spänetransportanlagen. Die oben erwähnten Holzbearbeitungsmaschinen wirbeln viel Staub auf. Um unter diesen Verhältnissen den Arbeitern den Aufenthalt in den Werkstatträumen gesundheitlich zu verbessern und angenehmer zu gestalten und zur Erhöhung der Feuersicherheit werden heut in fast allen Betrieben Absaugungs-Transportanlagen für Staub und Späne vorgesehen.

Die zur Absaugung in Frage kommenden Maschinen werden, wie aus Abb. 325 ersichtlich, mit besonders angepaßten Saughauben versehen, die an ein durch die Werkstatt verzweigtes Rohrnetz angeschlossen sind. Durch dieses werden die Späne von einem Zentrifugal-Ventilator angesaugt und in einen Späneabscheider gedrückt, der an jedem passenden Ort aufgestellt werden kann.

Bei größeren Anlagen werden sogenannte Kehrlöcher am Fußboden vorgesehen, die durch ein Sieb abgedeckt sind und die zugekehrten Späne absaugen. Abb. 324 zeigt als Beispiel die allgemeine Anordnung der Spänetransportanlage für die Stellmacherei einer Eisenbahnwerkstätte. Hier werden die Späne von Bandsägen, Kreissägen, Bohrmaschinen, Stanzmaschinen,

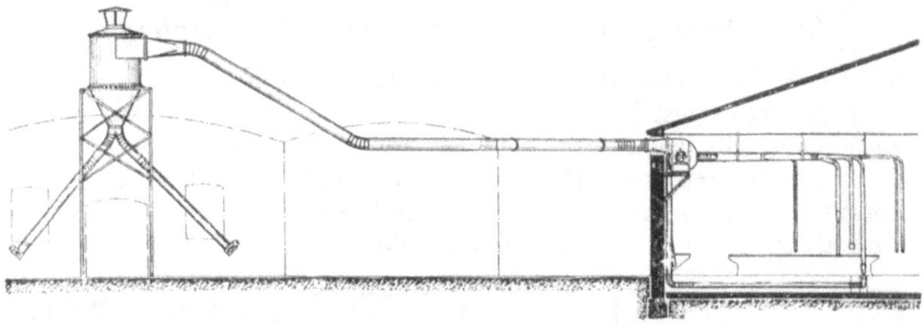

Abb. 324. Späne-Transport-Anlage für die Stellmacherei der Eisenbahn-Hauptwerkstätte in Guben.

Taumel- und Pendelsägen, Abrichtmaschinen, Dicktenhobelmaschinen und Fräsmaschinen abgesaugt. Außerdem sind Kehrlöcher von je 150 mm Durchmesser vorgesehen, denen die auf dem Boden liegenden Späne zugekehrt werden müssen. Die Anlage wird durch einen elektrisch angetriebenen Zentrifugal-Ventilator betätigt, der von einem offenen Motor mit 9 PS Leistung angetrieben wird. Der Ventilator bläst die Späne nach dem Kesselhaus, wo ein Späne-Separator von 2 m Durchmesser etwa 7 m über dem Fußboden auf einem Eisengestell aufgestellt ist. Auf dieseWeise können die Späne unmittelbar mit zur Kesselfeuerung benutzt werden.

Die *elektrische Heizung* findet Anwendung in der Holzindustrie für Leimwärmer, Leimkocher und Trockenplatten.

Die Leimwärmer sind mit einem Wasserbad versehen, oder mit einem Ölbad wenn sie als Leimkocher dienen sollen. Sie werden für etwa 1,5 bis 25 Liter Inhalt bei etwa 650 bis 4000 W Leistungssaufnahme geliefert. Die Anschlußschnüre (Werkstattschnüre) sind durch Spiralrohre aus Metall zu schützen.

Abb. 325. Späneabsaugung bei einer Schleifscheibe und einer Dicktenhobelmaschine in einer Kistenfabrik.

Installation in landwirtschaftlichen Betrieben.

Ländliche Installationen zweigen meistens aus Freileitungsnetzen ab. Über die Abzweigsicherung und Hausanschlußsicherung sowie über die Verteilungsstelle ist auf Seite 90 bis 100 das Erforderliche ausgeführt. Jedes größere Gebäude ist für sich zu sichern, damit es auch durch Herausnehmen der Patronen abgeschaltet werden kann.

Die *Leitungsverlegung* in landwirtschaftlichen *Wohngebäuden* bietet dann Besonderheiten gegenüber städtischen Wohnhäusern, wenn diese Wohngebäude gleichzeitig Viehställe enthalten. Ein großer Teil der deutschen Bauernhäuser ist in dieser Weise gebaut. (Abb. 326) In solchen Fällen kommen die Dünste des Stalles auch an den Leitungen in den Hausgängen teilweise zur Wirkung, so daß diese Räume nicht als ganz trocken angesehen werden können. Es ist also dann in diesen Räumen von Rohrdraht abzusehen und Verlegung von Gummiaderleitung in Rohren z. B. in Peschelrohren zu wählen. Als billige Beleuchtungskörper wähle man nicht Schnurpendel, sondern Peschelpendel.

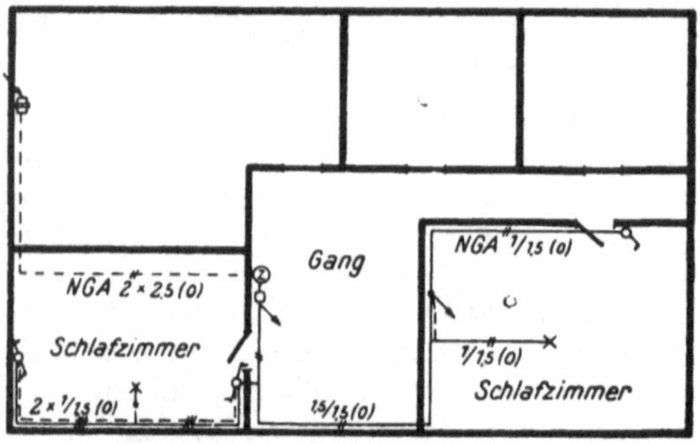

1. Stock.

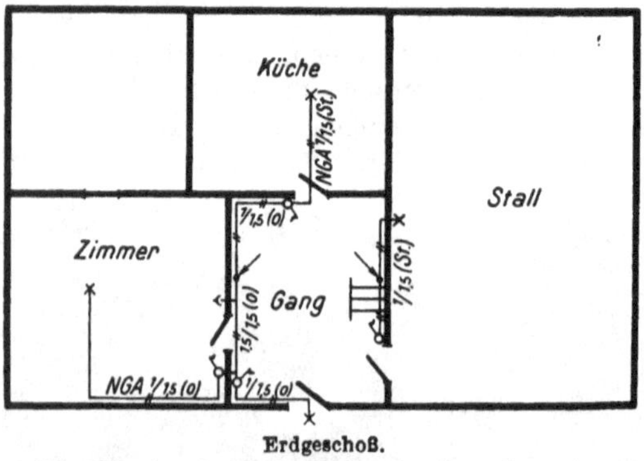

Erdgeschoß.

Abb. 326. Anordnung der Räume in einem Bauernhaus.

Verlegung in Viehställen und dergl.

Die Leitungen für die *Ställe* verlegt man, soweit dies irgend möglich ist, *außerhalb des Stalles* (Abb. 326), je nach den örtlichen Verhältnissen in Stahlpanzerrohr oder auf Isolierglocken längs der Außenmauer, denn bei *jeder* Verlegungsart ist *in* Viehställen auf unbegrenzte Haltbarkeit nicht zu rechnen. Die *Wanddurchführungen* vom Freien in den Stall sind so auszuführen, wie in Abb. 327 angedeutet. Die sicherste Ausführung ist die, bei der jeder Draht einzeln (auch bei Wechselstrom) durch eine Einführungspfeife aus Porzellan geht. Das innere Ende der Pfeife ist mit Isolierkitt abzu-

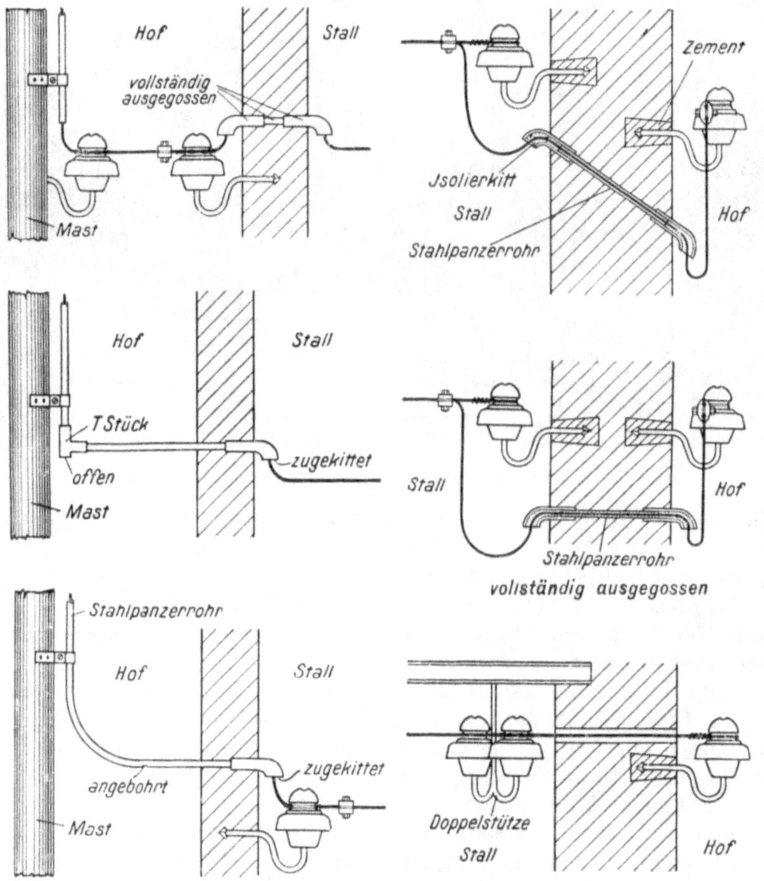

Abb. 327.
Wanddurchführungen vom Hof in den Stall.

dichten, dabei muß das Rohr Gefälle nach außen haben oder aber es ist das ganze Rohr auszugießen.

Den Beleuchtungskörper (wasserdichte Porzellan-Armaturen mit paraffinierten Gummiringen (Abb. 217) ordnet man möglichst unmittelbar hinter der Einführung an (Abb. 332 und 333). In kleinen Ställen ist das meistens möglich. Vielfach kann man auch die Lampe außerhalb des Stalles am Stallfenster anbringen.

Abb. 328. Verlegung blanker Leitungen auf Isolierglocken im Viehstall.

In größeren Ställen sind längere Zuleitungen zu den Lampen manchmal nicht zu entbehren. Es gibt dann verschiedene Möglichkeiten:
1. Ziemlich haltbar und billig ist *Verlegung blanker Leitung im Stall auf Isolierglocken* (Abb. 329) oder Mantelrollen (Abb. 330) mit in Teer gekochter gedrillter Hanfschnur abgebunden. Bei Isolatorenstützen ist der Draht auf der Innenseite anzuordnen. Als Leitung wählt man „wetterfest isolierte" Leitung Type RW oder blanke verzinnte Kupferleitung oder gut verzinkte Eisenleitung, die mit Emaillelack oder wenigstens mit Asphaltlack oder mit Mennige gestrichen sind. Der Anstrich ist jährlich zu erneuern. Mindestquerschnitt 4 mm^2 für Kupfer und 10 mm^2 für Eisen, Spannweite 2—5 m (letzteres bei Isolierglocken).
Auch die Isolatorenstützen (Doppelstützen) sind nicht nur zu asphaltieren, sondern auch noch zu streichen. Als Schutz gegen Berührung und Beschädigung bringt man, wenn die Leitung nicht genügend (2,5 m) hoch liegt, unter den Stützen einen Lattenverschlag an. Vor allem ist ein solcher Schutz nötig über eisernen Konstruktionsteilen (Futterraufen).
2. *Verlegung von Gummiaderleitungen in Stahlpanzerrohr in dem Stall* ist im allgemeinen weniger haltbar. Die Rohre sind mit Emaillelack zu streichen und gut abzudichten, vor allem mit Isolierkitt an den Enden. Auch die ins Freie führenden Rohre sollen ausgegossen bzw. verkittet sein (Abb. 327). Trotzdem können Stahlpanzerrohre nach einiger Zeit Körperschluß bekommen. Die Rohre müssen also auch gut geerdet bzw. „genullt", d. h. mit dem Nulleiter verbunden werden, damit keine Gefährdung des Viehes eintritt. Futterraufen und eiserne Konstruk-

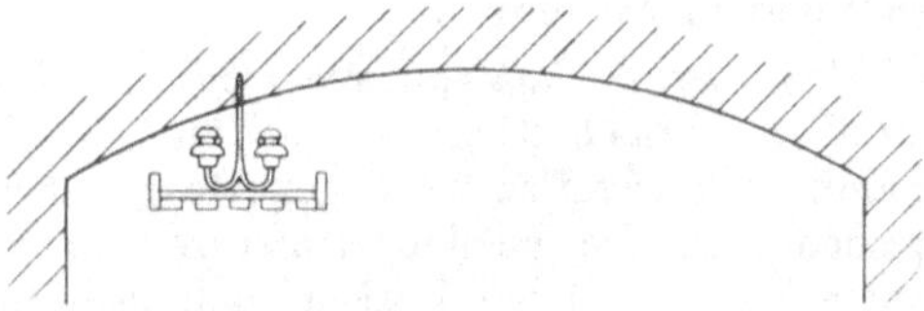

Abb. 329. Verlegung auf Isoliergiocken im Viehstall.

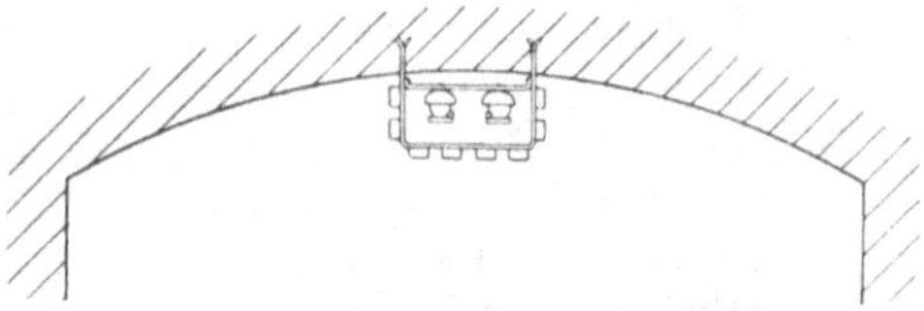

Abb. 330. Verlegung auf Kellerisolatoren im Viehstall.

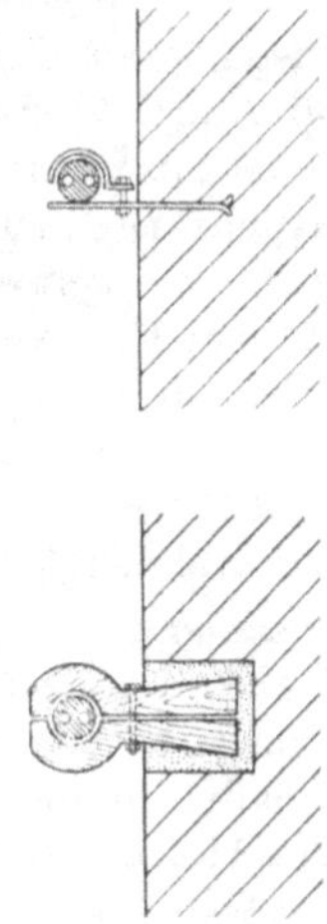

Abb. 331. Lagerung des Kabels in Eisenschellen oder Holzdübeln.

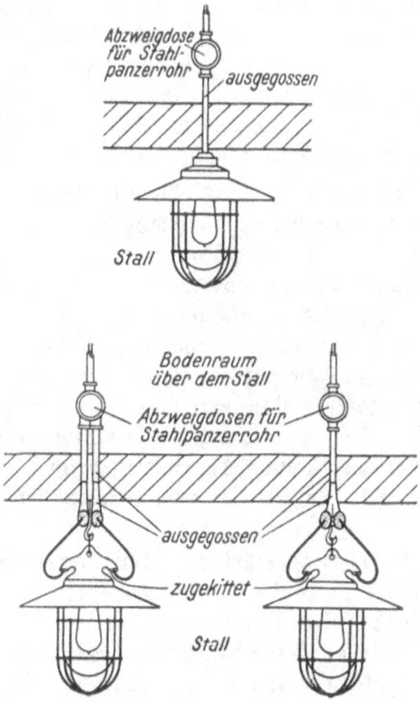

Abb. 332. Beleuchtungskörper unter Deckendurchführungen im Viehstall.

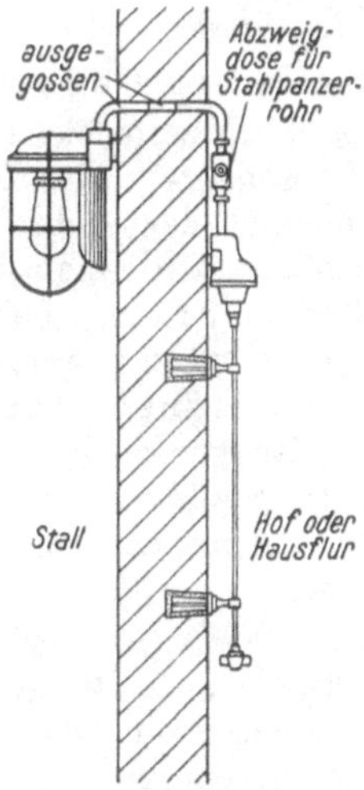

Abb. 333. Beleuchtungskörper unmittelbar hinter der Wanddurchführung im Viehstall.

tionsteile sind ebenfalls gut zu erden. Mindestquerschnitt der Erdungsleitung 16 mm². Erdungswiderstand nachmessen.

3. *Verlegung von Gummiaderleitungen in Stahlpanzerrohr oder Peschelrohr in dem Raum über dem Stall* ist etwas haltbarer. Aber auch in diesem Falle sind die Rohre besonders zuverlässig zu befestigen (Doppelschellen), mit Asphaltlack zu streichen und die zu den Armaturen, in denen Schäden vorzugsweise auftreten, führenden Deckendurchführungen in Stahlpanzerrohr auszuführen und auszugießen. Da über dem Stall meistens Futter lagert, sind die Leitungen für Instandsetzungsarbeiten schlecht zugänglich. Isolierrohr mit Blechmantel ist wegen der zu erwartenden mechanischen Beschädigungen ohne besonderen Schutz nicht zulässig und neigt bei Kondenswasserbildung u. U. zur Verrottung.

4. *Verlegung von armierten Bleikabeln im Stall* ist haltbar aber teuer. Das Kabel und die Kabelmuffen sind mit Asphaltlack oder Teer zu streichen. An den Enden Gummiendverschlüsse. Die Kabel lagert man zweckmäßig in geteerten Eisenschellen oder in ausgehöhlte zweiteilige geteerte Holzdübel (Abb. 331) in Abständen von etwa 1 m.

Auch Schalter soll man, wenn angängig, nur außerhalb des Stalles, möglichst neben der Eingangstür, anbringen. Als Schalter dienen porzellangekapselte Zeta-Schalter mit Schaltstange (Abb. 199), am besten wählt man doppelpolige, bei geerdetem Nullleiter genügen einpolige. Wenn Sicherungen innerhalb des Stalles nicht zu vermeiden sind, so wähle man eisengekapselte Ausführung (Abb. 157) und erdet das Gehäuse. Außerhalb des Stalles ordnet man Freileitungs-Sicherungen (Abb. 152) an.

In Milchkellern, Gärkellern und dergl. verlegt man wie in Ställen.

Heuböden (Fruchtspeicher und dergl.) sind feuergefährliche Räume, vielfach, besonders unter Ziegeldach, sind sie auch nicht trocken wegen der Neigung der Rohre zur Bildung von Kondenswasser im Winter. Sie sollen also niemals Sicherungen und allenfalls eisengekapselte Schalter enthalten. Leitungen sind, soweit sie nicht außerhalb des Heubodens verlegt werden können, in widerstandsfähigen zuverlässig befestigten Rohren (Peschelrohren oder Stahlpanzerrohren) zu verlegen. Die Zuleitungen zu Heuböden sollen nicht aus dem Stall kommen, damit nicht die Stalldünste die Leitungen zerstören. Als Beleuchtungskörper sind nur Armaturen mit geschlossenem Schutzglas und Schutzkorb zuverlässig.

Auch *Scheunen* sind feuergefährliche Betriebsstätten. Man verlege also möglichst keine Leitungen in der Scheune und die unumgänglich nötigen in Stahlpanzerrohr oder in Peschelrohr. Die Befestigung der Rohre muß zuverlässig sein (zweilappige Schellen in kurzen Abständen). Sicherungen sind an der Abzweigstelle im Hauptgebäude einzubauen. In der Scheune sollen gar keine Sicherungen sein, Ausschalter eisengekapselt, als Beleuchtungskörper: Armaturen mit geschlossenem Schutzglas und Schutzkorb. Lichtsteckdosen und Handlampen sind zu vermeiden.

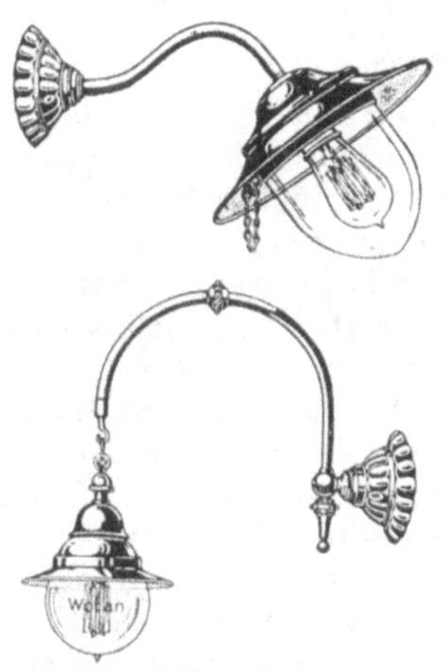

Abb. 334.
Wandarme für Höfe und Gärten.

Die Kraftzuleitung zur Scheune endigt am besten an der Außenwand oder an besonderem Mast in einer Kraftsteckdose (Abb. 206) oder (Abb. 207) für den ortsveränderlichen Dreschmotor. Festmontierte Motoren innerhalb der Scheune sind nicht ratsam, zweckmäßig sind sie durch einen gemauerten Verschlag von dem Scheunenraum abzutrennen.
Im *Hof* ist über den Türen, die zu den Hauptgebäuden führen, je ein Wandarm mit einer Glühlichtarmatur mit Porzellanfassung anzubringen (Abb. 334). Die Zuleitungen im Freien werden auf Glocken-Isolatoren verlegt. Eine Überspannung des Hofes mit Freileitung soll mindestens 6 m über dem Erdboden bleiben. Sie ist aber unzweckmäßig, weil die Höhe der freien Durchfahrt beschränkt wird. Man führe die Leitungen um den Hof herum. An geeigneten Stellen an den Wirtschaftsgebäuden sind Steckdosen für Kraftanschluß vorzusehen.
Wegen der vielfachen Anwendung des Elektromotors in der Landwirtschaft sei auf die Druckschrift 932 verwiesen.
Für *Gartenwege* und Parkanlagen verlege man die Freileitungen neben den Wegen. Querfeldein geführte Drähte sehen meistens nicht gefällig aus. Als Glühlichtarmatur genügt meistens ein Modell ohne Schutzglas aber mit Porzellanfassung.
Elektrische *Heizapparate* finden in ländlichen Wohnungen in gleicher Weise Anwendung wie in städtischen (vgl. Seite 120), insbesondere sind die elektrischen *Plätteisen* auf dem Lande sehr verbreitet, weil die Möglichkeit mit Gas zu plätten meistens nicht vorliegt. Eine Besonderheit aber sind die elektrisch beheizten *Brutapparate* (Abb. 335) (Näheres Druckschrift 1155).

Abb. 335. Elektrisch beheizter Brutapparat.

Fehlerortsbestimmung in Installationen.

Leitungsunterbrechung.

Unsichere Kontaktstellen äußern sich in Flackern des Lichts, dauerndem oder nur vorübergehendem Aufhören der Stromleitung bei Heizapparaten und dgl. Meistens sitzt hier allerdings der Fehler in der Fassung, sei es, daß der Lampensockel im Fassungsgewinde sich gelockert hat oder daß die Kontaktschrauben nicht fest angezogen sind oder (bei Hahnfassungen) daß die Schaltvorrichtung schadhaft ist. Oft aber auch sind *bewegliche Zuleitungen* unter der Isolierhülle gebrochen (bei einiger Übung *fühlt* man solche Stellen beim Abtasten der Schnur); oder die Kontaktschrauben im Stecker sind lose oder die Schmelzlamellen in der Steckdose sitzen zu locker. Auch im Drehschalter treten ähnliche Schäden an den Kontaktschrauben oder Kontaktfedern gelegentlich auf und auch Lüsterklemmen sind hier und da nicht fest genug angezogen.
Vollständiges Erlöschen der Lampen eines Stromkreises hat seine Ursache im Durchschmelzen der Stromkreissicherung. Man kann versuchen, diese einmal zu ersetzen in der Annahme, daß sie nicht fest genug eingeschraubt war und sich deshalb übermäßig erwärmt hat. Schmilzt sie aber nunmehr wieder sofort oder nach kurzer Zeit durch, so liegt entweder eine Überlastung des Stromkreises vor (z. B. durch einen nachträglich angeschlossenen Heizapparat) oder ein Kurzschluß bzw. Erdschluß.

Kurzschluß, Erdschluß.

Hat sich ein Kurz- oder Erdschluß bemerkbar gemacht, so muß dieser Fehler durch ein planmäßiges Vorgehen gefunden werden. Herumprobieren bringt nur Zeitverlust. Durch Einsetzen mehrerer Sicherungen nacheinander oder gar einer stärkeren Sicherung wird der Fehler natürlich ebenfalls nicht behoben. Man schaltet also in den fehlerhaften Teil

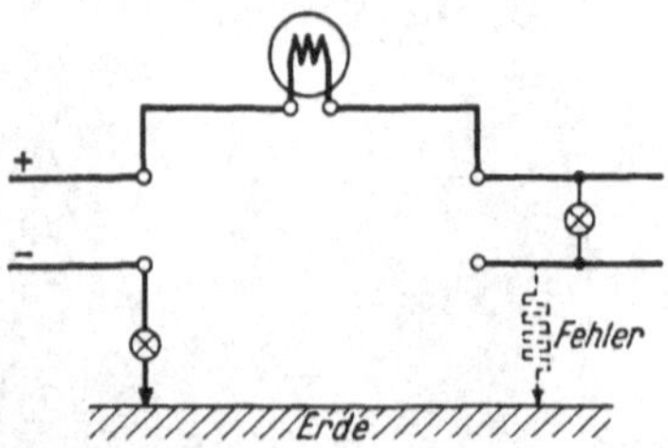

Abb. 336. Schaltung zur Aufsuchung eines Erdschlusses.

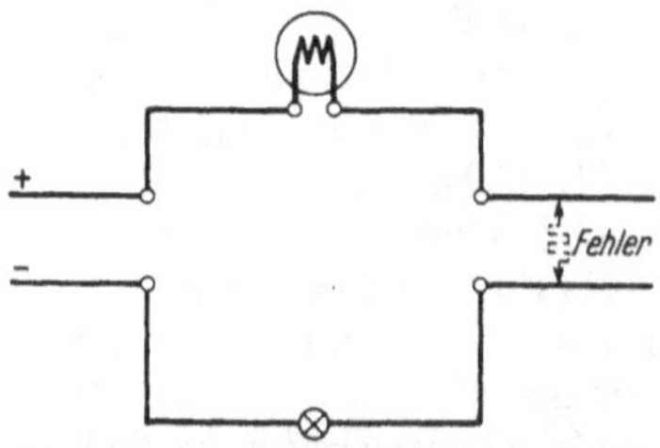

Abb. 337. Schaltung zur Aufsuchung eines Kurzschlusses.

der Anlage, nachdem man ihn spannungslos gemacht hat, ein Meßinstrument (Isolationsmesser oder wenigstens eine Prüflampe) so, daß der Fehler am Instrument ersichtlich wird (Abb. 336 u. Abb. 337) und kann nun
1. entweder den fehlerhaften Leitungsbezirk Strecke für Strecke *ab*schalten, bis der Fehler verschwindet, oder

2. Strecke für Strecke des fehlerhaften Leitungsbezirks *zu*schalten, bis der Fehler auftritt.

Am besten wählt man erst das erste und dann das zweite Verfahren, weil in diesem Fall auch etwa vorhandene weitere Fehler gefunden werden. Wichtig ist, daß beim Zuschalten auch alle Leitungsstrecken des verdächtigen Bezirkes nach und nach zugeschaltet werden. Man muß also alle Schalter einschalten, Wechselschalter und Gruppenschalter in allen Stellungen.

Hat man eine größere Strecke auf diese Weise als die schadhafte erkannt, so wird sie auf die gleiche Weise in einzelne Teile zerlegt und untersucht. Auf diese Art wird der Fehler „eingekreist".

In der Hausinstallation sind die hauptsächlichsten Orte für Erdschlüsse *Beleuchtungskörper*, Wanddurchführungen, Abzweigdosen, Schalter und Steckdosen; seltener die glatte Leitungsstrecke außer bei Verlegung in der Wand. Kurzschlüsse sitzen meistens in *beweglichen Schnurleitungen, Beleuchtungskörpern, Fassungen,* Wanddurchführungen, Schaltern oder Steckern.

Fehler in Kabeln.

I. Erdschluß.

Der wichtigste und häufigste Fehler in Kabeln ist der Erdschluß. Den Widerstand des Erdschlusses, den „Fehlerwiderstand" bestimmt man durch Isolationsmessung. Die Ortsbestimmung erfolgt entweder nach dem Brückenverfahren oder nach dem Verfahren des Spannungsabfalles, gegebenenfalls auch durch Induktionsverfahren.

Brückenverfahren.

„Die Kirchhoffsche Brücke".

Alle für Fehlerortsbestimmung angewendeten Brückenverfahren beruhen auf der Wheatstoneschen (Kirchhoffschen) Brücke (Abb. 338).

Batterie B und Galvanometer G sind untereinander vertauschbar. An Stelle der Gleichstromquelle kann, wenn die Widerstände x, y, a und b induktions- und kapazitätsfrei sind, auch eine Wechselstromquelle treten, wobei das Galvanometer durch ein Telephon ersetzt wird.

Sind beide Schlüssel geschlossen und dann das Galvanometer stromlos, so gilt

$$\frac{a}{b} = \frac{x}{y}$$

oder

$$\frac{a}{a+b} = \frac{x}{x+y}; \quad x = \frac{a}{a+b}(x+y)$$

woraus sich x berechnen läßt, wenn a, b und die Summe $(x + y)$ bekannt sind.

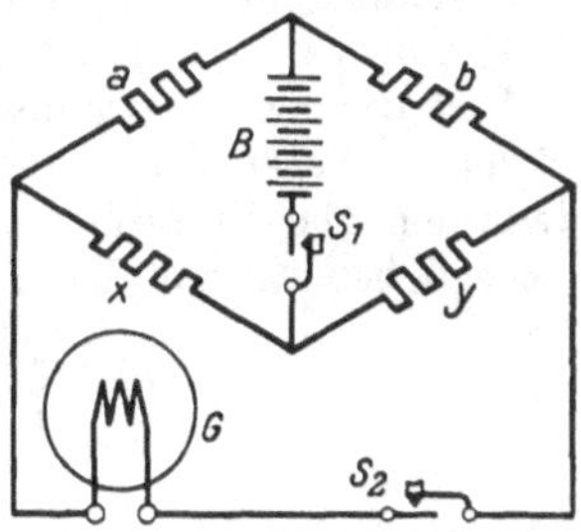

Abb. 338. Wheatstonesche Brücke.
a, b. x, y = Widerstände
G = Galvanometer
B = Gleichstromquelle
S_1, S_2 = Stromschlüssel

Einfaches Brückenverfahren.

Grundsätzliche Anordnung.

Die grundsätzliche Anordnung für Fehlerortsbestimmung an Starkstromkabeln nach dem Brückenverfahren ist demnach die der Abb. 339. Vorausgesetzt ist, daß das Kabel nicht unterbrochen ist und beide Enden zugänglich sind.

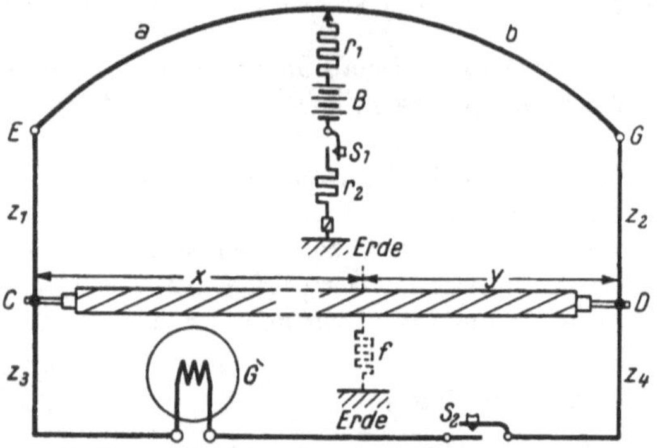

Abb. 339. Fehlerortsbestimmung in Brückenschaltung.

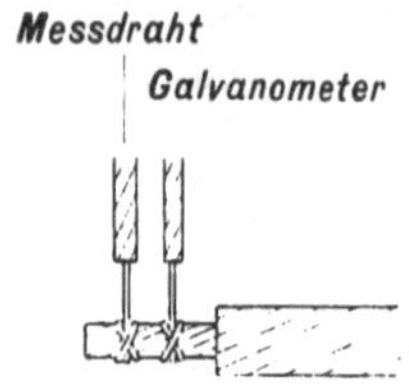

Abb. 340. Die Meßdrahtzuleitungen sind vor den Galvanometerzuleitungen anzulöten oder sehr sorgfältig anzuklemmen. Übergangswiderstände fälschen die Messung.

Wie aus Abb. 339 und Abb. 340 ersichtlich, ist das Galvanometer mittels besonderer Zuleitungen am Kabel anzuschließen, damit sich der Widerstand der Zuleitungen Z_1 und Z_2 nicht zu dem kleinen Widerstand des Kabels, sondern zu dem größeren der Brückenzweige addiert.

Die Widerstände a und b können aus einem einzigen *Schleifdraht*, dem sogenannten „Meßdraht", auf dem das Verhältnis a/b durch Verschieben eines Schleifkontaktes eingestellt wird, oder aus Stöpsel- bzw. Kurbelwiderständen usw. bestehen.

Die Stromquelle soll gegen Erde gut isoliert sein.

Das Brückenverhältnis a/b wird so lange geändert, bis das Galvanometer stromlos ist. Bei Erdströmen oder einer elektromotorischen Kraft an der Fehlerstelle schlägt das Galvanometer bereits vor Einschalten der Batterie aus. In diesem Falle ist auf den „falschen Nullpunkt", d. h. auf denselben Galvanometerausschlag wie ohne Batteriestrom einzustellen. Wegen der Erdströme ist auch im allgemeinen von einem Vertauschen von Batterie und Galvanometer abzuraten. Ist die Brücke abgeglichen, so gilt die Beziehung:

$$\frac{x}{y} = \frac{a}{b}; \quad x = \frac{a}{a+b}\,(x+y);$$

$$y = \frac{b}{a+b}\,(x+y).$$

$(x + y)$ ist der Widerstand des ganzen Kabels und kann durch eine vorhergehende Widerstandsbestimmung festgestellt werden.

Aus den Formeln erhält man die Widerstände der Kabelstücke x und y. Kennt man den Querschnitt des Kabels bzw. seinen Widerstand für 1 m, so kann man aus den Widerstandswerten die zugehörigen Kabellängen ermitteln.

Hat das Kabel überall gleichen Querschnitt, so kann man an Stelle der Widerstände die Kabellängen selbst setzen, also

$$L_x = \frac{a}{a+b} \cdot L; \quad L_y = \frac{b}{a+b} \cdot L;$$

L bedeutet hierbei die ganze Kabellänge zwischen den Verzweigungspunkten C und D (Abb. 339).

Wenn die Lage eines Kabels, das vielfach verschlungen und mit Winkeln und Bogen verlegt ist, aus dem Kabelplan nicht genau ersichtlich ist, so ist naturgemäß auch das tatsächliche Auffinden der Fehlerstelle ungenau; denn die Messung ergibt den Fehlerort nur in Metern Kabellänge. Die Genauigkeit der Fehlerortsbestimmung ist also zunächst abhängig von der Genauigkeit des Kabelplanes.

Sind in dem fehlerhaften Kabel nicht ein, sondern zwei Fehler enthalten, so ergibt die Messung einen Punkt zwischen den beiden Fehlern (näher dem stärkeren Fehler). An dieser Stelle muß man das Kabel entzweischneiden und an den beiden Stücken von neuem die Fehlerortsbestimmung vornehmen.

Die Messung wird um so genauer, je größer der Meßstrom ist, wobei jedoch die Brückenzweige nicht überlastet und dadurch unzulässig erwärmt werden dürfen.

Der Übergangswiderstand an der Fehlerstelle f, der durch die immer vorher vorzunehmende Isolationsmessung bestimmt wird, hat auf die Gleichung der Brücke keinen Einfluß. Er bestimmt aber den Meßstrom i, und deshalb wird es, wenn f sehr klein ist, nötig, zum Schutze der Batterie in den Batteriezweig einen Vorschaltwiderstand zu legen.

Ist der Fehlerwiderstand f sehr groß, z. B. über 1000 Ω, so wird der Meßstrom klein und die Feststellung des Fehlerorts nur mit Hilfe eines sehr empfindlichen Instrumentes, z. B. eines Spiegelgalvanometers möglich sein, oder man muß eine höhere Meßspannung anlegen, wobei aber ein entsprechender Schutzwiderstand vorzuschalten ist. Ferner erdet man die Bleihülle des Kabels bzw. benutzt sie als „Erde". Wenn tunlich, kann man in solchem Falle auch versuchen, den Fehlerwiderstand zunächst durch „Ausbrennen" des Fehlers zu verkleinern.

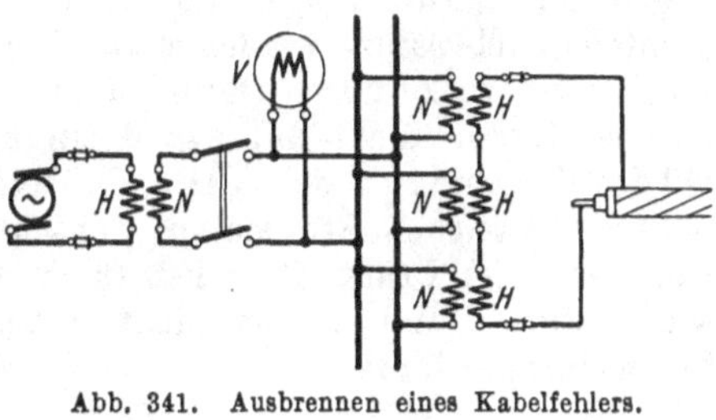

Abb. 341. Ausbrennen eines Kabelfehlers.

Das *Ausbrennen des Fehlers* geschieht, indem man das betreffende Kabel unter eine höhere Spannung setzt als die Betriebsspannung. Manchmal zeigt dann schon der aufsteigende Rauch die Fehlerstelle an. Abb. 341 zeigt die Schaltung zum Ausbrennen eines Fehlers in einem Hochspannungskabel. Es sind die Hochspannungswicklungen von drei Transformatoren hintereinander geschaltet.

Praktische Ausführungsformen des Brückenverfahrens.

1. Einfache Brückenmessung mit langem Meßdraht.

Am einfachsten gestaltet sich die Bestimmung des Fehlerorts, wenn es möglich ist, längs des Kabels einen Meßdraht von ungefähr der gleichen Länge wie das Kabel selbst zu verlegen.

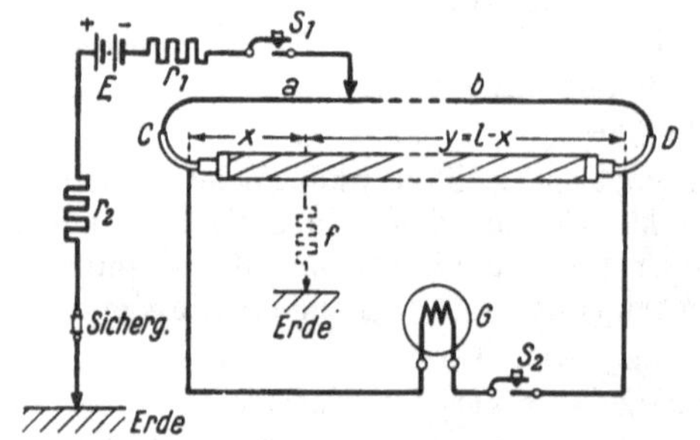

Abb. 342. Fehlerortsbestimmung ohne Rechnung mit Messdraht von Kabellänge.

Als solcher Meßdraht kann (wie in Abb. 342 angedeutet) in diesem Falle ein gewöhnlicher ununterbrochener Leitungsdraht, auch Eisendraht von 2,5 — 4 mm^2 Querschnitt dienen, gegebenenfalls auch der (spannungslose) Fahrdraht einer Straßenbahn. Wenn der Leitungsdraht isoliert ist, so benutzt man als „Schleifkontakt" eine Spitze, die man unter die Isolierung sticht.

Als Stromquelle dient eine Meßbatterie oder das Gleichstromnetz selbst. Ist Stromlosigkeit im Brückenzweig erzielt, so ist das Verhältnis der Widerstände $a : b = x : y = x : (l - x)$ und ebenso für die Längen $L_a : L_b = L_x : L_y = L_x : (L - L_x)$. Da aber die Länge des Meßdrahtes gleich der Länge des Kabels ist, so liegt die Stelle, wo nunmehr der Schleifkontakt steht, unmittelbar über der Fehlerstelle.

Es erübrigt sich also jede Rechnung, so daß dieses Verfahren, wo es ausführbar ist, das vorteilhafteste und bequemste für ungeübtere Beobachter und reine Praktiker bildet. Vorausgesetzt ist dabei, daß gegebenenfalls Bogen und Krümmungen des Kabels bei Verlegung des Meßdrahtes ebenfalls nachgeahmt worden sind. Die Verbindungen bei *C* und *D* sind sorgfältigst auszuführen (Löten) und die Galvanometerzuleitungen sind mit den Kabel- nicht mit den Meßdrahtenden zu verbinden. Der Nachteil des Verfahrens besteht darin, daß das Verlegen des langen Meßdrahtes in verkehrsreichen Straßen, in Schächten usw. nicht angeht und daß man sehr viel Draht nötig hat (über drei Kabellängen). Die Schutzwiderstände r_1 und r_2 sollen nicht größer sein, als es die Begrenzung der Stromstärke erfordert.

Das Schleifenverfahren.

Die Gesamtschaltung nach dem Schleifenverfahren hat die in Abb. 343 dargestellte Anordnung.

Während aber in der Gleichung des Brückengleichgewichts $\frac{a}{b} = \frac{x}{y}$ bisher $y = l - x$ war (l ist der Widerstand der einfachen Kabellänge), ist jetzt, weil noch eine Rückleitung gleichen Querschnitts und gleicher Länge hinzukommt, $y = 2\,l - x$. $2\,l$ ist der Widerstand der ganzen Kabelschleife. x sei immer der Widerstand des Kabelstückes, das am Meßdrahtende a anliegt.

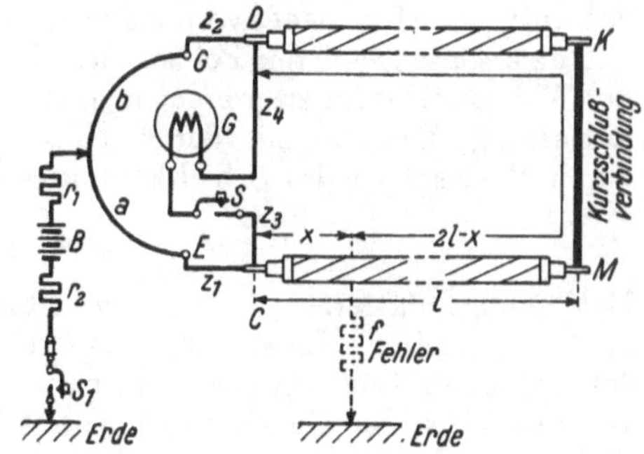

Abb. 343. Schleifenverfahren zur Fehlerortsbestimmung.

Die Formel lautet also jetzt:

$$\frac{a}{b} = \frac{x}{2\,l - x} \text{ bzw. } \frac{x}{2\,l} = \frac{a}{a + b}$$

Setzt man nun an Stelle des Verhältnisses der Widerstände x und $2\,l$ dasjenige der Längen L_x und $2\,L$, so ist gegebenenfalls die gleichwertige Länge des Kurzschlußdrahtes $K - M$ nicht zu vergessen. Die Übergangswiderstände bei K und M müssen unbedingt sehr klein sein (verlöten). Das Mißlingen von Fehlerortsbestimmungen ist meistens auf zu hohe Übergangswiderstände zurückzuführen. Ebenso muß bei einer Rückleitung anderen Querschnitts deren Länge in gleichwertige Kabellängen umgerechnet und zu der Kabellänge addiert werden, um die Schleifenlänge zu erhalten. Z. B. 1 m Hilfsleitung vom Querschnitt q ist $\frac{Q}{q}$ m Kabel vom Querschnitt Q gleichwertig.

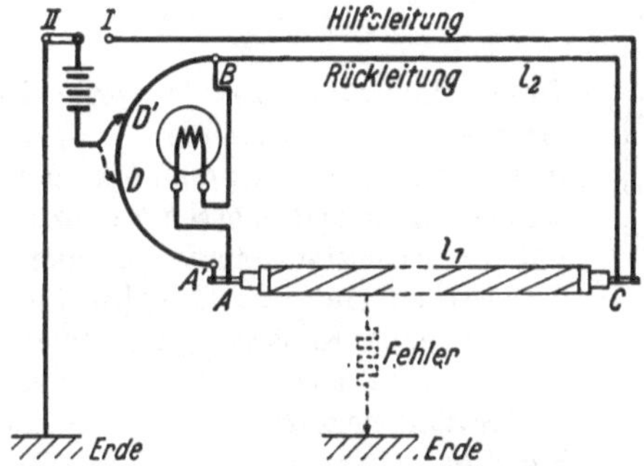

A' D = a B D = b A' D' = b' B D' = b'

Abb. 344. Schleifenverfahren mit zwei Hilfsleitungen anderen Querschnitts nach Heinzelmann.

Verfahren nach Heinzelmann.

Wenn eine Schleifdrahtmeßbrücke zur Verfügung steht, empfiehlt es sich für die Fälle, in denen eine Rückleitung gleichen Querschnitts nicht vorhanden ist und die Berechnung der gleichwertigen Länge Schwierigkeiten macht, den Widerstand der Rückleitung l_2 (Abb. 344) durch eine zweite Messung zu berücksichtigen. Es wird noch eine zweite Hilfsleitung mit dem entfernten Kabelende verbunden. Die Meßbatterie wird zur Vormessung mit dem sonst geerdeten Pol an diese Leitung gelegt und das Verhältnis der Widerstände des zu prüfenden Kabels und der Rückleitung bestimmt. I. Messung: Batterie mit der 2. Hilfsleitung verbinden und die Brücke durch Verschieben des Schleifkontaktes abgleichen. Stellung D.

$$\frac{a}{b} = \frac{l_1}{l_2}; \quad l_2 = l_1 \cdot \frac{b}{a}.$$

II. Messung: Batterie geerdet. Der Abzweigungspunkt liegt jetzt beim Fehlerort und die Einstellung des Schleifkontaktes beim Einspielen des Galvanometers auf den Nullpunkt gibt das Verhältnis zwischen Widerstand x der Kabelstrecke von A bis zur Fehlerstelle und dem Widerstand des Kabelrestes $(l_1 - x)$, + der Rückleitung l_2 an. Stellung D'.

$$\frac{a'}{b'} = \frac{x}{l_1 - x + l_2}$$

l_2 aus der früheren Formel eingesetzt, gibt $x = \frac{a'}{a} \cdot l_1 \cdot \frac{a + b}{a + b'}$

$a + b = a' + b'$ = Schleifdrahtwiderstand; $\quad x = \frac{a'}{a} \cdot l_1 \cdot$

Daher gilt auch für die Längen $L_x = \frac{a'}{a} \cdot L_1$.

Man braucht also den Widerstand der Rückleitung und der Verbindung am entfernten Kabelende nicht zu kennen, sondern nur die Länge L des zu prüfenden Kabels und die Längen a und a' des Schleifdrahtes vom Verzweigungspunkt A bis zu den Stellungen des Schleifkontaktes D und D'.

Verfahren des Spannungsabfalles.

Die Verfahren des Spannungsabfalles beruhen einfach darauf, daß die Potentialdifferenzen, die ein das Kabel durchfließender Strom zwischen Kabelenden und Fehlerstelle erzeugt, mit einem geeigneten Instrument gemessen werden (Abb. 345).

$$\frac{x}{y} = \frac{a_1}{a_2}$$

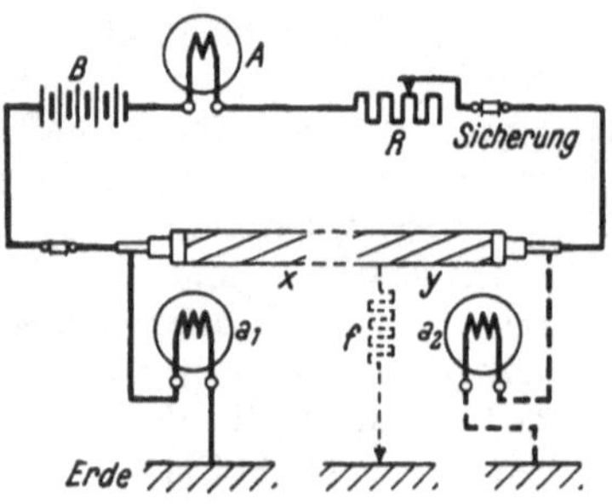

Abb. 345. Fehlerortsbestimmung nach Spannungsabfallverfahren bei geerdetem Voltmeter.

Das für das Spannungsabfallverfahren erforderliche Galvanometer (Voltmeter) muß hinreichend empfindlich, seine Ablenkungen müssen proportional der Stromstärke und sein innerer Widerstand muß rd. 300 mal so groß sein als der des Kabels und des Fehlers. Gegebenenfalls ist zu diesem Zweck Widerstand vorzuschalten. Für die Messung kann nach Abb. 345 geschaltet werden. Bei gesunder Rückleitung bildet man eine Schleife.

Die Stromquelle muß völlig konstant und gegen Erde sehr gut isoliert sein (am besten eine ausreichende Akkumulatorenbatterie). Der Vorteil der Schaltung besteht darin, daß der Meßstrom hoch ist, weil die Batterie nur durch das Kabel geschlossen ist. Der Nachteil liegt in dem Umstand, daß eine etwa an der Fehlerstelle bestehende elektromotorische Kraft der Polarisation vor dem Galvanometer liegt und den Ausschlag des Instrumentes vergrößert bzw. verkleinert. Man muß daher noch eine zweite Ablesung mit gewendetem Strom machen und mit den Mittelwerten rechnen. Auch liegt der veränderliche Fehlerwiderstand als Vorschaltwiderstand vor dem Voltmeter. Ungenügende Isolation der Stromquelle fälscht das Meßergebnis.

II. Ungeerdeter Kurzschluß.

Wenn zwischen zwei Leitern eines Mehrfachkabels Kurzschluß entsteht, ohne daß einer von ihnen an der Kurzschlußstelle auch Erdschluß bekommt, so kann man das eine Kabel an Erde legen und dann irgendeins der vorher für den *Erdschluß* beschriebenen Verfahren anwenden, oder noch besser, man betrachtet eines der Kabel selbst als „Erde".

Will man eine „Schleife" bilden, so ist dies bei Drehstromkabeln meist noch möglich, aber bei Kurzschluß in Zweileiterkabeln fehlt die gesunde Rückleitung, so daß das Brückenverfahren nur mit langen Hilfsleitungen ausführbar ist, deren Querschnitt berücksichtigt werden muß, wenn nicht nach dem Verfahren von Heinzelmann (vgl. S. 189) gemessen wird.

Schaltbeispiele bei ungeerdetem Kurzschluß.

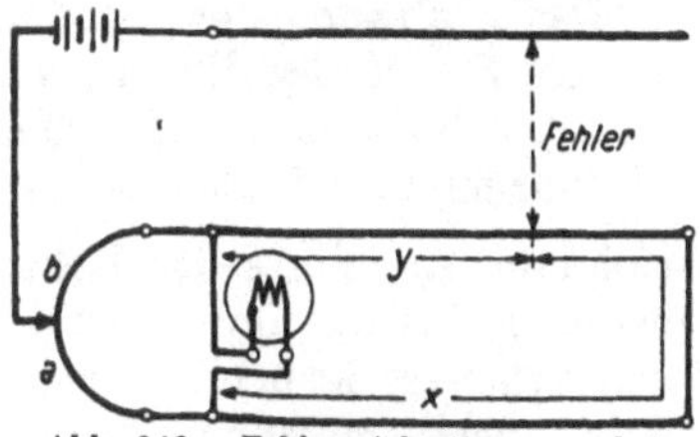

Abb. 346. Fehlerortsbestimmung bei ungeerdetem Kurzschluß zweier Leiter, dritter Leiter gesund.

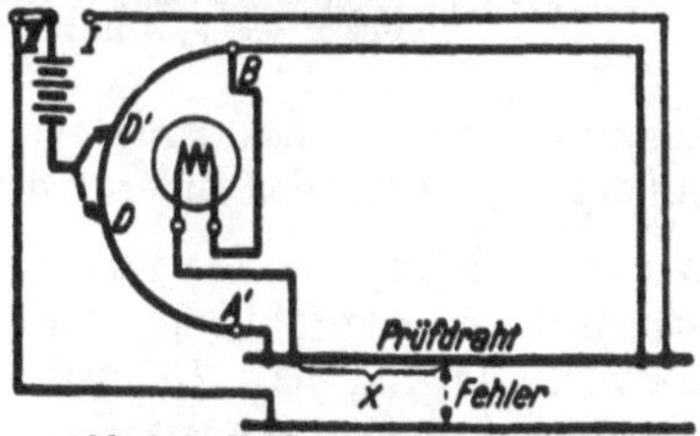

Abb. 347. Fehlerortsbestimmung bei ungeerdetem Kurzschluß eines Leiters mit dem Prüfdraht.

1. Ungeerdeter Kurzschluß zwischen zwei Leitern; dritter Leiter gesund (Abb. 346). Schleifenverfahren

$$\frac{x}{y} = \frac{a}{b}$$

2. Ungeerdeter Kurzschluß eines Leiters mit dem Prüfdraht (Abb. 347). Verfahren nach Heinzelmann

I. Messung Einstellung $A'\ D = c$

II. Messung Einstellung $A'\ D' = c'$

l = Kabellänge.

$$x = \frac{c'}{c}\, l$$

Meßbrücke Mbr 1

Diese besteht aus Schieferplatte mit Schleifdraht und Teilung nebst Kontaktarm mit Rollenkontakt und Index und zwei stöpselbaren Vorschaltwiderständen zur Erweiterung des Meßbereichs, ferner einem Zeigergalvanometer mit Vorschaltwiderstand zur Empfindlichkeitsänderung auf $^1/_{100}$, einer eingebauten Batterie von vier Trockenelementen Type *T 3* und einem Stromwender in gemeinsamem Transportkasten, dessen Deckel abnehmbar ist. Außerdem kann man noch Zusatzstücke mit einem eingebauten Vergleichswiderstand, die zur Widerstandsmessung angesteckt werden, im Kasten unterbringen. Der Empfindlichkeitsschalter hat die Stellungen $^1/_{100}$, $^1/_1$.

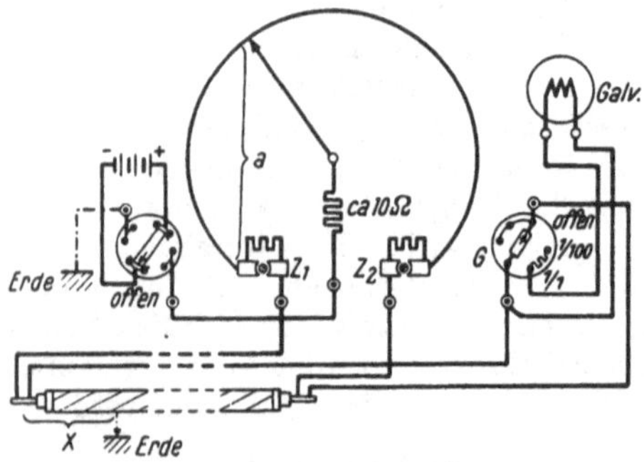

Abb. 348. Fehlerortsbestimmung mittels Brücke Mbr. 1 von S. & H.

Für *Fehlerortsbestimmung* wird im Brückenverfahren nach dem Schaltbild Abb. 348 geschaltet. Die Widerstände der Verbindungsleitungen zwischen Meßdraht und Kabelenden sollen 0,02 Ω nicht überschreiten also z. B. 2×6 m Draht von 6 mm² Kupfer. Die Widerstände der Zuleitungen bedürfen dann keiner Berücksichtigung bei jeder Stellung der Messung. Das Galvanometer ist mit den Enden des Kabels, die Klemme „Erde“ mit Erde, zu verbinden. Die Batterie ist mit dem einen Pol geerdet, der andere liegt an der Zuführung zum Schleifkontakt.

Zur Ausführung der Messung ist nach erfolgtem Anschlusse der Hebelarm mit der Kontaktrolle so lange zu verstellen, bis das Galvanometer bei Stellung $^1/_{100}$ bzw. $^1/_1$ des Galvanometerschalters keinen Ausschlag anzeigt. Zum Schutz des Galvanometers ist zuerst immer mit der geringeren Empfindlichkeit zu messen.

Bezeichnet man den Teil des Meßdrahtes vom Index 0 bis zur Einstellung des Kontaktarmes mit *a*, die *Gesamtlänge* des Meßdrahtes mit *M*, das Kabelende von Anschluß der Zuleitung von Klemme Z_1 bis zum Fehler mit *X* und die Gesamtlänge des Kabels mit *L*, so ist dann

$$a : M = X : L \text{ und } X = L \cdot \frac{a}{M}.$$

Für die Berechnung von *X* ergibt sich alsdann, wenn Z_1 *gesteckt und* Z_2 *gesteckt* ist, da der Meßdraht in 200 gleiche Teile geteilt ist, die Formel:

$$X = L \cdot \frac{a}{200} = L \cdot a \cdot 0{,}005$$

Mit dem zugehörigen Galvanometer, Mldr. 49, kann der Fehlerort bei 0,05 A Meßstrom noch auf mindestens 3 m genau für Kabel bis zu 300 mm², unabhängig von der Länge des Kabels, bestimmt werden.

Die Ablesegenauigkeit ist vollkommen ausreichend, da eine Verschiebung des Schleifkontaktes um $^1/_2{}^0$ rd. $^1/_{2000}$ Kabellänge entsprechen würde. Für *Widerstandsmessungen* wird die Meßbrücke durch Beigabe eines Zusatzstückes, enthaltend einen Vergleichswiderstand W von 10 Ω, verwendbar gemacht (Abb. 349).

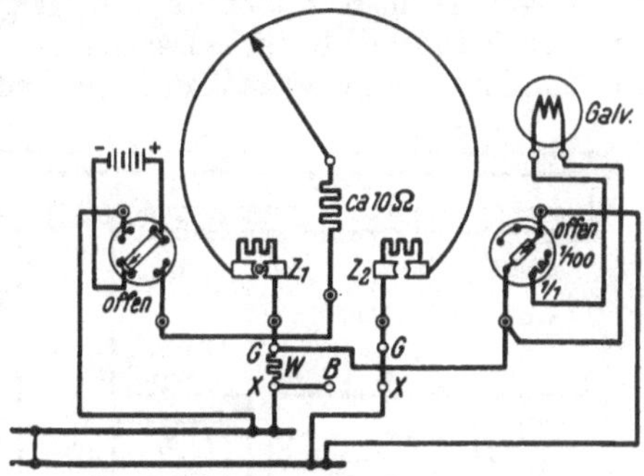

Abb. 349. Widerstandsmessung mit Brücke Mbr. 1 und Zusatzstück Mwd. 138 von S. & H.

Der Meßdraht hat einen Eigenwiderstand von rd. 8 Ω und 200 gleiche Teile, außerdem kann aber durch Ziehen der Stöpsel Z_1 bzw. Z_2 je ein Widerstand von 32 Ω entsprechend einer Meßdrahtlänge von 800 Teilen an jedem Ende vorgeschaltet werden. *Der ganze Meßdraht hat also 40 Ω*; er verträgt einen Meßstrom von 0,5 A.

Die Gesamtlänge des Meßdrahtes entspricht somit:

1. wenn Z_1 gesteckt und Z_2 gesteckt ist, 200 Teilen (8 Ω),
2. wenn Z_1 gesteckt und Z_2 gezogen ist, 1000 Teilen (200 + 800) (40 Ω),
3. wenn Z_1 gezogen und Z_2 gesteckt ist, 1000 Teilen (800 + 200) (40 Ω).

(Z_1 und Z_2 gleichzeitig zu ziehen, bietet keinen Vorteil.)

Für die Benutzung der Widerstände Z_1 und Z_2 gilt folgendes: Zunächst ist sowohl Z_1 als Z_2 gesteckt. Erhält man nun Einstellungen des Kontaktarmes über 160 bzw. unter 40, also im letzten oder ersten Fünftel des Schleifdrahtes, so empfiehlt es sich, Z_1 bzw. Z_2 zu ziehen und so den Meßdraht zu verlängern. Der Schleifdraht bildet nunmehr das Fünftel, in dem gearbeitet wird.

Der Widerstand X für das Kabelstück zwischen den Doppelanschlüssen kann aus folgenden Formeln berechnet werden:

Z_1	Z_2	X Ω
gesteckt	gesteckt	$\frac{200-a}{a} \cdot 10$
gesteckt	gezogen	$\frac{1000-a}{a} \cdot 10$
gezogen	gesteckt	$\frac{200-a}{a+800} \cdot 10$

Tragbare Kabelmeßschaltung.

Nach dem Spannungsabfallverfahren arbeitet die tragbare Kabelmeßschaltung.

Als Spannungsmesser dient ein Zeigergalvanometer, dessen Drehspule an einem Bändchen hängt. Der Widerstand des Instrumentes ist 750 Ω, die Empfindlichkeit 40 mV für den Endausschlag. In der zugehörigen Schaltung sind Nebenschlüsse und ein Vorschaltwiderstand von 50 000 Ω eingebaut. Als Spannungsquelle ist eine Meßbatterie von 130 V vorgesehen. Mit dieser Einrichtung können nicht nur Fehlerortsbestimmungen gemacht werden, sondern auch Isolationsmessungen bis 1000 MΩ, Widerstandsmessungen von rd. 0,1—6000 Ω; Kapazitätsmessungen von 0,005 bis rd. 4 μF. Die Schaltung enthält die nötigen Klemmen und Tasten, um in möglichst einfacher Weise diese Messung vornehmen zu können. Die besondere Schaltung für Fehlerortsbestimmungen an Starkstrom-Kabeln ist aus Abb. 350 ersichtlich.

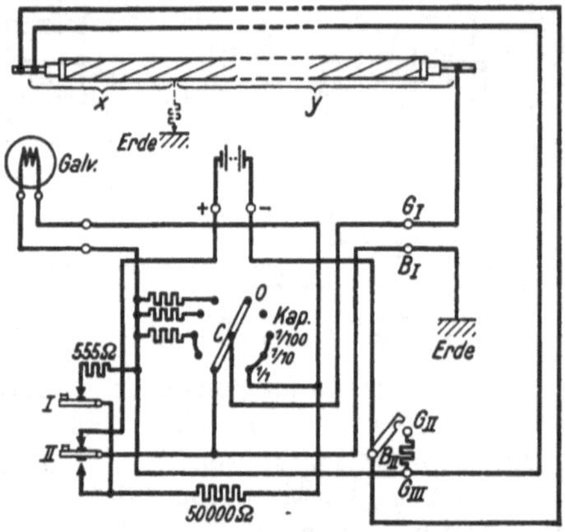

Abb. 350. Fehlerortsbestimmung mit tragbarer Kabelmeßschaltung.

Fehlerortsbestimmung an in Betrieb befindlichen Anlagen.

Tritt in einem vielfach geschlossenen Leitungsnetz (z. B. in dem Niederspannungsnetz einer größeren Stadt) ein Fehler auf, so muß man zunächst feststellen, in welchem Teile des Versorgungsgebietes der Fehler liegt. Nicht immer geben die Abschmelzstellen der Sicherungen dafür einen deutlichen Hinweis.

Man muß deshalb das ganze Netz (hoch- und niederspannungsseitig) in mehrere Netzgruppen unterteilen, deren jede unabhängig von den andern aus einer besonderen Speiseleitung gespeist wird.

Diese Unterteilung muß, ehe eine Störung eintritt, schon beim Bau des Netzes vorbereitet sein: Bestimmte Sicherungen und Laschen müssen in Hoch- und Niederspannungsnetzen als Trennstellen (z. B. durch farbigen Anstrich) bezeichnet und im Netzplan hervorgehoben sein, damit die ganze Unterteilung durch ausgesandte radfahrende Monteure in kürzester Zeit vorgenommen werden kann. Der umsichtige Leiter einer Kabelkolonne wird diese Unterteilung gelegentlich üben, indem er gegebenenfalls sogar einen künstlichen Fehler einbaut. Zu solchen Uebungen eignet sich am besten ein Sonntag im Sommer.

Sobald das Netz unterteilt ist, werden im Kraftwerk die Speiseleitungen ausgeschaltet und eine nach der anderen wieder eingeschaltet, bis bei Zuschaltung einer bestimmten Speiseleitung der Erdschluß sich wieder zeigt. Damit ist die fehlerhafte Netzgruppe gefunden. Sie wird nun weiter unterteilt und der Fehler so immer enger eingekreist.

Isolationsmessung in Installationen.

Zweck der Isolationsmessung ist die Feststellung des Isolationszustandes in dem zu prüfenden Teil des Netzes. Der Isolationszustand verlegter Leitungen ist aber von verschiedenen Einflüssen wie Feuchtigkeitsgrad der Räume, Temperatur, Lüftung, Jahreszeit, Witterung, von Rauch und sonstigen Gasen oder Dämpfen, welche die Isolierhülle angreifen, und von anderen mechanischen oder chemischen Veränderungen an der Isolierschicht abhängig. Die Isolationsmessung in elektrischen Licht- und Kraftanlagen ergibt also zwar Zahlenwerte, diese Zahlen haben aber mehr eine Bedeutung als Kennzeichen zur Beurteilung des Zustandes, als daß sie feste selbständige Größen darstellen.

Die Isolationsmessungen bei elektrischen Starkstromanlagen sollen möglichst mit der Betriebsspannung, mindestens jedoch mit 100 V vorgenommen werden.

Bei Isolationsmessungen einer Anlage *gegen Erde* sind alle zweipolig abschaltbaren Stromverbraucher (Bogenlampen, Motoren usw.), sobald die Hauptleitung stromlos ist, *ein*zuschalten. Wenn dies nicht geschieht, sind die betreffenden Teile der Anlage gesondert zu prüfen.

Bei Netzen mit geerdetem Nulleiter sind natürlich alle Stromverbraucher vom geerdeten Leiter einpolig abzutrennen.

Während der Messung sind isoliert aufgehängte Beleuchtungskörper zu erden. Sonst ist ihre Isolation gegen Körper nicht mitgemessen. Von den einpolig ausschaltbaren Glühlampen müssen nur einige im gemessenen Stromkreis eingeschaltet werden. Induktionsmotoren mit Schleifringläufer sollen auch auf der Läuferseite geprüft werden.

Bei Messungen der *gegenseitigen Isolation* ist Vorsorge zu treffen, daß alle Stromverbraucher von ihren Zuleitungen abgetrennt oder höchstens in einem Pol eingeschaltet sind. Hierbei ist besonders auf die Spannungsspule von Zählern, Watt-, Volt- und Phasenmessern usw. zu achten. Es sollen also alle Glühlampen ausgeschraubt, nicht abgeschaltet, von allen parallelgeschalteten Bogenlampen und Motoren die Leitungen abgetrennt, dagegen alle Sicherungen in dem zu messenden Teil der Installation eingesetzt und alle Schalter geschlossen sein.

Reihenstromkreise, wie sie bei Bogenlampen häufig vorkommen, sind nur an einer Stelle zu unterbrechen.

Es ist vorteilhaft, vor der Messung vorsichtig Strom in die Leitung zu schicken (schwach sichern). Man sieht dann das Aufleuchten derjenigen Lampen, deren Ausschrauben übersehen wurde. Zunächst mißt man zweckmäßig eine größere Anzahl Stromkreise gemeinsam.

I. Isolationsmessungen an stromlosen Leitungsteilen.

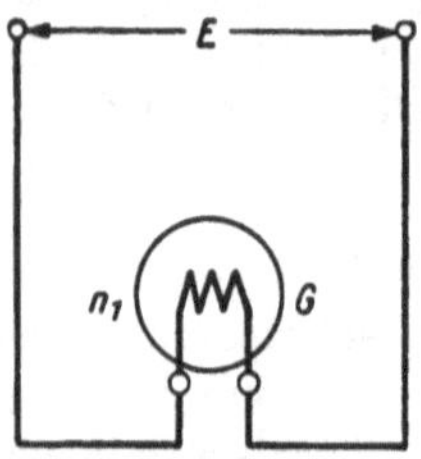

Abb. 351. Ausschlag n_1 bei Widerstand G.

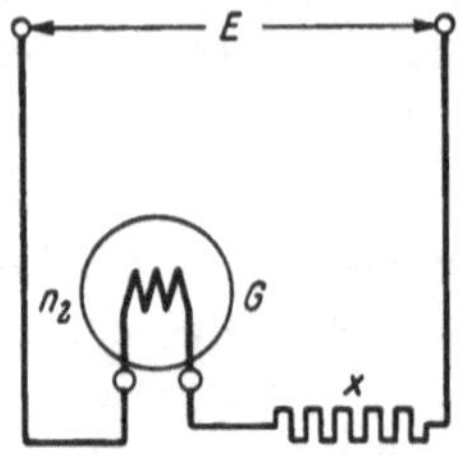

Abb. 352. Ausschlag n_2 bei Widerstand $G + x$.

Wenn die Leitung zum Zwecke der Messung stromlos gemacht werden darf, so wird der gesuchte Isolationswiderstand x mittels eines Instrumentes von bekanntem Widerstand G, dessen Skala Stromstärken oder diesen proportionale Größen (Spannungen) anzeigt, gemessen.

Legt man das Instrument an die Spannung E (Abb. 351), so ist der Ausschlag $n_1 = \text{Konst.} \frac{E}{G}$. Schaltet man bei der zweiten Messung so, daß hinter dem Instrument der Widerstand x liegt (Abb. 352), so gilt für den neuen Ausschlag $n_2 = \text{Konst.} \frac{E}{G + x}$.

Die Kombination beider Gleichungen ergibt $\frac{n_1}{n_2} = \frac{G + x}{G}$, d. h. die Ausschläge sind verkehrt proportional den vorgeschalteten Widerständen, und es ergibt sich: Isolationswiderstand $x = G \cdot \left(\frac{n_1}{n_2} - 1\right)$.

Die Konstante des Instrumentes muß also nicht bekannt sein, sondern nur dessen innerer Widerstand.

Ist die Meßspannung bzw. der zugehörige Ausschlag n_1 bekannt, so fällt die erste Messung fort. Bei immer gleicher Meßspannung kann man die obige Formel für verschiedene n_2 auswerten und die zugehörigen Widerstandswerte x in eine Tafel eintragen oder unmittelbar auf der Skala des Instrumentes als Ohmskala einzeichnen.

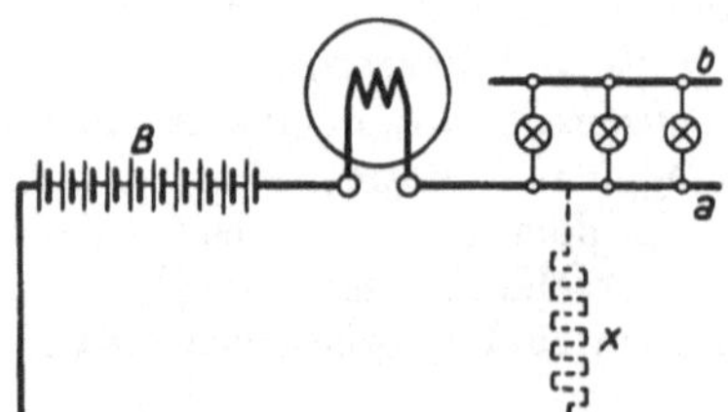

Abb. 353. Messung der Isolation der beiden Leitungen a und b gegen Erde.

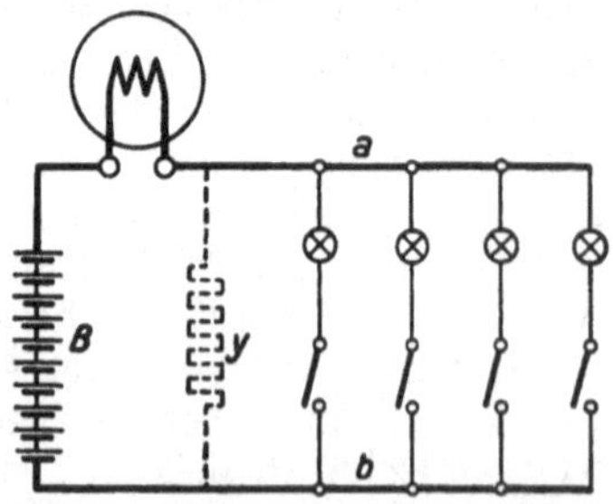

Abb. 354. Messung der Isolation der beiden Leitungen a und b gegeneinander.

a) Isolationsmessungen mit besonderer Spannungsquelle.

Die verbreitetste und einfachste Ausführungsweise des Verfahrens des direkten Ausschlages ist die mit besonderer Stromquelle (Meßbatterie oder Magnetinduktor).

Die Messung kann an jeder stromlosen Anlage ohne geerdete Punkte ausgeführt werden, bei Wechselstromanlagen auch während des Betriebes, wenn die Wechselspannung nicht höher als die verwendete Gleichstromspannung ist. Schaltungen bei Messung mit besonderen Spannungsquellen sind in Abb. 353 u. Abb. 354 dargestellt.

b) Isolationsmessung mit Gleichstrom-Netzspannung an stromlosen Anlagen.

Wenn als Spannungsquelle das Gleichstromnetz selbst verwendet wird, ist das Verfahren auch brauchbar. Man kann an Sicherungen, Sammelschienen, Hebelschaltern oder von einer Steckdose Strom abnehmen.

Meßvorgang bei Zweileiteranlagen als Spannungsquelle:

Messung der Isolation gegen Erde.

In die Erdleitung ist auf jeden Fall eine der Spannung entsprechende Glühlampe oder eine schwache Sicherung einzusetzen, damit, falls der andere Pol Erdschluß hat, kein Kurzschluß entstehen kann.

Da jedoch in der Glühlampe auch ein Spannungsabfall entsteht, wenn die Isolation des anderen Pols nicht sehr gut ist, muß bei Isolationsprüfung mit Netzspannung die Meßspannung immer vorher bestimmt werden. Der eine Pol des Netzes, wenn möglich der negative, wird mit der mit Netzspannung bezeichneten Klemme des Instrumentes verbunden, der andere Pol wird über die Glühlampe geerdet. Hat der negative Pol starken Erdschluß, was durch starkes Leuchten der Glühlampe angezeigt wird, so muß man an das Netz umgekehrt anschalten.

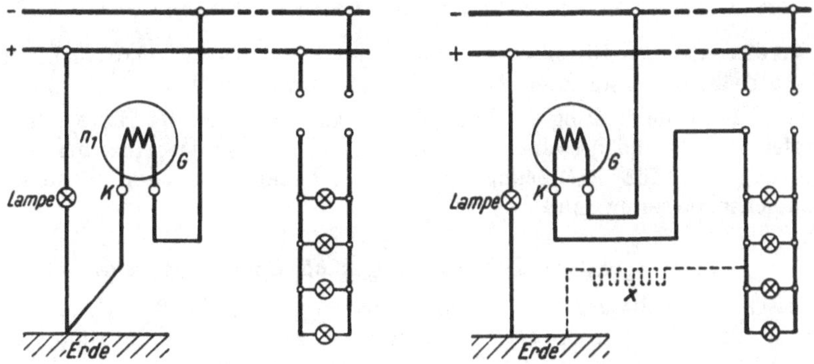

Abb. 355 a Bestimmung der Meßspannung. Abb. 355 b. Isolationsmessung.

Messung der Isolation gegen Erde mit Netzspannung.

Zur Spannungsmessung (Abb. 355a) verbindet man die Klemme K des Instrumentes mit dem geerdeten Ende des Erdungsdrahtes. Man erhält den Ausschlag n_1, welcher der Spannung proportional ist. Dann wird die Verbindung von Klemme K zur Isolationsmessung (Abb. 355b) an das zu prüfende Kabel gelegt und der Ausschlag n_2 abgelesen. Wieder gilt die Gleichung $x = G\left(\frac{n_1}{n_2} - 1\right)$. Hat das Instrument für eine bestimmte Meßspannung eine Ohmskala oder -tafel und weicht die gemessene Spannung nicht sonderlich von dem Sollwert ab, so kann der Isolationswert unmittelbar der Ohmskala oder der Tafel entnommen werden.

Prüfung der gegenseitigen Isolation der Leitungen.

Die Schaltung ist die gleiche wie bei Isolationsmessung gegen Erde. Nur wird der positive Pol nicht mit Erde, sondern mit der zweiten Leitung verbunden (Abb. 356a u. 356b).

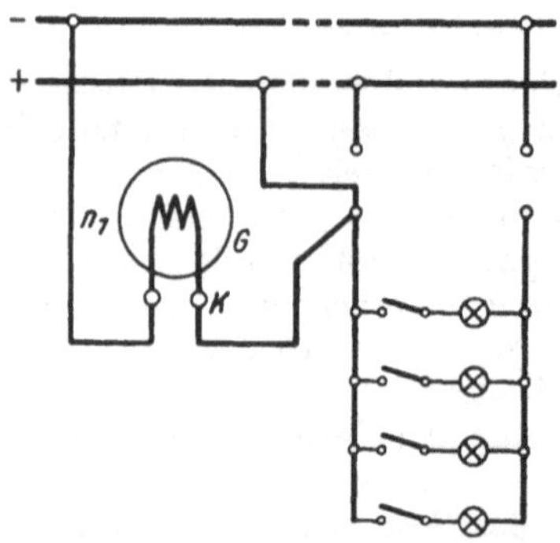

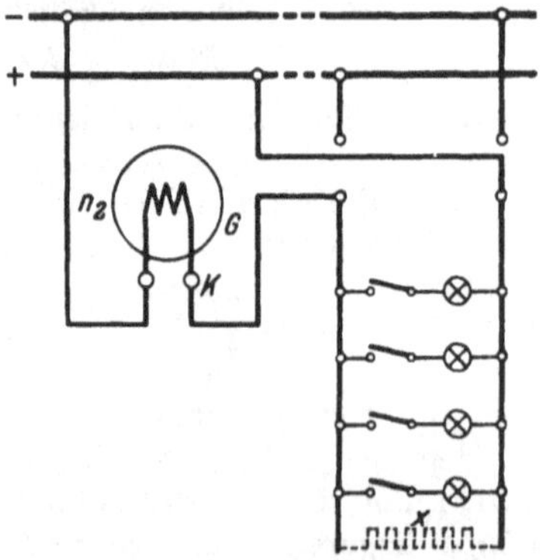

Abb. 356 a. Bestimmung der Meßspannung. Abb. 356 b. Isolationsmessung.
Messung der Isolation der Leitungen gegeneinander mit Netzspannung.

Werden mehrere Stromkreise geprüft, so ist es naturgemäß nicht erforderlich, die erste Messung (n_1) immer zu wiederholen.

Auch kann die Erdung des Pluspoles irgendwo z. B. an der Hauptschalttafel erfolgen und bestehen bleiben, während man an den einzelnen Verteilungstafeln für die Messung nur mit den 2 Drähten, die vom Instrument ausgehen, arbeiten muß.

Meßvorgang bei Dreileiteranlagen als Spannungsquelle.

Dieser entspricht dem bei Zweileiteranlagen, aber, da der Mittelleiter meist an Erde liegt, mit der Spannung der negativen Netzhälfte als Meßspannung. Man erdet also hier nicht etwa den positiven Außenleiter. Hat die negative Netzhälfte Erdschluß, so verwendet man die positive, der Mittelleiter bleibt jedoch geerdet.

II. Instrumente für die Isolationsmessung.

Leitungsprüfer.

Eine Reihe von Instrumenten Type: T div. 59, Mldr. 152, Mldr. 125 dient in Starkstromanlagen nur zur Feststellung einer leitenden Verbindung oder von unmittelbarem Erd-, Körper- oder Kurzschluß und zum Aufsuchen gröberer Fehler. Weil sie eine Stromquelle (Trockenelemente oder Induktor) geringer Spannung haben, sind ihre Angaben für die Isolationsmessung nur bedingungsweise zutreffend.

Die einfachste Form eines derartigen Leitungsprüfers hat einen Eisenkern, der in eine Spule hineingezogen wird, sobald durch diese Strom fließt. Ein Trockenelement von rd. 1,5 V Spannung dient als Stromquelle, die zu untersuchende Leitung wird an die Klemme angelegt. Ist der Schließungswiderstand kleiner als 1000 Ω, so gibt das Galvanoskop einen Ausschlag. Nach der Größe des Ausschlages kann man den Widerstand schätzen. An Stelle des Elementes, das beim Lagern austrocknet, wird bei anderen Typen ein kleiner Induktor von 25 V verwendet. Der Leitungsschluß wird durch Klingeln eines Weckers angezeigt oder an einem kleinen Drehspulinstrument abgelesen (Abb. 357). Letzteres gestattet sogar, annähernd die Widerstandswerte zu bestimmen, da das Instrument eine Widerstandsskala bis 100 000 Ω hat (Abb. 358).

Abb. 357. Isolationsprüfer Mldr. 125.

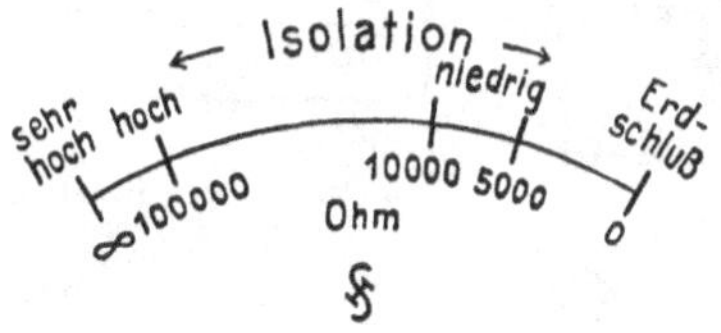

Abb. 358. Skala des Isolationsprüfers Mldr. 125.

Isolationsmesser.

Für Isolationsmessung, die nach den Verbandsnormalien mit mindestens 110 V ausgeführt werden muß, werden meist Instrumente mit Induktoren verwendet. Diese haben den Vorteil der steten Betriebsbereitschaft und höherer Spannung bei kleinem Gewicht. Auch hierbei gibt es mehrere Ausführungen.

Eine kleine handliche Type Mldr. 102 p (Abb. 359), eingebaut in einen Transportkasten von rd. 90·100·170 mm, hat ein aufgesetztes kleines Drehspulinstrument von rd. 70 mm Dmr. und eine Zeigerlänge von rd. 26 mm. Die Skala ist entsprechend klein, doch gestattet sie in den meisten Fällen Isolationsprüfung mit genügender Genauigkeit. Als Spannungsquelle ist ein 110 V-Induktor eingebaut, außerdem sind noch Klemmen für Spannungs- und Isolationsmessungen mit Gleichstromnetzspannung vorgesehen (Abb. 360). Zur Prüfung der Induktorspannung dient eine Prüftaste. Kurz vor der Messung wird diese gedrückt, und die Geschwindigkeit des Kurbelns entsprechend geregelt. Zur Isolationsmessung selbst wird die Prüftaste losgelassen. Die Voltskala geht bis 120 bzw. 240 V, die Megohmskala, die für Messungen mit Induktor und 110 sowie 220 V Netz-

Abb. 359. Isolationsmesser Mldr. 102 p.

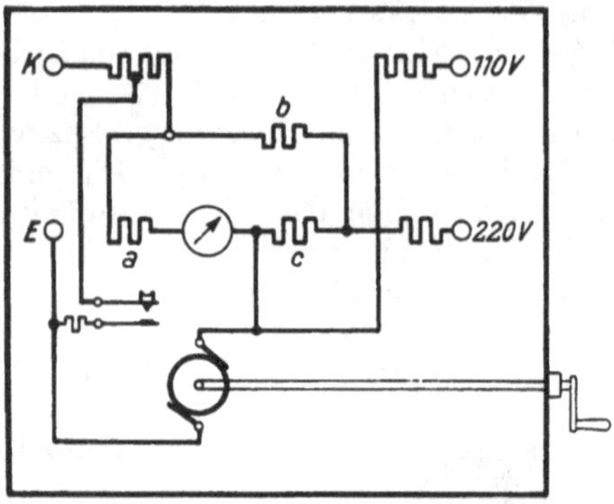

Abb. 360. Schaltbild des Isolationsmessers Mldr. 102p.

spannung gilt, bis 20 $M\Omega$. Im Deckel des Apparates ist folgende kurze Gebrauchsanweisung befestigt:

Messung mit	Spannung V	Ablesung an Megohmskala	Ablesung an Voltskala	Instrument-widerstand
Induktor	110	direkt	direkt	120 000 Ω
Netz	110	direkt	direkt	120 000 Ω
Netz	220	direkt	mal 2	120 000 Ω

1. Isolationsmessung mit dem Kurbelinduktor.

Klemme „K“ mit der zu prüfenden Leitung, Klemme „E“ mit Erde (Wasserleitung und dgl.) verbinden.

Bei gedrückter Prüftaste Induktor so drehen, daß Sollspannung erreicht wird (bei rd. 3 Kurbelumdr./s), dann Taste loslassen und Isolationswert an Megohmskala ablesen.

2. Isolationsmessung mit Gleichstrom-Netzspannung.

a) Bestimmung der Netzspannung. Klemme „K“ gegebenenfalls über die Glühlampe (vgl. b) mit + Leitung, Klemme „110“ bzw. „220“ V mit — Leitung des Netzes verbinden. Spannung an Voltskala ablesen. Konstanten s. oben. Prüftaste nicht drücken.

b) Isolationsmessung an spannungsloser Anlage. Klemme „K“ mit zu prüfender Leitung, Klemme „110“ bzw. „220“ V mit negativem Pol verbinden. Positiven Pol über eine der Netzspannung entsprechende Glühlampe erden. Isolationswert bei 110 und 220 V an der Megohmskala ablesen. — Bei abweichender Spannung Isolation berechnen aus: E = Netzspannung (Schaltung 2a), E' = Ablesung in V bei Schaltung 2b.

$$R = 120000 \left(\frac{E}{E'} - 1\right) Ohm.$$

Beispiel einer Messung mit Netzspannung.

Das benutzte Gleichstromnetz soll 110 V haben. Man verbindet daher Klemme 110 V mit dem negativen Pol, erdet den positiven Pol über eine Glühlampe von 110 V und verbindet das geerdete Ende mit Klemme K. Die Ablesung ergebe Spannung E = 90 V. Hierauf wird die Verbindung von Klemme K an das zu prüfende Kabel gelegt. Der Ausschlag sei jetzt E' = 54 V. Da der Instrumentwiderstand 120 000 V ist, ist der Isolationswert $x = G\left(\frac{E}{E'} - 1\right)$

$$x = 120\,000\left(\frac{90}{54} - 1\right) = 80\,000 \; Ohm.$$

Für genauere Messungen, z. B. bei der Überwachung des Isolationszustandes einer Anlage, wenn man einen Fehler schon im Entstehen erkennen will, sind größere Instrumente mit längerer Skala erforderlich. Die dafür vorgesehenen Typen Mldr. 120, 121, 122 haben eine Skalen-

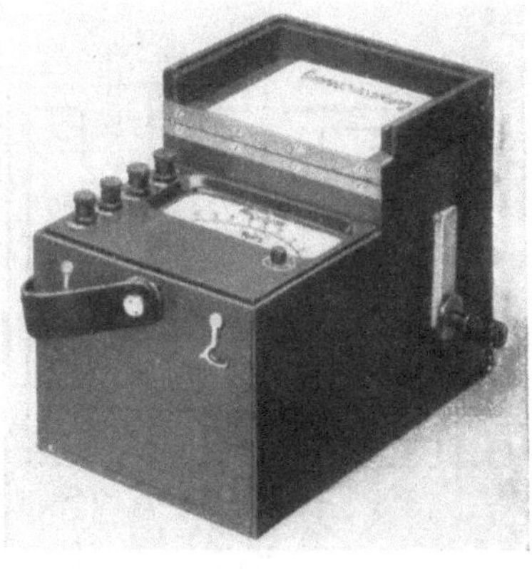

Abb. 361. Isolationsmesser Mldr. 121.

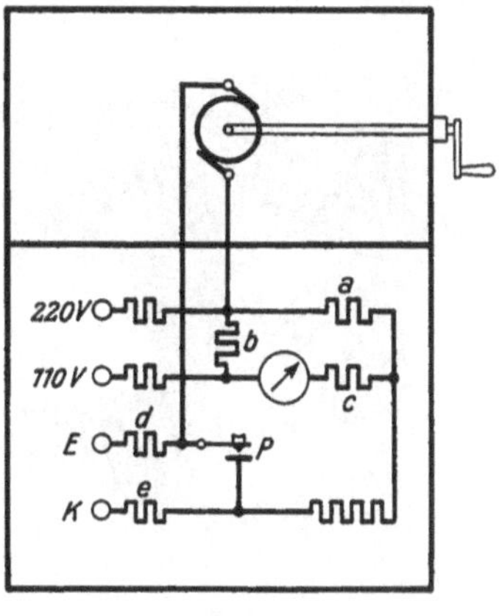

Abb. 362. Schaltbild des Isolationsmessers Mldr. 120/122.

länge von 11 cm. Instrument und Induktor sind in einen Kasten von rd. 240·150·160 mm eingebaut (Abb. 361 und 362). Auch für Messung mit Netzspannung sind Klemmen vorgesehen. Eine Prüftaste dient zur Messung der Induktorspannung während des Kurbelns. Der Induktor erzeugt je nach der Type 110, 220 oder 440 V. Bei einer Spannung von 440 V bei rd. 3 Kurbelumdr./s ist der Meßbereich 40 $M\Omega$, bei den anderen Spannungen

20 $M\Omega$. Alle Typen haben Netzklemmen für 110 und 220 V. Die Megohmskala gilt für Messungen mit Induktor immer unmittelbar. Bei der Type mit 440 V-Induktor muß der an der Megohmskala abgelesene Wert für Messungen mit Netzspannung durch 2 geteilt werden. Bei den übrigen Typen gilt auch dabei die Megohmskala unmittelbar. Die innere Schaltung und daher auch der Gebrauch der Apparate sind die gleichen wie bei der früher beschriebenen Type Mldr. 102 p.

Megohmmeter.

Bei Messungen mit stark pulsierendem Gleichstrom, wie letzterer bei gewöhnlichen Induktoren geliefert wird, ist die Kapazität der Anlage von Einfluß. Für Messungen mit höheren Spannungen und an Anlagen mit höherer Kapazität ist eine Spezialtype mit Kreuzspulsystem und besonders gutem Induktor durchgebildet. Bei der Spezialtype der Induktoren wird durch Unterteilung des Ankers und Überlagerung der von den einzelnen Wicklungen gelieferten Spannungen fast kontinuierlicher Gleichstrom erzielt. Wenn man als Maß für die Güte der Induktoren das Verhältnis von Spannungsspitze zu mittlerer Spannung annimmt, so wäre bei den gewöhnlichen Induktoren die Verhältniszahl rd. 3,3; bei den Spezialinduktoren rd. 1,3. Um auch die Schwankungen der Spannungen während des Kurbelns auszugleichen, ist bei diesen Induktoren zwischen Kurbel und Zahnradgetriebe eine Feder-

Abb. 363. Megohmmeter.

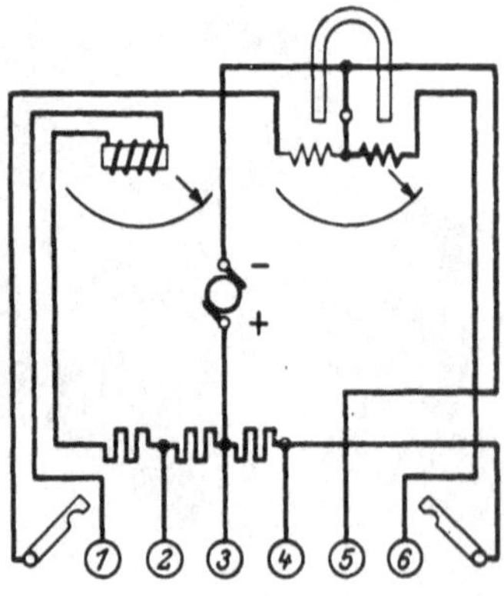

Abb. 364. Schaltbild des Megohmmeters.

kupplung zwischengeschaltet. Die richtige Spannung wird bei rd. 3 Umdr./s erreicht. Um aber von den kleineren Spannungsänderungen unabhängig zu sein, haben die Megohmmeter (Abb 363) ein Spezialinstrument mit gekreuzten Spulen.

Die eine Spule dient als Richtspule und erzeugt das Gegendrehmoment. Diese ist über einen festen Widerstand an die Spannung angelegt, ihr Drehmoment entspricht der Meßspannung e, das der anderen Spule dem

Strom, der durch den Isolationswiderstand fließt. Da beide Spulen von derselben Spannungsquelle gespeist werden, wirken Spannungsschwankungen auf beide gleichmäßig ein und sind ohne Einfluß auf die Einstellung. Gemessen wird damit unmittelbar der Quotient $\frac{\text{Spannung}}{\text{Strom}}$, mithin also der Widerstand. Die Induktorspannung wird mittels eines zweiten Dreheiseninstrumentes gemessen. Dieses wird auch zu Isolationsmessungen mit Netzspannung und Spannungsmessungen benutzt. Da das Dreheiseninstrument sowohl auf Gleich- als auch Wechselstrom anspricht, kann auch bei dieser Isolationsmessertype Wechselstrom benutzt werden, wenn die Kapazität der Anlage gering ist.

Außer Isolationsmessungen können auch Widerstandsmessungen ausgeführt werden. Hierbei wird der zu messende Widerstand an andere Klemmen gelegt und zu der Meßspule parallel geschaltet. Die innere Schaltung ist aus Abb. 364 zu ersehen. Die Skala des Kreuzspulensystems hat eine Doppelteilung, eine für Isolationsmessungen, die andere für die Widerstandsbestimmungen. Die Skala des Weicheiseninstrumentes hat eine Voltteilung und eine Megohmteilung für Messung mit Netzspannung. Als Beispiel dieser Typen seien aufgeführt: Type M l dr. 106 b mit 500 V-Induktor, für Netzspannung von 200 und 400 V; Meßbereich für Widerstandsmessungen ist 2000 Ω. Mit Induktorspannung können Isolationswiderstände bis 50 $M\Omega$, mit der Netzspannung bis 2 bzw. 4 $M\Omega$ gemessen werden.

Die Type Mldr. 107 b hat einen 1000 V-Induktor und Klemmen für 500 und 1000 V Netzspannung. Meßbereiche sind 100 $M\Omega$ bzw. 5 und 10 $M\Omega$, Widerstandsmeßbereich 5000 Ω.

Unfall- und Feuersicherheit elektrischer Installationen.

Gefahren des elektrischen Stromes.

Die Schäden, die der elektrische Strom an Lebewesen verursacht, können unmittelbare und mittelbare Folgen der Stromwirkung sein. Mittelbare Wirkungen sind vor allem Verbrennungen durch Kurzschlüsse, ferner mechanische Verletzungen infolge von unwillkürlichen Bewegungen, die der Betroffene beim Empfangen eines elektrischen Schlages oder beim Aufblitzen eines Kurzschlusses im ersten Schrecken machte, und schließlich die Wirkungen und Nachwirkungen eines solchen Schreckens auf die Nerven.

Die unmittelbaren Folgen rühren von Verbrennungen an den Strom-Eintritts- und Austrittsstellen und von der animalischen Wirkung des elektrischen Stromes, d. h. von derjenigen auf die Organe, vor allem auf das Herz und das Nervensystem, her.

Die animalischen Wirkungen des elektrischen Stroms sind in ihrer Art noch nicht völlig aufgeklärt, obwohl verschiedene Forscher darüber gründliche Untersuchungen angestellt haben.

„Tödliche Leistung.“

Man muß annehmen, daß die Stärke der animalischen Wirkung wesentlich abhängig ist von der elektrischen Arbeit, welche die Organe des Lebewesens durchfließt.

Es sind Tötungen mit etwa 100 V tatsächlich vorgekommen. Nimmt man dabei den Widerstand des Körpers sogar ganz klein an (etwa 500 Ohm), so war die wirkende Leistung doch nur von der Größenordnung

$$\frac{100^2}{500} = 20 \text{ Watt.}$$

Die in der Starkstrom-Technik üblichen Stromquellen haben also stets genügende Leistung, um tödlich zu wirken.

Die Leistung findet aber innerhalb des Körpers ihren Ausdruck in der Stromstärke, und man spricht deshalb meist von der „tödlichen Stromstärke“.

Für Menschen liegt wohl die *tödliche Stromstärke* ungefähr bei 0,1 bis 0,25 A (Wechselstrom). — Doch können 0,025 A schon Lähmungen verursachen. Schmelzsicherungen bieten also keinen Schutz gegen Unfälle.

Im ganzen sind 8 Punkte wichtig:

1. Spannung zwischen den Berührungspunkten,
2. Stromstärke (Strommenge),
3. Widerstand (oder Kapazität),
4. Zeitdauer der Einwirkung,
5. Stromweg im Körper,
6. Stromart, Stromrichtung,
7. Zustand des Verunglückten vor dem Unfalle,
8. bei Wechselströmen die Periodenzahl und Kurvenform.

Bei den Wechselströmen beginnt mit sehr hoher *Periodenzahl* die Empfindlichkeit der Menschen abzunehmen. Wechselströme mit mehr als 100 000 Perioden (z. B. Teslaströme) sind ganz ungefährlich.

Die in der Starkstromtechnik angewendeten Frequenzen liegen jedoch stets zwischen 16 und 180 Perioden/s, sind also stets gefährlich.

Widerstand und Spannung.

Beim Zustandekommen der tödlichen Stromstärke sind zwei Vorbedingungen maßgebend, die Spannung und der Widerstand.

Der Widerstand, der in Frage kommt, ist der gesamte elektrischeLeitungswiderstand zwischen den beiden Punkten, deren Potentialdifferenz (Spannung) wirkt. Bei bipolarer Berührung also der Widerstand vom einen Pol durch den Körper bis zum andern, im anderen Falle bei der „unipolaren Berührung“, der Widerstand zwischen dem berührten Pol und der „Erde“.

Dieser Widerstand setzt sich zusammen aus dem Widerstand des menschlichen Körpers (dem sog. Schutzwiderstand) und aus Zusatzwiderständen. Die Zusatzwiderstände sind (glücklicherweise) meist viel größer als der eigentliche Schutzwiderstand. Zusatzwiderstände sind z. B. der Widerstand des Schuhwerks, derjenige eines trockenen Holz- oder Zementfußbodens gegen „Erde", oder der Widerstand einer Fett- oder Ölschicht auf den Fingern des berührenden Arbeiters.

Wenn die Zusatzwiderstände gering sind (z. B. in durchtränkten Räumen oder bei barfuß bzw. in feuchtem Schuhwerk arbeitenden Leuten), liegt eine bedeutende Erhöhung der Gefahr vor.

Der *Schutzwiderstand* des menschlichen und tierischen Körpers besteht ebenfalls aus zwei Teilen, einerseits aus dem *Übergangswiderstand* an der Berührungsstelle mit dem Widerstand der Haut (und zwar an der Eintritts- und der Austrittsstelle) und andererseits dem Widerstande des inneren Körpers zwischen den beiden Berührungspunkten, dem sog. „*Streckenwiderstand*". Beide sind polarisierbare, elektrolytische Leiter. Der Übergangswiderstand ist der wichtigere von beiden. Er schwankt zwischen 1500 und 80 000 Ohm je nach den Umständen. Er ist umgekehrt proportional der Berührungsfläche und nimmt etwas ab bei innigerer Berührung (kräftigem Andrücken).

Feuchte oder gereinigte Haut hat bedeutend niedrigeren Widerstand als trockene und schmutzige. Auch dieser Umstand erhöht die Gefährlichkeit durchtränkter Räume. Sobald die Haut mit Elektrolyten (Salzen, Säuren oder Basen) überzogen ist, wird der Hautwiderstand auf ein Zehntel und noch weniger verringert. Deshalb setzt Schweiß den Übergangswiderstand sehr herab. Das gleiche gilt von Krankheiten.

Eine wichtige Rolle spielt bei vielen Unfällen die Eigenschaft des elektrischen Stromes, die motorischen Nerven der Muskeln zu reizen, so daß sich letztere zusammenziehen. Dies hat zur Folge, daß der Verunglückte die Hand, die z. B. einen spannungführenden Draht umfaßt hat, nicht mehr öffnen und dadurch trotz Willensanstrengung von dem Leiter so lange nicht loskommen kann, bis der Strom unterbrochen wird. Dieser Umstand verlängert die Dauer des Stromdurchganges und erschwert es manchmal auch, den Verunglückten rasch von dem Leiter zu entfernen. Auch soll das krampfhafte Zusammenpressen der Hand den Übergangswiderstand verringern.

Während also der Übergangswiderstand sehr verschieden, im Mittel aber noch ziemlich günstig ist, bietet dagegen der innere Widerstand des menschlichen Körpers, der „Streckenwiderstand", geringere Unterschiede und ist sehr niedrig (etwa 500 Ohm).

Der innere Widerstand des menschlichen Körpers allein bietet also keinen ausreichenden Schutz. Der Hauptschutz liegt in der Oberhaut.

Was die *Spannung* betrifft, so wirkt bei Berührung zweier verschiedener Pole die momentane Spannung zwischen diesen beiden Polen.

Bei Berührung nur eines Pols, während der Berührende geerdet steht wirkt die Spannung zwischen diesem Pol und Erde. Diese Spannung hängt von den gerade bestehenden Betriebsverhältnissen der Anlage ab.
Die den Körper durchfließende Stromstärke ist, wie oben entwickelt, nicht von der Spannung allein abhängig, und es ist deshalb nicht angängig, unterhalb einer gewissen Spannung den elektrischen Strom als völlig ungefährlich zu bezeichnen. Bei einem Zusammentreffen mehrerer ungünstiger Umstände besteht für *alle* in der Starkstromtechnik angewendeten Spannungen eine theoretische Möglichkeit, schädlich oder sogar tödlich zu wirken.
In allen Fällen, in denen bisher Todesfälle bei Spannungen unter 250 V vorkamen, war das Vorhandensein von *Feuchtigkeit*, insbesondere von salzhaltiger, saurer oder basischer Flüssigkeit besonders an den berührenden Flächen des Betroffenen ausschlaggebend.
Die bedeutende Vermehrung der Gefahr durch diesen Begleitumstand ist nach dem oben über den Hauptwiderstand und die Zusatzwiderstände Gesagten einleuchtend. Deswegen erfordern „feuchte" oder „durchtränkte" Räume auch bei Niederspannung eine erhöhte Sorgfalt gegenüber der Gefahr für Leben und Gesundheit des Personals (vgl. Seite 149).
In einer nicht geringen Anzahl von Fällen haben *Wiederbelebungsversuche* nach scheinbar tödlichen elektrischen Unfällen Erfolg gehabt. Es gibt keine Spannung und keine Dauer des Stromdurchgangs nach deren Wirkung man die Wiederbelebung von vornherein als aussichtslos annehmen darf. Man soll also unter allen Umständen Wiederbelebungsversuche nach der „Anleitung zur ersten Hilfeleitung" anstellen, nötigenfalls 1 bis 2 Stunden lang oder so lange, bis der *Arzt* untrügliche Zeichen des eingetretenen Todes festgestellt hat.

Anzahl der Unfälle.

Trotzdem der elektrische Strom in verschiedener Weise den menschlichen und tierischen Organismus schädigen kann, ist doch die Anzahl der tatsächlichen Unfälle verhältnismäßig gering. Das rührt wohl daher, daß die Elektrizität im Gegensatz zu anderen Energieformen in ihren Wegen und in ihrer Ausbreitung beschränkt ist, und zwar dadurch, daß sie an elektrische Leiter gebunden ist. *Sie schadet uns nur, wenn wir einen spannungführenden „Leiter" berühren.* Wir müssen an die Gefahrquelle herantreten, damit ein Unfall zu Stande kommt, und die Gefahr kommt nicht auf uns zu, wie ein fallender Ziegelstein oder ein fahrendes Automobil. Dies hat eine örtliche Beschränkung der Unfallgefahr zur Folge. Ferner aber sind die Starkstromunfälle ihrer ganzen Art nach Einzelunfälle. Eine ungewollte Einwirkung elektrischen Starkstroms auf viele Menschen gleichzeitig, also ein elektrisches Massenunglück, ist schwer denkbar, und darin liegt eine zahlenmäßige Beschränkung der Unfallgefahr bei elektrischem Starkstrom.

Aus der nur alle 10 Jahre aufgestellten amtlichen Unfallstatistik des Reichsversicherungsamtes für das Deutsche Reich von den Jahren 1897, 1907 und 1917 ergaben sich folgende Zahlen:

Jahrgang	Gesamtzahl aller entschädigungspflichtigen Unfälle	Gesamtzahl der elektr. Unfälle	Davon zurückzuführen auf: Elektromotoren und Dynamomaschinen	davon durch Quetschung	elektr. Leitungen	Anteil der elektr. Unfälle in v.H.
1897	45 971	28	9	4	19	0,06
1907	81 248	210	26	3	184	0,25
1917	67 152	352				0,53

Für das Jahr 1920 ermittelte R. Alvensleben insgesamt 1095 elektrische Unfälle. Als Gegenstück zu den verhältnismäßig niedrigen Zahlen elektrischer Unfälle sei mitgeteilt, daß die Gesamtzahl der dem Reichsversicherungsamt bekanntgewordenen Unfälle im Reiche durch „Fall" von Leitern, Treppen usw., aus Luken usw., in Vertiefungen usw. im Jahre 1907 30698 betrug (vgl. graphische Darstellung Abb. 365). Holzleitern erwiesen sich demnach als viel gefährlicher als elektrische Leiter.

Brandgefahr.

Die elektrischen Leitungen können auf verschiedene Art Anlaß zu Bränden bieten: zunächst durch *Joulesche Wärme*, also durch das Glühendwerden sehr stark überlasteter Drähte. Diese Möglichkeit liegt bei Leitungen viel weniger vor als bei Widerständen, Apparaten und Maschinen. Dem Abschluß der Widerstände von entzündlichen Gegenständen ist besonderes Augenmerk zu schenken.

Ein Grenzfall von Überlastung liegt vor im *Kurzschluß*. Dieser kann zünden teils durch die abgeschleuderten glühenden Metallteile, teils durch an der Kurzschlußstelle und an offenen Sicherungen auftretende brennende Gase. Solche Sicherungen sind also nicht dicht bei leicht entzündlichen Waren zu montieren. Bei *ungesichertem* Kurzschluß würde die hohe Stromstärke länger fließen und auch das Isoliermaterial der Leitungen in Brand geraten. Wenn dann schließlich das brennende Isoliermaterial oder das geschmolzene Kupfer auf brennbare Stoffe fällt, kann es diese entzünden.

Hohe Erwärmung durch Joulesche Wärme tritt auch auf an Verbindungsstellen mit *unsicherem* Kontakt („kalten Lötstellen"). Ferner kann die hohe Temperatur des *elektrischen Lichtbogens* brennbares Material entzünden. Der Lichtbogen der Bogenlampen ist also von entzündlichen Waren abzuschließen. Mittelbar können Bogenlampen zünden durch abfallende, glühende Kohlenteilchen; daher sind Aschenteller oder geschlossene Glocken notwendig. Ein elektrischer Lichtbogen bildet sich auch, wenn bei Mehrfachleitungen feine Drähtchen sich zur anderen

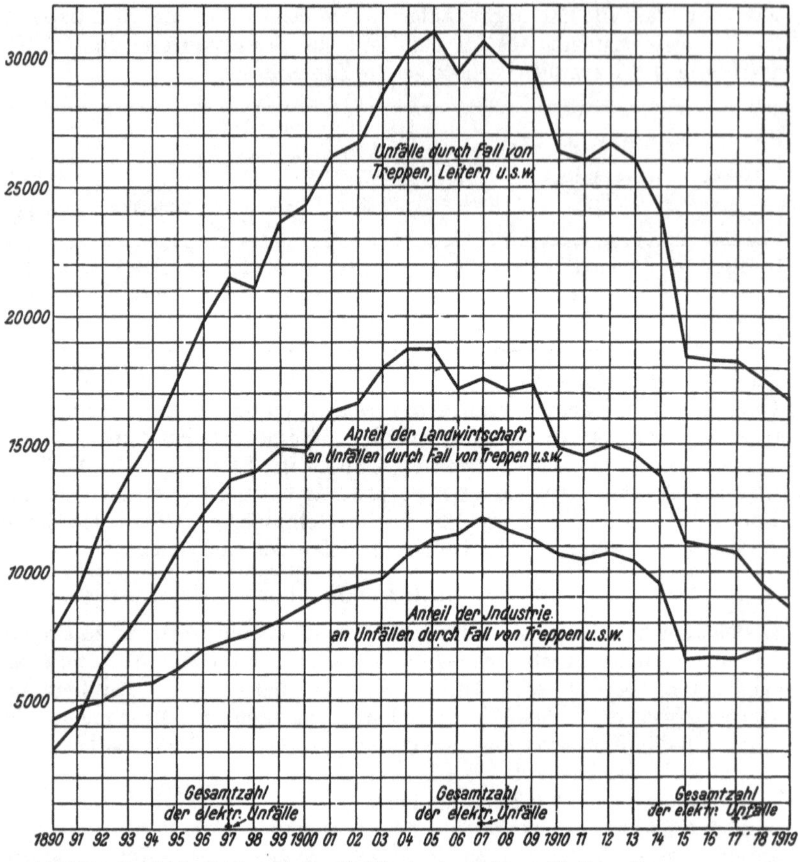

Abb. 365. Vergleich der Anzahl der Unfälle durch „Fall" von Leitern, Treppen u. s. w. mit der Anzahl der elektrischen Unfälle in den Jahren 1890—1919.

Leitung durchbohren, vor allem bei beweglichen, einpoligen Schalterleitungen (Bettschalter). Diese sind daher mit Recht verboten. In solchen Fällen ist eine Entzündung des Isoliermaterials die erste Folge des Lichtbogens. Ferner entsteht ein ähnlicher Lichtbogen unter Umständen an Stellen, wo ein *Erdschluss* oder ein anderer Isolationsfehler besteht. Hieraus erhellt die Wichtigkeit der Isolationsmessungen. Auch die Lichtbogen, die beim Funktionieren von Blitzschutzvorrichtungen auftreten, sind bei der Montage in Betracht zu ziehen, damit sie nicht auf leichtentzündliches Material treffen.

In besonders explosionsgefährlichen Räumen können auch die an Ausschaltern usw. auftretenden Lichtbogen sowie die Funken an Kommutatoren Gefahr bringen.

Entstehungsursachen
der Brände in den Jahren 1914—1918, soweit sie dem Verbande öffentlicher Feuerversicherungs-Anstalten gemeldet sind.
(e = ermittelt; m = mutmaßlich)

Entstehungsursachen		1914	1915	1916	1917	1918
1. Vorsätzliche Brandstiftung durch						
a) den Versicherten oder durch andere Personen mit seinem Einverständnis	e	32	22	19	35	32
	m	297	112	82	56	64
b) andere Personen ohne Einverständnis des Versicherten	e	233	137	128	155	108
	m	1 691	757	530	657	509
2. Fahrlässige Brandstiftung	e	7 455	4 383	3 421	4 659	3 935
	m	4 869	3 497	2 793	4 003	3 276
3. Trocknen am Herd und Ofen	e	592	1 226	1 403	2 361	1 327
	m	66	233	167	266	190
4. Fehlerhafte Feuerungsanlagen	e	4 420	1 325	1 221	1 573	1 450
	m	2 392	1 339	1 246	1 643	1 332
5. Lokomotivfeuerung	e	23	25	16	55	42
	m	40	31	34	66	66
6. Lokomobilfeuerung	e	14	22	13	24	16
	m	31	18	14	24	21
7. *Elektrische Anlagen*	e	217	191	254	276	325
	m	140	131	113	147	143
8. Gewerbe- und Fabrikbetriebe	e	243	325	256	319	267
	m	238	203	163	180	158
9. Explosionen	e	1 256	1 935	1 654	1 826	1 578
	m	103	148	104	97	60
10. Selbstentzündung	e	193	193	167	207	245
	m	235	224	163	218	115
11. Schäden, deren Entstehungsursache unter keine der vorstehenden Spalten zu bringen ist	e	1 008	3 437	2 853	2 973	3 289
	m	116	582	315	881	602
12. Summe 1—11	e	15 686	13 221	11 405	14 463	12 614
	m	10 218	7 275	5 724	8 238	6 536
13. Ganz unermittelte Schäden		6 118	5 001	3 941	5 608	4 521
Gesamtzahl der Brände (ohne Blitzschäden)		32 022	25 497	21 070	28 309	23 671

In manchen Fällen können auch *Glühlampen* zünden. Wird nämlich die freie Ausstrahlung und der Luftumlauf an Glühlampen verhindert (durch Umhüllung mit Stoffen oder Ablagerung von Staub), so steigt die Temperatur des Glases in kurzer Zeit so hoch, daß Papier, Gewebe, Watte, Schleier, Sägespäne, Mehl oder dgl., welche die Lampe berühren, zu glimmen und schließlich zu brennen beginnen. Diese Berührung muß deshalb durch Schalen, Schirme, Schutzgläser oder Drahtgitter verhindert werden.
Die Gründe, die zu Zündungen durch Elektrizität führen können, sind also mehrfache, können aber bei sachgemäßer Wartung und Ausführung der Anlagen alle unschädlich gemacht werden.

Anzahl der Brände.

Die Feuergefährlichkeit elektrischer Anlagen wurde bei Einführung der elektrischen Beleuchtung vor 40 Jahren vielfach unterschätzt; dagegen hört man jetzt manchmal unberechtigte Übertreibungen. Es besteht über diese Frage eine Statistik der Feuer-Versicherungsgesellschaften. Zu deren Beurteilung ist aber dreierlei zu beobachten:

1. daß die Versicherungsgesellschaften jede, selbst die unbedeutendste Sachbeschädigung durch Hitze als „Brandfall“ auffassen,
2. daß die elektrischen Leitungen, Maschinen und Apparate meistens mitversichert waren, daß also Beschädigungen, die diese elektrischen Anlagen selbst erleiden (z. B. ein durch Überlastung verschmorter Anker) gleichfalls häufig als Brandfälle auftreten, und
3. daß die Feststellung der Brandursache meistens auf Angaben der Versicherungsinspektoren beruht und selten von amtlicher oder sachverständiger Seite richtiggestellt wird. Einige Stichproben, die Dettmar (E.T.Z. 1907, S. 554) anstellte, ergaben, daß gerade in den bezeichnendsten Fällen die Elektrizität als Brandursache zu Unrecht angegeben war.

Trotzdem zeigen auch die so ermittelten Zahlen (S. 209), daß die Elektrizität gegenüber anderen Entstehungsursachen von Bränden keine große Rolle spielt.
Mitteilungen in der Presse wie „Brandursache vermutlich Kurzschluß“ erweisen sich in den meisten Fällen als voreilig.

Gesetze und Vorschriften für elektrische Installation.

Sowohl bei der Herstellung ihrer Erzeugnisse als bei der Ausführung elektrischer Anlagen hat die Elektrotechnik auf eine sehr große Anzahl von Gesetzen und Vorschriften Rücksicht zu nehmen. Das Anwendungsgebiet dieser Vorschriften ist je nachdem durch sachliche oder durch

rein geographische Grenzen umschrieben. Da die Vorschriften von verschiedenen Quellen ausgehen, so decken sie sich nicht überall. Es sind deshalb nicht nur für gewisse Zwecke, sondern auch für manche Gegenden Sonderausführungen der Erzeugnisse und Anlagen erforderlich.
Um einen gewissen Überblick zu bieten, sei im folgenden ein Verzeichnis wichtiger Vorschriften für elektrische Anlagen gegeben. Dieses Verzeichnis hat keinerlei Anspruch auf Vollständigkeit. Es zeigt aber, von welch verschiedenen Ursprungsstellen herrührend die Elektrotechnik Vorschriften erhält.

Deutsche Reichsgesetze und Verordnungen für das deutsche Reichsgebiet.

1. Reichsgewerbeordnung § 120 a und d.
2. Unfallverhütungsvorschriften der Berufsgenossenschaften, z. B.
   a) Unfallverhütungsvorschriften für die Betriebe der Berufsgenossenschaft der Feinmechanik und Elektrotechnik (gültig vom 1. Januar 1911).
   b) Besondere Unfallverhütungsvorschriften für Montagebetriebe (Installationen) der Berufsgenossenschaft der Feinmechanik und Elektrotechnik (gültig vom 1. Januar 1911).
   c) Unfallverhütungsvorschriften für Pulverfabriken, erlassen von der Berufsgenossenschaft der chemischen Industrie (El. Anz. 1906 S.288).
   d) Unfallverhütungsvorschriften für die Verwendung elektrischen Stromes in landwirtschaftlichen Betrieben, herausgegeben im Auftrage der deutschen landwirtschaftlichen Berufsgenossenschaften, von Heinrich Noetel.
3. Reichsgesetz über das Telegraphenwesen vom 6. April 1892 § 12.
4. Telegraphenwegegesetz vom 18. Dezember 1899 § 6.
5. Zusammenstellung der Schutzmaßregeln, die von der Reichspost und Telegraphenverwaltung beim Bau und Betriebe elektrischer Starkstromanlagen (ausschließlich der elektrischen Eisenbahnen) im allgemeinen für notwendig erachtet werden (veröffentlicht 13. Februar 1901 bzw. 5. Dezember 1919).
6. Bestimmungen für die bruchsichere Führung von Hochspannungs-Freileitungen über Reichs-Telegraphen- und Fernsprechleitungen. (Reichspostministerium Mai 1920) ETZ 1920 S. 475 und 1921 S. 1499.
7. Bedingungen für die Zulassung von Holzmasten als Stützpunkte von Hochspannungs-Freileitungen bei ihrer bruchsicheren Führung über Reichs-Telegraphen- und Fernsprechleitungen. (Reichspostministerium Juli 1920.)
8. Allgemeine Vorschriften für die Ausführung und den Betrieb neuer elektrischer Starkstromanlagen (ausschließlich der elektrischen Bahnen) bei Kreuzung und Näherungen von Telegraphen- und Fernsprechleitungen. E.T.Z. 1920 S. 78 und E.T.Z. 1921 S. 1499.

9. Gesetz, betreffend die elektrischen Maßeinheiten vom 1. Juni 1898. — Ausführungsbestimmungen dazu vom 6. Mai 1901.
10. Gesetz, betreffend die Bestrafung der Entziehung elektrischer Arbeit vom 9. April 1900 (E.T.Z. 1900 S. 205 u. 356).
11. Grundzüge für Einbau, Unterhaltung und Reparatur der elektrischen Anlagen auf Kriegsschiffen (Reichsmarineamt 1901).
12. Bahnkreuzungsvorschriften für fremde Starkstromanlagen vom 18. November 1921. (E.T.Z. 1922 S. 41 und 62).
13. Prüfungsbestimmungen der Physikalisch-Technischen Reichsanstalt. Veröffentlicht im Zentralblatt für das Deutsche Reich Nr. 15 vom 8. April 1910.

Landesgesetze und Verordnungen für das Landesgebiet.

a) Preußische.

1. Ministerialerlaß vom 30. April 1898, betreffend Sicherheitsvorschriften für Wechselstromanlagen.
2. Ministerialerlaß, betreffend den Schutz der Telegraphen- und Fernsprechanlagen gegenüber elektrischen Kleinbahnen vom 9. Februar 1904. Nebst Anlage: Allgemeinpolizeiliche Anforderungen an elektrische Kleinbahnen im Hinblick auf Telegraphen- und Fernsprechanlagen (E.T.Z. 1904 S. 192).
3. Verfügung, betreffend obigen Erlaß (E.T.Z. 1904 S. 408).
4. Runderlaß vom preußischen Minister des Innern und Ministerium für öffentliche Arbeiten vom 6. Mai 1901 an die Regierungspräsidenten, betreffend Bestimmungen für Gebäude, welche ganz oder teilweise zur Aufbewahrung einer größeren Menge brennbarer Stoffe bestimmt sind (Warenhäuser, Geschäftshäuser usw.).
5. Gesetz, betreffend die Kosten der Prüfung überwachungsbedürftiger Anlagen vom 8. Juli 1905. Reichsanzeiger vom 7. August 1905 (E.T.Z. 1905 S. 364).
6. Ministerialerlaß, betreffend tragbare elektrische Handlampen vom 14. April 1907.
7. Bau- und Betriebsvorschriften für Straßenbahnen mit Maschinenbetrieb (im Auszug E.T.Z. 1907 S. 106).
8. Polizeiverordnung über die bauliche Anlage, die innere Einrichtung und den Betrieb von Theatern, öffentlichen Versammlungsräumen und Zirkusanlagen. Erlaß vom 6. April 1909 und 10. Dezember 1909. Veröffentlicht E.T.Z. 1910, S. 269.

b) Bayerische.

Anweisung, betreffend Feuer- und Betriebssicherheit in Warenhäusern und großen Geschäftshäusern (E.T.Z. 1903 S. 889). Erlassen vom Bayer. Staatsministerium.

Ortspolizeiliche Vorschriften.

Als Beispiel mögen dienen die

Polizeivorschriften in Berlin.

1. Polizeiverordnungen, betreffend Lagerung von Mineralölen nebst Verfügung, betreffend Verkehr mit Mineralölen.
2. Polizeiverordnung, betreffend Sicherheitsvorschriften für Benzinwäschereien usw.
3. Polizeiverordnung, betreffend Lagerung und Aufbewahrung von Äther, Kollodium, Schwefelkohlenstoff und anderen feuergefährlichen Stoffen, welche bei gewöhnlicher Temperatur leicht entflammbare Dämpfe entwickeln.
4. Polizeiverordnung, betreffend Spiritus-Lagerräume (50 vH Tralles).
5. Polizeiverordnung, betreffend Sprengstoffe.
6. Polizeiverordnung, betreffend Verkauf und Lagerung von Zündhütchen, Patronenhülsen und zum Gebrauch fertiger Ware.
7. Polizeiverordnung, betreffend die bauliche Anlage und die innere Einrichtung von Theatern, Zirkusgebäuden und öffentlichen Versammlungsräumen.
8. Bestimmungen über Installation von elektrischer Beleuchtung an Weihnachtsbäumen und Illuminationsbeleuchtungen.
9. Bestimmungen für bestehende Gebäude, in denen sich feuergefährliche Speicher befinden.
10. Bestimmungen für bestehende Gebäude, in denen sich feuergefährliche gewerbliche Betriebsstätten befinden.
11. Bestimmungen für Gebäude, welche ganz oder teilweise zur Aufbewahrung einer größeren Menge brennbarer Stoffe bestimmt sind.
12. Feuer- und sicherheitspolizeiliche Bestimmungen für die im § 38 der Baupolizeiordnung bezeichneten Gebäude (gewerbliche Betriebsstätten, stark besuchte Gebäude, Lagerräume).
13. Grundsätze für die gewerbepolizeiliche Überwachung der Betriebe zur Herstellung von Zelluloidwaren und der zugehörigen Lagerräume.
14. Polizeiverordnung, betreffend Beleuchtungsvorschriften für Schaufenster und Schaukästen.
15. Verfügung, betreffend Verlegung elektrischer Leitungsdrähte auf Holz.
16. Grundsätze für die Sicherung des Betriebes der Kinematographenvorführungen in Theatern und Versammlungsräumen.

Bergpolizeiverordnungen.

1. Bergpolizeiverordnungen für den Verwaltungsbezirk des Oberbergamts zu Halle a. S.,
2. desgl. für Bonn,
3. desgl. für Breslau,
4. desgl. für Clausthal,
5. desgl. für Dortmund usw.

Vorschriften, Normen und Leitsätze des Verbandes Deutscher Elektrotechniker.

Um eine Anerkennung der Vorschriften seitens der Behörden zu erlangen, wurden sie im Jahre 1907 unter Mitwirkung eines Vertreters des preußischen Ministeriums für Handel und Gewerbe und des Reichspostamtes geändert, indem aus ihnen alle diejenigen Forderungen entfernt wurden, die zwar in normalen Fällen durchführbar und empfehlenswert sind, deren Nichtbeachtung aber doch nicht in jedem Falle als strafbare Verfehlung von den Behörden angesehen werden kann. So wurden neben den „Vorschriften", deren Innehaltung auf jeden Fall zu fordern ist, eine Reihe von „Ausführungsregeln" aufgestellt, die den Weg angeben, auf dem in allen Durchschnittsfällen die in den Vorschriften enthaltenen Forderungen erfüllt werden können und der auch betreten werden soll, wenn nicht Gründe für ein Abweichen geltend zu machen sind. Ein anderer Teil des Inhaltes der ursprünglichen Vorschriften, der sich weniger auf die Sicherheit der Anlagen als vielmehr vorzugsweise auf Vereinbarungen über die Fabrikation bezog, wurde ganz aus den Vorschriften entfernt und in besondere „Normen" verwiesen. Auf diese Weise wurde es möglich, diese Vereinbarungen je nach den Erfahrungen, Fortschritten und Bedürfnissen der Praxis abzuändern, ohne jedesmal der ausdrücklichen Zustimmung der Behörden zu bedürfen.

I. Vorschriften.

1. Vorschriften für die Errichtung und den Betrieb elektrischer Starkstromanlagen nebst Ausführungsregeln. Gültig ab 1. Juli 1915. Veröffentlicht E.T.Z. 1914 S. 478, 510, 720 und E.T.Z. 1922 S. 525.
2. Sicherheitsvorschriften für elektrische Straßenbahnen und straßenbahnähnliche Kleinbahnen. (Bahnvorschriften) Gültig ab 1. Oktober 1906. Veröffentlicht E.T.Z. 1906 S. 798.
3. Vorschriften zum Schutze der Gas- und Wasserröhren gegen schädliche Einwirkungen der Ströme elektrischer Gleichstrombahnen, die die Schienen als Leiter benutzen. Gültig ab 1. Juli 1910. Veröffentlicht E.T.Z. 1910 S. 491.
4. Allgemeine Vorschriften für die Ausführung und den Betrieb neuer elektrischer Starkstromanlagen (ausschließl. der elektrischen Bahnen) bei Kreuzungen und Näherungen von Telegraphen- und Fernsprechleitungen. Gültig ab 1. Juli 1908. Veröffentlicht E.T.Z. 1908 S. 876 und E.T.Z. 1920 S. 78.
5. Vorschriften für die Konstruktion und Prüfung von Installationsmaterial. Gültig ab 1. Juli 1915. Veröffentlicht E.T.Z. 1914 S. 515 und 540. E.T.Z. 1920 S. 839 und E.T.Z. 1922 S. 596.
6. Vorschriften für die Konstruktion und Prüfung von Schaltapparaten für Spannungen bis einschließlich 750 V. Gültig ab 1. Juli 1915. Veröffentlicht E.T.Z. 1914 S. 513 u. 1920 S. 839.

7. Richtlinien für die Konstruktion und Prüfung von Wechselstrom-Hochspannungsapparaten von einschl. 1500 V Nennspannung aufwärts. Gültig ab 1. Januar 1914. Veröffentlicht E.T.Z. 1913 S. 1067.
8. Vorschriften für Koch- und Heizapparate. Gültig vom 1. April 1921 E.T.Z. 1922 S. 406.
9. Vorschriften für den Anschluß von Fernmeldeanlagen an Niederspannungs-Starkstromnetze durch Transformatoren (mit Ausschluß der öffentlichen Telegraphen- und Fernsprechanlagen). Gültig ab 1. Januar 1921. Veröffentlicht E.T.Z. 1920 S. 737 und 1015.
10. Vorschriften und Normen für galvanische Elemente. (Zink-Kohle Braunsteinelement.) Gültig ab 1. Januar 1922. Veröffentlicht E.T.Z. 1921 S. 577 u. E.T.Z. 1922 S. 487.
11. Prüfvorschriften für die Untersuchung elektrischer Isolierstoffe. Gültig ab 1. Juli 1922. Veröffentlicht E.T.Z. 1922 S. 446.
12. Sicherheitsvorschriften für Hochfrequenztelephonie in Verbindung mit Hochspannungsanlagen. Veröffentlicht E.T.Z. 1922 S. 445.

II. Normen.

13. Licht, Lampen, Beleuchtung. E T.Z. 1922 S. 405.
14. Normen für häufig gebrauchte Warnungstafeln. Gültig ab 1. Juli 1910. Veröffentlicht E.T.Z. 1910 S. 414 u. 491.
15. Normen für Starkstromfreileitungen. Gültig ab 1. Juli 1921. E.T.Z. 1921 S. 529, 836 u. 1922 S. 700.
16. Kupfernormen. Gültig ab 1. Juli 1914. Veröffentlicht E.T.Z. 1914 S. 366.
17. Normen für isolierte Leitungen in Starkstromanlagen. Gültig ab 1. Juli 1921. Veröffentlicht E.T.Z. 1921 S. 564 u. 1922 S. 701.
18. Normen für isolierte Leitungen in Fernmeldeanlagen. Gültig ab 1. Januar 1922. Veröffentlicht E.T.Z. 1921 S. 527.
19. Normen für die Spannungen elektrischer Anlagen unter 100 V. Gültig ab 1. Oktober 1920. Veröffentlicht E.T.Z. 1920 S. 443.
20. Normen für die Betriebsspannung elektrischer Anlagen unter 100 V. Gültig ab 1. November 1919. Veröffentlicht E.T.Z. 1919 S. 457.
21. Normen über die Abstufung von Stromstärken bei Apparaten. Gültig ab 1. Januar 1912. Veröffentlicht E.T.Z. 1910 S. 326.
22. Normen für Anschlußbolzen und ebene Schraubkontakte für Stromstärken von 10—1500 A. Gültig ab 1. Januar 1912. Veröffentlicht E.T.Z. 1910 S. 326.
23. Normen für D-Stöpsel (Durchmessersystem). Gültig ab 1. Oktober 1919. Veröffentlicht E.T.Z. 1919 S. 399, 401 u. 1920 S. 839.
24. Normen für Zwerg-Edisongewinde. Gültig ab 1. Oktober 1919. Veröffentlicht E.T.Z. 1919 S. 402.
25. Normen für die Prüfung von Eisenblech. Gültig ab 1. Juli 1914. Veröffentlicht E.T.Z. 1914 S. 512.

26. Normen für Bewertung und Prüfung von elektrischen Maschinen und Transformatoren. Gültig ab 1. Juli 1914. Veröffentlicht E.T.Z. 1913 S. 1038.
27. Normen für die Bezeichnung von Klemmen bei Maschinen, Anlassern, Regulatoren und Transformatoren. Gültig ab 1. Juli 1909. Veröffentlicht E.T.Z. 1908 S. 874 u. 1909 S. 506.
28. Normen für Einheitstransformatoren mit Kupferwicklung. Gültig ab 1. Oktober 1920. Veröffentlicht E.T.Z. 1920 S. 576.
29. Normale Bedingungen für den Anschluß von Motoren an öffentliche Elektrizitätswerke. Gültig ab 1. Juli 1912. Veröffentlicht E.T.Z. 1906 S. 663, 1909 S. 506 u. 1912 S. 94.
30. Normen für Aluminium. Veröffentlicht E.T.Z. 1921 S. 116.
31. Normen für Isolatoren für Niederspannungsinstallationen in Innenräumen. Veröffentlicht E.T.Z. 1921 S. 472.
32. Normen und Prüfvorschriften für Freileitungsisolatoren. Veröffentlicht E.T.Z. 1920 S. 737.
33. Normen für Stützen für Freileitungsisolatoren. Veröffentlicht E.T.Z. 1921 S. 472.
34. Normen und Prüfvorschriften für Porzellanisolatoren. Gültig ab 1. Oktober 1920. Veröffentlicht E.T.Z. 1922 S. 27.
35. Normale Bedingungen für den Anschluß von Motoren an öffentliche Elektrizitätswerke. Veröffentlicht E.T.Z. 1922 S. 700.
36. Normen für Flach- und Lötklemmen. Gültig ab 1. November 1919. Veröffentlicht E.T.Z. 1919 S. 444.
37. Normen für Griffdorne, Knöpfe für Hochspannungsschalter sowie feste isolierte Handgriffe. Veröffentlicht E.T.Z. 1920 S. 660.
38. Definition der elektrischen Eigenschaften gestreckter Leiter. Gültig ab 1. Juli 1910. Veröffentlicht E.T.Z. 1909 S. 1155 u. 1184.
39. Normen für die Verwendung von Elektrizität auf Schiffen. Gültig ab 1. Juli 1904. Veröffentlicht E.T.Z. 1904 S. 686.
40. Normen für dreiteilige Taschenlampenbatterien. Veröffentlicht E.T.Z. 1916 S. 489.
41. Regeln für Prüfung und Bewertung von Elektrowerkzeugen. (Handbohrmaschinen.) Veröffentlicht E.T.Z. 1922 S. 486.
42. Regeln für die Errichtung elektrischer Fernmeldeanlagen. E.T.Z. 1922 S. 561 u. 744.
43. Normen für Elektrizitätszähler. Gültig ab 1. Oktober 1920. Veröffentlicht E.T.Z. 1922 S. 519.
44. Regeln für Meßgeräte. Gültig ab 1. Juli 1923. Veröffentlicht E.T.Z. 1922 S. 290.
45. Regeln und Normen für Anlasser und Steuergeräte. Gültig ab 1. Juli 1924. Veröffentlicht E.T.Z. 1922 S. 366.
46. Regeln für die Bewertung und Prüfung von Meßwandlern. Gültig ab 1. Juli 1922. Veröffentlicht E.T.Z. 1921 S. 209 u. 836.

47. Normen für isolierte Leitungen in Starkstromanlagen. Gültig ab 1. Juli 1922. Veröffentlicht E.T.Z. 1922 S. 295.
48. Regeln für die Bewertung und Prüfung von elektrischen Maschinen. Gültig ab 1. Januar 1923. Veröffentlicht E.T.Z. 1922 S. 357.
49. Regeln für die Bewertung und Prüfung von Transformatoren. Gültig ab 1. Januar 1923. Veröffentlicht E.T.Z. 1922 S. 323.
50. Regeln für die Bewertung und Prüfung von elektrischen Maschinen und solche für Transformatoren. Veröffentlicht E.T.Z. 1922 S. 657 u. 666.
51. Richtlinien für die Prüfung von Hängeisolatoren. Veröffentlicht E.T.Z. 1922 S. 26.

III. Leitsätze.

52. Leitsätze für Schutzerdungen. Gültig ab 1. Juli 1914. Veröffentlicht E.T.Z. 1913 S. 691 u. 807, 1914 S. 604, 1922 S. 557 u. 744.
53. Leitsätze für die Ausführung von Schlagwetterschutzvorrichtungen an elektrischen Maschinen, Transformatoren und Apparaten. Gültig ab 1. Juli 1912. Veröffentlicht E.T.Z. 1912 S. 142.
54. Empfehlenswerte Maßnahmen bei Bränden. Gültig ab 1. Juli 1910. Veröffentlicht E.T.Z. 1905 S. 720 u. 1910 S. 414.
55. Anleitung zur ersten Hilfeleistung bei Unfällen im elektrischen Betriebe. Gültig ab 1. Juli 1907. Veröffentlicht E.T.Z. 1906 S. 1078.
56. Merkblatt für Verhaltungsmaßregeln gegenüber elektrischen Freileitungen. Gültig ab 1. Juli 1914. Veröffentlicht E.T.Z. 1914 S. 478.
57. Leitsätze für die Konstruktion und Prüfung elektrischer Starkstromhandapparate für Niederspannungsanlagen (ausschließlich Koch- und Heizapparate). Gültig ab 1. Juli 1914. Veröffentlicht E.T.Z. 1914 S. 71 u. 478.
58. Leitsätze zum Schutze von Fernsprech-Doppelleitungen gegen die Beeinflussung durch Drehstromleitungen. Gültig ab 1. Oktober 1920. Veröffentlicht E.T.Z. 1920 S. 597.
59. Leitsätze für Bagger und zugehörige Bahnanlagen in Bergwerksbetrieben über Tage. Veröffentlicht E.T.Z. 1922 S. 527.
60. Leitsätze für den Anschluß von Geräten und Einrichtungen, die eine leitende Verbindung zwischen Niederspannungsstarkstrom- und Fernmeldeanlagen erfordern. (Mit Ausschluß der öffentlichen Telegraphen- und Fernsprechanlagen.) Gültig ab 1. Juni 1921. Veröffentlicht E.T.Z. 1921 S. 384.
61. Leitsätze über den Schutz der Gebäude gegen den Blitz. Nebst Erläuterungen, Ausführungsregeln und Anhängen. Gültig ab 1. Juli 1901. Veröffentlicht E.T.Z. 1901 S. 390, 1920 S. 641.
62. Leitsätze für die Herstellung und Einrichtung von Gebäuden bezüglich Versorgung mit Elektrizität. Gültig ab 1. Juli 1910. Veröffentlicht E.T.Z. 1910 S. 825.

63. Leitsätze, betreffend die einheitliche Errichtung von Fortbildungskursen für Starkstrommonteure und Wärter elektrischer Anlagen. Gültig ab 1. Juli 1910. Veröffentlicht E.T.Z. 1910 S. 492.
64. Leitsätze für die Bedingungen, denen Elektrizitätszähler und Meßwandler bei der Beglaubigung genügen müssen. Aufgestellt gemeinsam mit der Physikalisch-technischen Reichsanstalt. Veröffentlicht E.T.Z. 1914 S. 601. (Ab 1. 10. 21 Gültigkeit als amtliche Vorschrift.)
65. Merkblatt: Die praktische Unterweisung in der Elektroindustrie. Merkblatt für Praktikanten. Veröffentlicht E.T.Z. 1921 S. 385 u. 1922 S. 487.
66. Merkblatt für die Behandlung elektrischer Anlagen in der Landwirtschaft. Veröffentlicht E.T.Z. 1922 S. 976.
67. Betriebsanweisung für die Bedienung elektrischer Starkstromanlagen für Hochspannung in der Landwirtschaft. Veröffentlicht E.T.Z. 1922 S. 977.
68. Merkblatt für die Errichtung elektrischer Starkstromanlagen in der Landwirtschaft. Veröffentlicht E.T.Z. 1922 S. 977.

IV. Prüfstelle des V.D.E.

Die Prüfstelle des V.D.E. prüft elektrotechnische Starkstromapparate daraufhin, ob sie den vom Verband unter Mitwirkung der Behörden aufgestellten Vorschriften, Normen, Regeln oder Leitsätzen usw. in bezug auf Sicherheit entsprechen und somit als Erzeugnisse angesehen werden können, die Sicherheit gegen Unfälle bieten. Falls die der „Prüfstelle“ zur Prüfung unterbreiteten Apparate die an sie zu stellenden Bedingungen erfüllen, wird den Herstellern das Recht verliehen, die den geprüften Typen entsprechenden Erzeugnisse durch ein besonderes, dem Verband gesetzlich geschütztes Zeichen zu kennzeichnen. Dieses Prüfzeichen besteht entsprechend der nachstehenden Abbildung aus einem gleichseitigen Dreieck, welches die Buchstaben V.D.E. umschließt.

Vorschriften von größeren Firmen, Verwaltungen, Vereinigungen z. B.

Bauvorschriften und Normen des Normenausschusses der deutschen Handelsmarine.

Vorschriften von Feuerversicherungsgesellschaften z. B.

a) Sicherheitsvorschriften für elektrische Starkstromanlagen, herausgegeben von der Deutschen Feuerversicherungs-Vereinigung, nebst Betriebsvorschriften für elektrische Starkstromanlagen. Gültig vom 1. Juli 1915.

b) Sonderbestimmungen für elektrische Licht- und Kraftanlagen, aufgestellt von der Landfeuersozietät der Provinz Brandenburg (Juni 1921).

Vorschriften einzelner Elektrizitätswerke.

Es haben über tausend Elektrizitätswerke, jedes für sein Versorgungsgebiet, besondere Vorschriften erlassen. Als Beispiel mögen dienen die „Bedingungen für die Herstellung elektrischer Anlagen, welche an das Leitungsnetz der Berliner Elektrizitätswerke angeschlossen werden sollen".

Vorschriften im europäischen Ausland.

Holland. Ähnlich wie die V.D.E.-Vorschriften bestehen in Holland die „Veiligheidsvoorschriften voor elektrische starkstroominstallaties". Diese sind festgelegt in der Sammlung der „Afdeeling voor Electrotechnick van het Koninklijk Institut van Ingenieurs" vom 23. Oktober 1909. Sie sind teilweise eine genaue Übersetzung der Vorschriften vom V.D.E. Als Vorschriften des Ingenieur-Vereins werden sie befolgt, ein Zwang hierfür besteht nicht. Außerdem besteht in Holland ein Sicherheitsgesetz „Veihigheidswet", in welchem Vorschriften gegeben sind, die für sämtliche Anlagen in Fabriken und Werkstätten befolgt werden müssen. Letztere sind zusammengefaßt im „Besenit Nr. 418 v. 21. Aug. 1916".

Belgien. In Belgien bestehen die Vorschriften der „Chambre Syndicale des Electriciens Belges" Rapport Nr. 7.

Prescriptions normales pour la réception des machines et des transformateurs électriques.

Luxemburg. In Luxemburg bestehen keine besonderen Vorschriften. Die Elektrizitätswerke erlassen eigene Vorschriften, die von den Gemeinden oder von der Regierung genehmigt werden.

Diese Vorschriften halten sich im großen ganzen an die V.D.E.-Vorschriften.

Dänemark. Die dänischen Vorschriften sind unter dem Titel „Foreskrifter for Udförelse og Drift af elektriske Staerkströmsanlaeg udgivet af Elektricitetskommissionen" (Vorschriften für Ausführung und Betrieb von elektrischen Starkstromanlagen — herausgegeben von der Elektrizitätskommission) zusammengefaßt.

Ferner gelten für den Bezirk Groß-Kopenhagen „Regulativ for Udförelse af elektriske Installationer som önskes tilsluttet Köbenhavns Elektricitetsvaerker" (Regulativ für die Ausführung von elektrischen Installationen, für die man Anschluß an Kopenhagener Elektrizitätswerke wünscht) mit dem Anhang „Forelöbige Bestemmelser vedrövende Approbation af Installationsmateriel, der önskes anvendt i elektriske Installationer, som forsynes fra Köbenhavns Electricitetsvaerker (Vorläufige Bestimmungen, betreffend Approbation von Installationsmaterial, das man in elektrischen Installationen zu verwenden wünscht, die vom Kopenhagener Elektrizitätswerk gespeist werden).

Diese Kopenhagener Bestimmungen sind auch für die meisten größeren städtischen Elektrizitätswerke des Landes maßgebend.

Schweden. In Schweden sind verschiedene Vorschriften, die den V.D.E.-Vorschriften ähneln, vorhanden.

Diese sind von den Behörden, von dem Ingenieurverein und von der Standardisierungskommission bearbeitet.

Norwegen. Für Norwegen sind folgende staatliche Vorschriften herausgegeben:

1. Forskrifter for Elektriske Anlegg.
2. Normer for Elektriske Maskiner og Transformatorer av 1921.

Für E. W. Kristiania gelten die Vorschriften: Approbationsbetingelser samt Forskrifter for Konstruktion og Provning av Elektrisk Materiel.

Italien. Für Italien haben ähnliche Vorschriften, wie die in Deutschland vom V.D.E. vorgeschriebenen Geltung. Diese sind von der Associazione Elettrotecnica Italiana in Mailand herausgegeben.

Frankreich. Für Frankreich sind zurzeit folgende Vorschriften maßgebend:

Règles françaises d'unification pour la fourniture des machines électriques, établies par le Comité électrotechnique français et adoptées par l'Union des Syndicats de l'Electricité.

Instructions concernant les conditions des installations électriques de la première catégorie dans les immeubles et leurs dépendances.

Schweiz. In der Schweiz bestehen folgende Vorschriften des elektrotechnischen Vereins:

„Normen über Sicherungsmaterial" vom Jahre 1910.

„Normen über isolierte und blanke Leitungsdrähte" vom Jahre 1911.

Vorschriften über andere Materialien, wie Schalter, Steckdosen usw. sind in Aussicht genommen.

Außerdem sind Vorschriften über elektrische Anlagen, die in einem Bundesgesetz niedergelegt sind, vorhanden:

Vorschriften, betreffend Erstellung und Instandhaltung der elektrischen Schwachstromanlagen vom 14. 2. 1908.

Vorschriften, betreffend Erstellung und Instandhaltung der elektrischen Starkstromanlagen vom 14. 2. 1908.

Vorschriften, betreffend Erstellung und Instandhaltung der elektrischen Einrichtungen elektrischer Bahnen vom 14. 2. 1908.

Vorschriften, betreffend Erstellung und Instandhaltung der Parallelführungen und Kreuzungen von Schwach- mit Starkstromleitungen und von elektrischen Leitungen mit Eisenbahnen vom 14. 2. 1908.

Vorschriften, betreffend Vorlagen für elektrische Starkstromanlagen vom 4. 8. 1914.

Vorschriften über die amtliche Prüfung und Stempelung von Elektrizitäts-Verbrauchsmessern vom 9. 12. 1916 nebst Abänderung dieser Vorschriften vom 5. 7. 1921.

Reglement und Tarif der Eichstätte des S.E.V., betreffend die Prüfung elektrischer Meßgeräte vom Jahre 1913.
Von diesen Vorschriften sind verschiedene Revisionen in Arbeit, und zwar hauptsächlich diejenige betreffend die Hausinstallationen.

England. Für England kommen in Betracht: Wiring Rules of the Institution of Electrical Engineers (Revised March 1916).
Normen der „British Engineering Standards Association".

Finnland. Zurzeit sind folgende von der elektrischen Abteilung des technischen Vereins herausgegebenen Vorschriften in Gebrauch:
a) in schwedischer Sprache:
Säkerhetsföreskrifter och montageregler för elektriska starkströmsanläggningar.
Driftföreskrifter för elektriska starkströmsanläggningar.
Anvisningar angående behandling af personer, som blifvit bedöfvade af elektrisk ström.
b) in finnischer Sprache:
Määräyksiä vahvavirta — sähkölaitoksia varten ja sääntöjä niiden rakentaniseksi,
Määräyksiä vahvavirtasähkölaitosten käyttämisestä,
Ohjeita ensimäiseksi avunannoksi onnettomundentapauksissa sähkötöissä.
Außer diesen bisherigen Vorschriften der technischen Vereine haben einzelne Städte und Elektrizitätswerke eigene Bestimmungen.

Vorschriften für die Vereinigten Staaten von Nordamerika.

„National Electrical Safety Code", herausgegeben vom Department of Commerce Bureau of Standards.
Eine Sammlung von Vorschriften ungefähr in dem Umfange wie die Vorschriften, Normen und Leitsätze des Verbandes Deutscher Elektrotechniker.

Preislisten und Druckschriften.

Siemens-Schuckertwerke G. m. b. H.

1. *Glühlichtbeleuchtung:*

Sammelliste.	
B-Standliste,	Beleuchtungskörper.
J-Standliste,	Installationsmaterial.
Liste J 14,	Große Glühlichtarmaturen für Außen- und Innenbeleuchtung.
Liste J 14a,	Glühlampenarmaturen für halbindirekte Beleuchtung.

2. *Elektromotoren:*

Sammelliste.	
Liste M 1,	Kleine offene Gleichstrommotoren Modell G.
Liste M 2a,	Gleichstrom-Maschinen Modell GM für Leistungen bis 265 kW.
Liste M 6,	Kleine Drehstrommotoren für Leistungen bis 11 kW.
Liste M 7,	Drehstrommotoren für Leistungen bis 260 kW.
Liste M 12a,	Einphasenstrom-Induktionsmotoren für Leistungen bis 50 kW.
Taschenliste,	Maschinen und Zubehör.
Drschr. 989,	Kühlmantel-Motoren.
Drschr. 1270,	Sicherheitsschalter.

3. *Leitungen und ihre Verlegung:*

Sammelliste	
J-Standliste,	Installationsmaterial.
Liste J 9a,	Rohrdrähte.
Liste J 16,	Gummiisolierte Leitungen und Schnüre.
Liste J 18 I,	Garnituren und Zubehör für Starkstromkabel.
Drschr. 1060,	Rohrdrähte.

4. *Installation von Wohnhäusern:*

Sammelliste.	
J-Standliste,	Installationsmaterial.
B-Standliste,	Beleuchtungskörper.
Liste J 2,	Diazed-Sicherungen.
Liste J 7,	Steckvorrichtungen.
Liste P 1,	Elmo-Pumpen für Flüssigkeits-Förderung.
Liste P 3,	Elmo-Entstäubungspumpen.
Liste P 13,	Wand-, Tisch- und Decken-Ventilatoren.
Drschr. 1082,	Die Zuverlässigkeit der D-Stöpsel.
Drschr. 1180,	Das D-Stöpsel-System.
Drschr. 1374,	Hygienische u. wirtschaftl. elektr. Raumheizung „Radiophor".
Drschr. 884,	Haus-Wasserversorgungsanlagen.

5. *Elektrische Anlagen in Geschäftshäusern, Verwaltungsgebäuden, Schulen, Krankenhäusern und Gasthöfen:*

Sammelliste.	
J-Standliste,	Elektrisches Installationsmaterial.
B-Standliste,	Beleuchtungskörper.
Liste P 1,	Elmo-Pumpen für Flüssigkeits-Förderung.
Liste P 3,	Elmo-Entstäubungspumpen.
Liste P 13,	Wand-, Tisch- und Decken-Ventilatoren.
Drschr. 803,	Die Entstäubungsanlage im Neubau der Staatsbibliothek zu Berlin.
Drschr.,	Haus-Wasserversorgungsanlagen.
Drschr. 1109,	Die elektrische Großküche.
Drschr. 1219,	Entstäubungspumpen.

6. *Installation in gewerblichen Betriebsstätten:*

Sammelliste.
J-Standliste, Elektrisches Installationsmaterial.
GJ-Standliste, Gekapseltes Installationsmaterial.
V-Standliste, Eisengekapselte Verteilungsanlagen.
Liste W 1 a, Allgemeine technische Erläuterungen über Elmo-Bohrmaschinen.
Liste W 1 b, Handbohrmaschinen.
Liste W 1 c, Hochleistungs-Bohr-, Aufreibe- u. Gewindeschneide-Maschinen.
Liste W 1 d, Hochleistungsmaschinen zum Stehbolzen-Einziehen und Rohraufwalzen.
Liste W 1 e, Hand- und Hochleistungsbohrmaschinen für Holzbearbeitung.
Liste W 1 f, Tischbohrmaschinen.
Liste W 1 g, Marmortafel-Bohrmaschinen.
Liste W 1 h, Versenkmaschinen.
Liste W 1 k, Bohrständer.
Liste W 1 l, Stromzuführungs-Zubehör- und Ersatzteile für Elmo-Bohrmaschinen.
Liste W 2 a, Allgemeine technische Erläuterungen über Elmo-Schleif-, Putz- und Poliermaschinen.
Liste W 2 b, Handschleifmaschinen.
Liste W 2 c, Support-Schleifmaschinen.
Liste W 2 d, Bank-Schleifmaschinen.
Liste W 2 e, Hand- und Werkzeugschleifer.
Liste W 3 b, Drehstühle.
Liste P 1, Elmo-Pumpen für Flüssigkeits-Förderung.
Liste P 2, Elmo-Pumpen für Luft- und Gas-Förderung.
Liste P 11 b, Zentrifugal-Ventilatoren mit elektr. Antrieb.
Liste P 11 a, Schmiedefeuer-Gebläse.
Liste P 12 a, Kleingebläse für Riemenantrieb.
Drschr. 923, Handbohrmaschinen.
Drschr. 924, Hochleistungs-Bohrmaschinen für angestrengte u. rauhe Betriebe.
Drschr. 925, Hochleistungs-Aufreibemaschinen für große Materialstärken.
Drschr. 926, Hand- und Hochleistungs-Gewindeschneidemaschinen.
Drschr. 927, Das Rohr-Aufwalzen und Stehbolzen-Einziehen mit Elmo-Hochleistungsmaschinen.
Drschr. 928, Hand- und Hochleistungsbohrmaschinen für Holzbearbeitung.
Drschr. 929, Tischbohrmaschinen.
Drschr. 971, Holzbearbeitungsmaschinen.
Drschr. 1086, Handkreissäge.
Drschr. 1087, Gratsäge.
Drschr. 1088, Fräsmaschine.
Drschr. 1131, Schleifmaschinen.
Drschr. 1419, Die Elmo-Bohrmaschine und ihre verschiedenartige Anwendung.
Drschr. 1473, Elmo-Drehstuhl.
Drschr. 1062, Punkt- und Nahtschweißmaschinen.
Drschr. 1120, Siemens-Schweißumformer für Lichtbogenschweißung.
Drschr. 1176, Das Gußschweißen mit elektrischem Lichtbogen.
Drschr. 1241, Siemens-Lichtbogen-Schweißanlage.
Drschr. 1480, Elektrisch beheizte Muffelöfen mit Silitheizkörper.
Drschr. 1125, Die elektrische Großküche.
Drschr. 1512, Menotherm, elektrisch beheizte Überziehapparate.
Drschr. 1159, Menotherm, elektrisch beheizte Überziehapparate (Betriebserfahrungen).
Drschr. 1275, Menotherm, elektrischer Überziehapparat mit selbsttätiger Temperaturregelung (Betriebsvorschrift).
Drschr. 1282, Schaltapparate und Schaltgruppen in Gußgehäuse.

7. *Installation in landwirtschaftlichen Betrieben.*

Sammelliste.	
J-Standliste,	Elektrisches Installationsmaterial.
Liste P1,	Elmo-Pumpen für Flüssigkeits-Förderung.
Drschr. 1380,	Die Elektrizität in der Landwirtschaft.
Drschr. 1385,	Landwirtschaftliche Kraftbetriebe mit Leistung über 10 kW.
Drschr. 1052,	Der Elmotor.
Drschr. 963,	Elektrisch beheizte Brutapparate.
Drschr. 969,	Elektrisch beheizter Brutapparat mit selbsttätiger Temperaturregelung (Betriebsvorschrift).
Drschr. 884,	Haus-Wasserversorgungsanlagen.

Siemens & Halske A.-G.

Auszugspreisliste.

Liste	51	Meßinstrumente und Zubehör für Schaltanlagen.
Liste	55	Elektrische Temperaturmeßgeräte.
Liste	56	Teil 12: Tragbare Isolationsmesser.
Liste	13	Fernsprecheinrichtungen und Zubehör.
Liste	14d	Apparate und Teile für Klingelanlagen.
Liste	15c	Klemmen und Klemmenleisten.
Liste	18a	Nasse Elemente.
Liste	18b	Trockenelemente.
Liste	Fm 10	Selbsttätige Feuermelder und Zubehör.
Liste	20a	Fernsprechkabel.
Liste	20d	Guttaperchaadern, Bleirohrkabel, Guttaperchakabel u. Zubehör.
Liste	20f	Gummikabel.
Liste	20g	Garniturteile und Montagematerial für Schwachstromkabel.
Liste	El 1	Ozon für Luftreinigung und Konservierung von Lebensmitteln.
Drschr.	184	Elektrische Schwachstromanlagen für Gebäude.
Drschr.	187	Der Einfluß elektrischer Schwachstromanlagen auf die Wirtschaftlichkeit gewerblicher Betriebe.
Drschr.	Ww 11	Elektrische Spezialanlagen für Hotels.
Drschr.	179	Elektrische Anlagen für Krankenhäuser und Kuranstalten.
Drschr.	161	Kleinautomaten.
Drschr.	182	Nebenstellen-Zentralumschalter nach dem Oklisystem.
Drschr.	185	Selbsttätige Fernsprechanlagen für Großbetriebe.
Drschr.	169	Selbsttätige Feuermelder.
Drschr.	192	Elektrische Sicherheits- und Zeitdienstanlagen.
Drschr.	Ww 78	Über Normen für isolierte Leitungen und Kabel in Feuermeldeanlagen.

FSC
www.fsc.org
MIX
Papier | Fördert gute Waldnutzung
FSC® C083411

Zeitfracht Medien GmbH
Ferdinand-Jühlke-Straße 7
99095 Erfurt, Deutschland
produktsicherheit@kolibri360.de